FERDINAND DE SAUSSURE

GRUNDFRAGEN DER ALLGEMEINEN SPRACHWISSENSCHAFT

HERAUSGEGEBEN VON

CHARLES BALLY UND ALBERT SECHEHAYE

UNTER MITWIRKUNG VON

ALBERT RIEDLINGER

ÜBERSETZT VON

HERMAN LOMMEL

BERLIN UND LEIPZIG 1931

WALTER DE GRUYTER & CO.

VORMALS G. J. GÖSCHEN'SCHE VERLAGSHANDLUNG — J. GUTTENTAG, VERLAGSBUCHHANDLUNG — GEORG REIMER — KARL J. TRÜBNER — VEIT & COMP.

Druck von R. Wagner Sohn in Weimar

Vorwort zur deutschen Übersetzung.

Mehr als bei manchen andern fremdsprachlichen wissenschaftlichen Werken macht bei diesem eine eigentümliche Ausdrucksweise, die zu terminologischen Besonderheiten neigt, es nötig, sich den manchmal nicht ganz einfachen Gedankeninhalt mühsam zu erarbeiten. Daher schien mir eine deutsche Übersetzung wünschenswert zu sein. Die gleichen Umstände bedeuten freilich auch für den Übersetzer Schwierigkeiten. —

Daß ich außerdem aus besonderer Wertschätzung dieses Buches die Übersetzung unternommen habe, versteht sich von selbst; desgleichen auch, daß ich dennoch nicht allem, was darin enthalten, gleichermaßen und uneingeschränkt beipflichte. Dessen bedarf es auch gar nicht: Zustimmung des Lesers fügt dem Gedanken des Autors nichts an Wert hinzu, und abweichende Meinung nimmt nichts davon hinweg. Wohl aber kann neues Durchdenken in Fortführung, Überwindung oder Widerlegung neue Werte hervorbringen.

Jedoch habe ich mich getreu dem Original angeschlossen und biete nicht eine deutsche Bearbeitung. Es werden im allgemeinen auch nicht die Beispiele aus der französischen Sprachgeschichte durch solche aus der deutschen ersetzt. Denn auch aus der Wahl der Beispiele verspürt man den Geist Saussures, gerade darin seine Lehrgabe, seine Klarheit, seine Art der Vereinfachung. Sie sind oft so schlagend und wirksam wie seine Bilder und Vergleiche. Nur manche Beispiele, die mehr beliebiger Art, nicht so ausgewählte Belege und konzentrierte Veranschaulichungen seiner Theorien zu sein schienen, wurden durch ebenso beliebige aus dem Deutschen ersetzt. Darin weiterzugehen oder noch zurückhaltender zu sein, kann man schwanken.

Die Familie de Saussure hat durch Gewährung eines Druckzuschusses das Erscheinen der Übersetzung ermöglicht. Auch sonst fand diese Arbeit in Genf hilfreiche Förderung, nicht zum wenigsten durch meinen Freund Léopold Gautier, Dr. phil., Direktor des Gymnasiums (Collège) in Genf. Die beiden Herausgeber, die sich durch Fassung und Überlieferung der Lehre des Meisters so verdient gemacht haben, sind dem Übersetzer freundlichst entgegengekommen. Ich spreche hier meinen Dank für das Alles aus.

Herr A. Richel, stud. phil. in Frankfurt a. M., hat mich beim Lesen der Korrekturen freundlich unterstützt und dabei manche Verbesserungen im Ausdruck angeregt. Ich danke ihm für diese Hilfe.

Das französische Werk ist in erster Auflage 1916 in Lausanne und Paris, in zweiter Auflage 1922 in Paris erschienen.

Erste Auflage:

Semaine Littéraire (Genève)	27 mai 1916, p. 256—259	André Oltramare.
Journal de Genève	26 juin 1916	Jules Ronjat.
Gazette de Lausanne	13 août 1916	Léopold Gautier.
Zürcher Zeitung	August 1916	[Max Niedermann].
Basler Nachrichten, Sonntagsblatt	15. Okt. u. 22. Okt. 1916, S. 165—166 u. 172	Jacob Wackernagel.
Bulletin de la Société de Linguistique, Paris	vol. XX, p. 32—36	Antoine Meillet.
Educateur (Lausanne)	1916	S.
Der Bund (Bern), Sonntagsblatt	17. u. 24. Dez. 1916, S. 790 bis 795 und 806—810	Karl Jaberg.
Revue critique de philol. et d'hist.	27 janv. 1917, p. 49—51	Ant. Meillet.
Revue des langues romanes	tome LIX, mai-déc. 1917, p. 402—410	Maurice Grammont.
Nordisk tidsskr. f. filol.	42, VI, p. 37—41	Otto Jespersen.
Literaturbl. f. germ. u. rom. Phil.	1917, Sp. 1—9.	Hugo Schuchardt.
Bolletino di filologia classica	a. XXV, no. 7—8, janv.-févr. 1919, p. 73—78	B. A. Terracini.
Götting. gelehrte Anzeigen	1921, Nr. 10—12, S. 232 bis 241	Herman Lommel.

Zweite Auflage:

Wissen u. Leben (Zürich)	10. August 1923, S. 919 bis 920	Emil Abegg.
Revue des études latines (Paris)	1e année, p. 61—62	Jules Marouzeau.
Museum	juillet 1923, col. 257	C. C. Uhlenbeck.
Revue belge de philol. et d'hist.	1923, janv.-mars, p. 107 bis 108	Antoine Grégoire.
Deutsche Literaturzeitung	1924, 29. Heft, Kol. 2040 bis 2046	Herman Lommel.

Der Übersetzer.

Vorwort zur ersten Auflage.

Oft genug haben wir Ferdinand de Saussure sein Bedauern darüber aussprechen hören, daß die Sprachwissenschaft ihre Prinzipien und Methoden nur so ungenügend ausgebildet habe. Er, dessen glänzende Begabung sich an der Sprachwissenschaft entwickelt hatte, war zeitlebens unermüdlich bestrebt, die leitenden Gesetze aufzusuchen, die den rechten Weg durch dieses Chaos zeigen konnten. Jedoch erst 1906, als er die Nachfolge von Joseph Wertheimer an der Universität antrat, konnte er seine eigenen Anschauungen darüber, die im Lauf langer Jahre im stillen gereift waren, aussprechen; dreimal, nämlich 1906 bis 1907, 1908—1909 und 1910—1911 hielt er Vorlesungen über allgemeine Sprachwissenschaft. Dabei zwangen ihn allerdings Erfordernisse des Lehrplans, die Hälfte jeder dieser Vorlesungen der Geschichte und Darstellung der indogermanischen Sprachwissenschaft zu widmen; der wesentlichste Teil seines Gegenstandes wurde dadurch beträchtlich verkürzt.

Alle diejenigen, welche den Vorzug hatten, diese so inhaltsreichen Vorlesungen zu hören, bedauerten, daß daraus kein Buch hervorgegangen war. Nach dem Tod des Meisters hofften wir, in seinen Manuskripten, die Frau de Saussure uns in dankenswertester Weise zur Verfügung stellte, diese hochbedeutsamen Vorlesungen ausgearbeitet zu finden oder doch wenigstens insoweit skizziert, daß auf Grund seiner eigenen Entwürfe unter Zuhilfenahme der Aufzeichnungen von Studenten eine Veröffentlichung möglich wäre. Aber wir wurden gar sehr enttäuscht: es fand sich nichts, oder fast nichts, was den Nachschriften seiner Schüler entsprach. F. de Saussure pflegte sich nur für die jeweils bevorstehende Vorlesung Notizen zu machen und vernichtete dann diese schnell hingeworfenen Skizzen seiner Vorträge jedesmal wieder. Die Fächer seines Schreibtisches lieferten uns nur ziemlich alte Entwürfe, die zwar gewiß nicht ohne Wert, aber doch nicht ohne weiteres verwendbar und mit dem Gegenstand seiner Vorlesungen in Beziehung zu setzen waren.

Diese Feststellung war für uns eine um so schmerzlichere Enttäuschung, als berufliche Verpflichtungen uns fast ganz um den Vorteil gebracht hatten, selber an seinen letzten Vorlesungen teilzunehmen, wo doch die Lehren seiner Spätzeit eine ebenso glänzende Etappe in seiner Entwicklung darstellen wie das vor nunmehr schon so langer Zeit erschienene Mémoire über den Vokalismus.

Es galt also auf die Nachschriften zurückzugreifen, die von Studenten während der drei Jahrgänge dieser Vorlesungen zu Papier gebracht waren. Es wurden uns sehr vollständige Kolleghefte zur Verfügung gestellt, für die beiden ersten Vorlesungsreihen von den Herren Louis Caille, Léopold Gautier, Paul Regard und Albert Riedlinger; für den dritten Kurs, der der wichtigste war, von Frau Albert Sechehaye, den Herren George Dégallier und Francis Joseph. Herrn Louis Brütsch verdanken wir Notizen über einen speziellen Punkt; allen gebührt unser aufrichtiger Dank. Desgleichen haben wir Herrn Jules Ronjat, dem ausgezeichneten Romanisten, zu danken, der die Güte hatte, unser Manuskript vor der Drucklegung durchzusehen, und dessen Bemerkungen uns sehr wertvoll waren.

Um diese Materialien zu verarbeiten und nutzbar zu machen, bedurfte es zunächst einer kritischen Arbeit: für jede Vorlesung und jeden Teil einer solchen galt es, durch Vergleichung aller Wiedergaben festzustellen, was die wirkliche und eigentliche Meinung des Autors gewesen war, von der wir doch nur ein manchmal nicht einstimmiges Echo hatten. Für die beiden ersten Vorlesungsreihen konnten wir dazu die Mitarbeit von Herrn A. Riedlinger in Anspruch nehmen, einem der Schüler, die mit größtem Interesse den Darlegungen des Meisters gefolgt waren. Seine Mitwirkung an diesem Teil der Arbeit war uns sehr nützlich. Für die dritte Vorlesung hat einer von uns, A. Sechehaye, die mühsame Arbeit der Vergleichung und Feststellung übernommen.

Was das weitere betrifft, so ergaben sich aus der Form des mündlichen Vortrags, die oft ganz anders geartet ist als die Darstellung in Buchform, außerordentliche Schwierigkeiten. Ferner war gerade F. de Saussure ein Mann, der sich ständig wandelte; seine Anschauungen waren stets im Fluß begriffen, und er entwickelte sich nach allen Richtungen weiter, ohne daß er dabei in Widerspruch mit sich selbst geraten wäre. Es war nicht möglich, alles in der ursprünglichen Form zu veröffentlichen. Wiederholungen, die in freiem Vortrag unvermeidlich sind, Umschweife, wechselnde Formulierungen hätten einer solchen Veröffentlichung ein absonderliches Aussehen gegeben. Hätten wir uns auf eine einzige Vorlesung — und zwar auf welche von den dreien? — beschränken wollen, so hätten wir das Buch um kostbare Dinge gebracht, die in den beiden andern Vorlesungen reichlich enthalten waren. Auch die dritte Vorlesungsreihe, die einer endgültigen Fassung am nächsten kam, hätte für sich allein keinen vollständigen Eindruck von den Theorien und Methoden F. de Saussures gegeben.

Man hat uns auch vorgeschlagen, einzelne Abschnitte von besonderer Eigenart unverändert zu geben; dieser Gedanke schien zuerst sehr bestechend, aber es zeigte sich bald, daß damit der Lehre unseres Meisters unrecht geschähe, indem nur Bruchstücke eines Gedankengebäudes gegeben würden, deren besonderer Wert nur im zusammenhängenden Ganzen zur Geltung kommt.

Wir haben uns zu einer Lösung entschlossen, die zwar kühner, aber, wie wir glauben, auch sinnvoller ist: nämlich eine Wiederherstellung anzustreben, eine Synthese auf Grund der dritten Vorlesung unter Benutzung aller Materialien, die uns zur Verfügung standen, einschließlich der eigenen Notizen von F. de Saussure. Es handelte sich also um eine Nachschaffung, die um so schwieriger war, als sie vollkommen objektiv sein mußte. Es galt, Punkt für Punkt jedem einzelnen Gedanken auf den Grund zu gehen und zu versuchen, ihn vom Gesichtspunkt des ganzen Systems aus in seiner endgültigen Form zu sehen und von den Abwandlungen und Schwankungen zu befreien, die sich beim mündlichen Vortrag ergeben; ferner mußte jeder Gedanke in seine natürliche Umgebung eingegliedert und alle Teile in einer Ordnung dargeboten werden, die der Absicht des Autors entsprach, auch da, wo diese Absicht mehr zu ahnen als klar zu erkennen war.

Aus einer solchen Aneignungs- und Wiederherstellungsarbeit ist das Buch entstanden, das wir nicht ohne einige Besorgnis dem gelehrten Publikum und allen Freunden der Sprachwissenschaft vorlegen.

Unser Leitgedanke war, einen organischen Zusammenhang aufzustellen und nichts zu versäumen, was zum Eindruck eines in sich geschlossenen Ganzen beitragen könnte. Aber gerade dadurch setzen wir uns allenfalls einer zwiefachen Kritik aus.

Zunächst kann man uns entgegenhalten, daß dieses „Ganze" unvollständig ist. F. de Saussure hat nie den Anspruch erhoben, in seiner Lehrtätigkeit alle Teile der Sprachwissenschaft zu behandeln oder gleichermaßen aufzuhellen; dazu war er auch materiell gar nicht in der Lage. Auch war sein hauptsächliches Arbeitsgebiet ein anderes. Er ließ sich von einigen Grundprinzipien leiten, die ihm eigen waren und die sich in allem, was er geschaffen hat, wiederfinden wie der Einschlag eines ebenso festen als abwechslungsreichen Gewebes; bei dieser Arbeitsweise drang er in die Tiefe und dehnte sich nur da in die Breite aus, wo seine Grundsätze eine besonders schlagende Anwendung fanden oder wo sie mit einer entgegenstehenden Theorie zusammenstießen.

So erklärt es sich, daß manche Sondergebiete kaum gestreift werden, z. B. die Semantik. Wir haben nicht den Eindruck, daß diese Lücken dem Gesamtaufbau schaden. Stärker fühlbar ist der Mangel einer „Linguistik des Sprechens". Eine solche war den Hörern der dritten Vorlesungsreihe in Aussicht gestellt und hätte zweifellos eine hervorragende Stellung innerhalb der folgenden Erörterungen eingenommen; man weiß nur zu wohl, warum diese Ankündigung nicht ausgeführt werden konnte. Wir haben uns darauf beschränkt, die flüchtigen Andeutungen dieses kaum skizzierten Programms zu sammeln und an ihrem natürlichen Platz einzuordnen.

Umgekehrt wird man vielleicht tadeln, daß wir Ausführungen wiedergeben, in denen Punkte, die schon vor F. de Saussure feststanden, behandelt werden. In einer so umfassenden Darstellung kann jedoch nicht alles neu sein, und wenn bereits bekannte Lehren zum Verständnis des Ganzen nötig sind, so wird man es uns kaum verdenken, daß wir sie nicht unterdrückt haben. So enthält das Kapitel über die Lautveränderungen Dinge, die schon von anderen, vielleicht in endgültigerer Formulierung, gesagt wurden; aber abgesehen davon, daß dieser Abschnitt manche originellen und wertvollen Einzelheiten enthält, so kann eine flüchtige Lektüre zeigen, daß vielmehr seine Weglassung nachteilig gewesen wäre für das Verständnis der Grundsätze, auf die F. de Saussure sein System der statischen Sprachwissenschaft basiert.

Wir fühlen die volle Verantwortlichkeit, die wir auf uns nehmen gegenüber der Kritik und auch gegenüber dem Autor selbst, der vielleicht der Veröffentlichung dieser Seiten nicht zugestimmt hätte.

Diese Verantwortung übernehmen wir in vollem Umfang und wir wollen sie allein tragen. Die Kritik könnte ja doch nicht zwischen dem Meister selber und seinen Vermittlern unterscheiden. Es soll uns recht sein, wenn ihre Schläge uns treffen, denn es wäre ungerecht, wenn davon ein Andenken betroffen würde, das uns teuer ist.

Genf, Juli 1915.

Ch. Bally, Alb. Sechehaye.

Vorwort zur zweiten Auflage.

Diese zweite Auflage bringt keine wesentliche Änderung des Textes der ersten. Die Herausgeber haben sich mit Abänderungen von Einzelheiten begnügt, die an gewissen Stellen die Fassung klarer und bestimmter machen sollten.

Ch. B. Alb. S.

Inhaltsverzeichnis.

Seite

Dritter Teil

Diachronische Sprachwissenschaft

GRUNDFRAGEN DER
ALLGEMEINEN SPRACHWISSENSCHAFT

Einleitung.

Kapitel I.

Überblick über die Geschichte der Sprachwissenschaft.

Die Wissenschaft, welche sich auf die sprachlichen Erscheinungen bezieht, hat drei aufeinanderfolgende Phasen durchgemacht, ehe sie erkannte, was ihr wahrer und einziger Gegenstand ist.

Anfänglich trieb man etwas, das man „Grammatik“ nannte. Dieses Studium, das die Griechen eröffnet und hauptsächlich die Franzosen fortgesetzt haben, ist auf die Logik begründet; es entbehrt jedes wissenschaftlichen Gesichtspunktes und beschäftigt sich nicht mit der Sprache selbst; es geht einzig darauf aus, Regeln zu geben zur Unterscheidung richtiger und unrichtiger Formen; es ist eine normative Disziplin, weit entfernt von reiner Beobachtung, und ihr Gesichtspunkt ist notwendigerweise eng.

Dann kam die Philologie auf. Schon in Alexandria existierte eine „philologische“ Schule, hauptsächlich aber nennt man so die wissenschaftliche Bewegung, die Friedrich August Wolf seit 1777 geschaffen hat und die bis in unsere Zeit fortdauert. Die Sprache ist nicht das einzige Objekt der Philologie, die vor allem die Texte feststellen, interpretieren und kommentieren will. Diese ihre erste Aufgabe führt sie zum Studium der Geschichte der Literatur, der Sitten, Einrichtungen usw.; dabei wendet sie überall die ihr eigene Methode an, und diese ist die Kritik. Wenn sie eigentlich sprachwissenschaftliche Fragen berührt, so geschieht das hauptsächlich, um Texte verschiedener Zeitalter zu vergleichen, die besondere Sprache jedes Autors zu bestimmen, Inschriften, die in altertümlicher oder dunkler Sprache abgefaßt sind, zu entziffern. Es ist zuzugeben, daß diese Untersuchungen die historische Sprachwissenschaft vorbereitet haben: die Arbeiten von Ritschl über Plautus z. B. können als sprachwissenschaftlich bezeichnet werden; aber auf diesem Gebiet hat die kritische Philologie den einen Fehler, daß sie sich zu sklavisch an die geschriebene Sprache hält und die lebende Sprache vergißt; außerdem wird sie fast durchaus vom griechischen und römischen Altertum in Anspruch genommen.

Die dritte Periode begann, als man entdeckte, daß man die Sprachen unter sich vergleichen könne. Das war der Anfang der „vergleichenden Grammatik". Franz Bopp untersucht 1816 in dem Werk Konjugationssystem der Sanskritsprache die Beziehungen, welche das Sanskrit mit dem Germanischen, Griechischen, Lateinischen usw. verknüpfen. Bopp war nicht der erste, der diese Verwandtschaften feststellte und annahm, daß alle diese Sprachen derselben Familie angehören; das war schon vor ihm geschehen, nämlich durch den englischen Orientalisten W. Jones (gest. 1794). Aber derartige einzelne Feststellungen beweisen noch nicht, daß man im Jahre 1816 die Bedeutsamkeit und Wichtigkeit dieser Wahrheit wirklich verstand. Bopp hat also nicht das Verdienst, entdeckt zu haben, daß das Sanskrit mit gewissen Sprachen Europas und Asiens verwandt ist, aber er hat erkannt, daß die Beziehungen zwischen verwandten Sprachen der Gegenstand einer selbständigen Wissenschaft werden können. Eine Sprache durch eine andere aufzuhellen, die Formen der einen durch die Formen der andern zu erklären, das war das Neue an Bopps vergleichender Forschung. Schwerlich hätte Bopp — jedenfalls nicht so schnell — seine Wissenschaft schaffen können ohne die Entdeckung des Sanskrit. Indem dieses als dritter Zeuge an die Seite des Griechischen und Lateinischen trat, bot es ihm eine breitere und festere Grundlage der Untersuchung. Zu diesem Vorteil kam noch der glückliche Umstand, daß im Sanskrit die Bedingungen außerordentlich günstig sind, um die verglichenen Erscheinungen zu erklären. Dafür ein Beispiel: betrachtet man das Paradigma des lateinischen *genus* (*genus, generis, genere, genera, generum* usw.) und dasjenige des griechischen *génos* (*génos, géneos, géneï, génea, genéōn* usw.), so besagen diese Reihen nichts, ob man sie nun einzeln nimmt, oder ob man sie unter sich vergleicht. Aber das wird anders, sowie man die entsprechende

Reihe des Sanskrit daneben hält (*ǵanas, ǵanasas, ǵanasi, ǵanassu, ǵanasām* usw.). Ein Blick darauf genügt, um die Beziehung zu erkennen, die zwischen dem griechischen und lateinischen Paradigma besteht. Nimmt man vorläufig an, *ǵanas* stelle den ursprünglichen Zustand dar, da dies der Erklärung dienlich ist, so schließt man, daß ein *s* in den griechischen Formen *géne(s)os* usw. ausfallen mußte überall, wo es zwischen zwei Vokalen stand. Man schließt weiter, daß ein *s* unter denselben Bedingungen im Lateinischen zu *r* wurde. In grammatischer Hinsicht ferner ergibt sich aus dem Sanskritparadigma der Begriff des Stammes, der hier eine klar umschriebene und bestimmte Einheit (*ǵanas-*) darstellt. Das Griechische und Lateinische haben nur in ihren Anfängen den vom Sanskrit repräsentierten Zustand gekannt. Das Sanskrit ist hier also dadurch lehrreich, daß es alle indogermanischen *s* bewahrt hat. Allerdings hat es auf anderen Gebieten die Besonderheiten des Urtyps weniger treu bewahrt: so hat es den Vokalismus völlig umgestaltet. Aber im allgemeinen unterstützen die in ihm erhaltenen ursprünglichen Elemente die Untersuchung ganz vortrefflich, und der Zufall hat es gefügt, daß diese Sprache sehr geeignet ist, die andern in einer Menge von Fällen aufzuklären.

Von Anfang an treten an der Seite von Bopp hervorragende Sprachforscher auf: Jakob Grimm, der Begründer der germanistischen Studien (seine „Deutsche Grammatik" erschien von 1822—1836); Pott, dessen Etymologische Forschungen dem Sprachforscher eine beträchtliche Masse von Material an die Hand gab; Kuhn, dessen Arbeiten sich zugleich auf die Sprachforschung und die vergleichende Mythologie bezogen, die Indologen Benfey und Aufrecht usw.

Endlich sind unter den Vertretern dieser Richtung ganz besonders zu nennen Max Müller, G. Curtius und August Schleicher. Alle drei haben auf verschiedene Weise sehr viel für die vergleichenden Studien geleistet. Max Müller hat sie durch seine glänzenden Plaudereien volkstümlich gemacht (Vorlesungen über die Wissenschaft der Sprache. 1861, englisch); aber man kann nicht gerade sagen, daß er durch ein Übermaß von Gewissenhaftigkeit gesündigt habe. Curtius, ein hervorragender Philologe, bekannt hauptsächlich durch seine Grundzüge der griechischen Etymologie (1879), war einer der ersten, der die vergleichende Grammatik mit der klassischen Philologie in nähere Beziehung setzte. Diese letztere hatte den Fortschritt der neuen Wissenschaft mit Mißtrauen verfolgt, und dieses Mißtrauen war ein gegenseitiges geworden. Schleicher endlich ist der erste, der versucht hat, die Ergebnisse der Einzeluntersuchungen zu kodifizieren. Sein Kompendium der vergleichenden Grammatik der indogermanischen Sprachen (1861) ist eine Art von Systematisierung der von Bopp begründeten Wissenschaft. Dieses Buch, das lange Zeit große Dienste geleistet hat, gibt besser als irgendein anderes ein anschauliches Bild von dieser vergleichenden Schule, welche die erste Periode der indogermanischen Sprachwissenschaft ausmacht.

Aber diese Schule, welche das unleugbare Verdienst gehabt hat, ein neues und ertragreiches Feld zu erschließen, ist nicht dazu gelangt, eine wirkliche Wissenschaft von der Sprache aufzustellen. Sie hat sich nie damit abgegeben, über die Natur ihres Untersuchungsobjektes ins reine zu kommen. Ohne diese grundlegende Arbeit ist aber keine Wissenschaft imstande, sich eine Methode auszubilden.

Der erste Irrtum, der im Keim alle übrigen enthält, ist, daß die vergleichende Grammatik bei ihren Untersuchungen, die übrigens auf die indogermanischen Sprachen beschränkt waren, sich niemals gefragt hat, worauf ihre Vergleichungen eigentlich hinausliefen, was die Beziehungen, die sie entdeckte, bedeuteten. Sie war ausschließlich vergleichend anstatt historisch zu sein. Die Vergleichung ist zwar die notwendige Vorbedingung jeder Rekonstruktion, aber für sich allein gestattet sie keine historischen Rückschlüsse. Und diese Sprachvergleicher konnten um so weniger solche Rückschlüsse ziehen, als sie die Entwicklung zweier Sprachen so ansahen, wie es ein Naturforscher mit dem Wachstum zweier Pflanzen machen würde. Schleicher z. B., der immer wieder empfiehlt, vom Indogermanischen auszugehen, der also durchaus ein Historiker zu sein scheint, steht nicht an zu sagen, daß im Griechischen *e* und *o* zwei „Stufen" des Vokalismus seien. Das Sanskrit nämlich zeigt ein System von Vokalwechseln, das diesen Gedanken von Stufen nahelegt. In der Annahme, diese letzteren müßten gesondert und parallel in jeder Sprache durchlaufen werden, wie Pflanzen gleicher Gattung unabhängig voneinander die gleichen Entwicklungsphasen durchmachen, sieht Schleicher im *o* des Griechischen eine stärkere Stufe des *e*, wie er im *ā* des Sanskrit eine Verstärkung des *a* erblickt. In der Tat handelt es sich um einen indogermanischen Vokalwechsel (Ablaut), der sich auf verschiedene Weise im Griechischen und im Sanskrit widerspiegelt, ohne daß irgendeine notwendige Gleichheit bestünde zwischen den grammatikalischen Ergebnissen, welche der Ablaut in der einen und der andern Sprache entwickelt (vgl. S. 189f.).

Diese ausschließlich vergleichende Methode bringt eine ganze Gruppe von irrigen Begriffen mit sich, denen gar nichts in der Wirklichkeit entspricht, und die den wirklichen Verhältnissen jeder Sprache fremd sind. Man betrachtete die Sprache wie eine Sphäre für sich, wie ein viertes Naturreich; daher solche Gedankengänge, die in jeder anderen Wissenschaft Verwunderung hervorgerufen hätten. Wenn man heutzutage nur acht bis zehn Zeilen von einem sprachwissenschaftlichen Werk jener Zeit liest, staunt man über diese wunderliche Denkweise und die Termini, womit man diese Absonderlichkeiten zu rechtfertigen suchte.

Aber in methodologischer Hinsicht ist es nicht ohne Nutzen, diese Irrtümer zu kennen: die Fehler, die eine Wissenschaft in ihrem Anfangsstadium macht, sind das vergrößerte Bild derjenigen, welche die einzelnen begehen, die sich den ersten wissenschaftlichen Untersuchungen widmen, und wir werden Gelegenheit haben, manche derselben im Laufe unserer Darlegungen namhaft zu machen.

Erst gegen 1870 fing man an sich zu fragen, welches die Bedingungen des Lebens der Sprachen sind. Und da erkannte man, daß die Entsprechungen zwischen den Sprachen nur eine der Erscheinungsformen sind, in denen die Natur der Sprache sich darstellt, und daß die Vergleichung nur ein Mittel ist, eine Methode, um die Tatsachen zu rekonstruieren.

Die eigentliche Sprachwissenschaft, welche der Vergleichung die Rolle zuwies, die ihr wirklich zukommt, ging aus dem Studium der romanischen und germanischen Sprachen hervor. Die romanistischen Studien, eröffnet durch Diez — seine Grammatik der romanischen Sprachen stammt aus den Jahren

1836—38 —, trugen besonders dazu bei, die Sprachwissenschaft ihrem wahren Objekt näherzubringen. Die Romanisten nämlich befanden sich in besonders günstigen Verhältnissen, welche die Indogermanisten nicht kennen: man kannte das Latein, die Urform der romanischen Sprachen; ferner gestattete der Reichtum der Dokumente, die Entwicklung der Idiome im einzelnen zu verfolgen. Diese beiden Umstände schränkten das Gebiet der Vermutungen ein und gaben diesen ganzen Forschungen eine durchaus konkrete Gestalt. Die Germanisten befanden sich in ähnlicher Lage; allerdings ist das Urgermanische nicht direkt bekannt, aber die Geschichte der davon abstammenden Sprachen läßt sich, vermittelst vieler Dokumente, durch eine lange Reihe von Jahrhunderten verfolgen. So sind denn auch die Germanisten, weil der Wirklichkeit näher stehend, zu anderen Vorstellungen als die ersten Indogermanisten gelangt.

Eine erste Anregung gab der Amerikaner Whitney, der Verfasser von „The Life and Growth of Language" (1875). Bald darauf bildete sich eine neue Schule, diejenige der Junggrammatiker, deren Häupter sämtlich Deutsche waren: K. Brugmann, H. Osthoff, die Germanisten W. Braune, E. Sievers, H. Paul, der Slavist Leskien usw. Ihr Verdienst war, alle Ergebnisse der Vergleichung in die geschichtliche Perspektive zu rücken und dadurch die Tatsachen in ihre natürliche Verkettung einzugliedern. Dank ihren Leistungen sah man nicht mehr in der Sprache einen Organismus, der sich durch sich selbst entwickelt, sondern ein Erzeugnis des Gesamtgeistes der Sprachgruppen. Zugleich sah man ein, wie irrig und ungenügend die Vorstellungen der Philologie und der vergleichenden Grammatik waren[1]). Jedoch so groß die Verdienste dieser Schule waren,

[1]) Die neue Richtung, die sich näher an die Wirklichkeit hielt, erklärte der Terminologie der Sprachvergleicher den Krieg, und besonders den unlogischen Metaphern, deren sie sich bedienten. Seitdem wagt man nicht mehr zu sagen: „die Sprache tut das und das", oder von dem „Leben der Sprache" zu reden und dergleichen, da die Sprache kein Wesen ist und nur in den sprechenden Subjekten existiert. Doch braucht man darin nicht allzu weit zu gehen und es genügt, daß man sich versteht. Es gibt gewisse bildliche Ausdrucksweisen, ohne die man nicht gut auskommt. Zu verlangen, daß man ausschließlich solche Ausdrucksweisen anwendet, die dem wirklichen Wesen der menschlichen Rede entsprechen, hieße behaupten, daß dieses für

so kann man nicht sagen, daß sie die Frage in ihrer Gesamtheit aufgehellt hätte, und noch heute harren die Grundprobleme der allgemeinen Sprachwissenschaft einer Lösung.

Kapitel II.

Gegenstand und Aufgabe der Sprachwissenschaft; ihre Beziehungen zu den Naturwissenschaften.

Den Gegenstand der Sprachwissenschaft bilden zunächst alle Betätigungen des menschlichen Sprachvermögens, ob es sich nun um wilde Völker oder um zivilisierte Nationen handle, um archaische, klassische oder Verfallsepochen, mit jedesmaliger Berücksichtigung nicht nur der korrekten Sprache und des guten Stils, sondern aller Formen des Ausdrucks. Und das ist nicht alles: da die Rede sehr häufig sich der Beobachtung entzieht, wird der Sprachforscher geschriebene Texte in Rechnung ziehen müssen, da er nur daraus Idiome der Vergangenheit und entfernter Gebiete kennen lernen kann.

Die Aufgabe der Sprachwissenschaft ist also:

a) die Beschreibung und Geschichte von allen erreichbaren Sprachen zu liefern, was darauf hinausläuft, die Geschichte der Sprachfamilien zu schaffen und nach Möglichkeit die Grundsprachen jeder Familie zu rekonstruieren;

b) die Kräfte aufzusuchen, die jederzeit und überall in allen Sprachen wirksam sind, und die allgemeinen Gesetze abzuleiten, auf welche man alle speziellen Erscheinungen der Geschichte zurückführen kann;

c) sich abzugrenzen und sich selbst zu definieren.

Die Sprachwissenschaft hat sehr enge Beziehungen zu andern Wissenschaften, welche bald Tatsachen von ihr übernehmen, bald ihr solche liefern. Die Grenzen, welche diese Wissenschaften scheiden, sind nicht immer deutlich erkennbar. Z. B. muß die Sprachwissenschaft sorgfältig von der Ethnographie und der Prähistorie unterschieden werden, wo die Sprache nur als Doku-

---

uns keine Mysterien mehr enthielte. Aber so weit ist man noch lange nicht; so werden wir auch ohne Bedenken gelegentlich solche Ausdrücke anwenden, die seinerzeit getadelt wurden.

ment in Frage kommt; ebenso von der Anthropologie, die den Menschen nur als Gattung erforscht, während die Sprache eine soziale Tatsache ist. Oder sollte man sie also der Soziologie eingliedern? Welche Beziehungen bestehen zwischen der Sprachwissenschaft und der Sozialpsychologie? Im Grunde ist in der Sprache alles psychologisch, einschließlich ihrer materiellen und mechanischen Äußerungen, wie die Veränderungen der Laute; und ist die Sprachwissenschaft, da sie der Sozialpsychologie so wertvolle Tatsachen bietet, nicht ein Bestandteil von dieser? Lauter Fragen, die wir hier nur aufwerfen, um sie später wieder aufzunehmen.

Das Verhältnis der Sprachwissenschaft zur Physiologie ist nicht ebenso schwer zu entwickeln; die Beziehung ist einseitig insofern, als das Studium der Sprache von der Lautphysiologie Aufklärung erheischt, ihr aber keine liefert. Jedenfalls ist eine Vermischung beider Disziplinen unmöglich: das Wesentliche an der Sprache ist, wie wir sehen werden, dem lautlichen Charakter des sprachlichen Zeichens fremd.

Was die Philologie anlangt, so sind wir schon im klaren: sie ist von der Sprachwissenschaft deutlich unterschieden trotz der Berührungspunkte, die sie miteinander haben, und der Dienste, die sie sich gegenseitig leisten.

Worin besteht schließlich der Nutzen der Sprachwissenschaft? Nur sehr wenig Leute haben darüber klare Begriffe; es ist hier nicht der Ort, dies zu bestimmen. Aber es leuchtet ein, daß sprachwissenschaftliche Fragen z. B. alle diejenigen, Historiker, Philologen usw., angehen, die mit Texten umzugehen haben. Einleuchtender noch ist ihre Wichtigkeit für die allgemeine Kultur: im Leben des Einzelnen und der Gesellschaft gibt es nichts, was an Wirksamkeit und Wichtigkeit der Sprache gleichkommt. Es ist daher auch nicht richtig, daß ihr Studium nur Sache einiger Spezialisten sei: in der Tat beschäftigt sich alle Welt mehr oder weniger damit. Aber die paradoxe Folge des daran geknüpften Interesses ist, daß es kein Gebiet gibt, wo mehr absurde Vorstellungen, Vorurteile, Wunderlichkeiten und Willkürlichkeiten zutage getreten sind. In psychologischer Hinsicht haben diese Irrtümer sogar ein gewisses Interesse; der Sprachforscher aber hat die Aufgabe, sie zu kennzeichnen und möglichst vollständig zu zerstreuen.

Kapitel III.

Der Gegenstand der Sprachwissenschaft.

§ 1. Die Sprache; ihre Definition.

Was ist der Gegenstand der Sprachwissenschaft — wenn wir ihn vollständig und konkret bestimmen wollen? Diese Frage ist besonders schwierig; wir werden später sehen, warum; wir wollen uns hier darauf beschränken, diese Schwierigkeit begreiflich zu machen.

Andere Wissenschaften befassen sich mit Gegenständen, die von vornherein gegeben sind und die man nacheinander unter verschiedenen Gesichtspunkten betrachten kann. Ganz anders auf unserm Gebiet. Es spricht jemand das französische Wort *nu* aus: ein oberflächlicher Beobachter wäre versucht, darin ein konkretes Objekt der Sprachwissenschaft zu erblicken; aber eine aufmerksamere Prüfung läßt darin nacheinander drei oder vier verschiedene Dinge erkennen, je nach der Art, wie man es betrachtet: als Laut, als Ausdruck einer Vorstellung, als Entsprechung des lateinischen *nudum* usw. Man kann nicht einmal sagen, daß der Gegenstand früher vorhanden sei als der Gesichtspunkt, aus dem man ihn betrachtet; vielmehr ist es der Gesichtspunkt, der das Objekt erschafft; und außerdem wissen wir nicht von vornherein, ob eine dieser Betrachtungsweisen den andern vorangeht oder übergeordnet ist. Ferner, für welche man sich auch entscheidet, das sprachliche Phänomen zeigt stets zwei Seiten, die sich entsprechen und von denen die eine nur gilt vermöge der andern. Zum Beispiel:

1. Die Silben, die man artikuliert, sind akustische Eindrücke, die das Ohr aufnimmt, aber die Laute würden nicht existieren ohne die Stimmorgane: so besteht ein *n* nur durch die Entsprechung dieser beiden Seiten. Man kann also die Sprache nicht auf den Laut zurückführen, noch den Laut von der Mundartikulation lostrennen; und entsprechend umgekehrt: man kann die Bewegungen der Sprechorgane nicht definieren, indem man absieht vom akustischen Eindruck (s. S. 44f.).

2. Nehmen wir aber an, der Laut wäre eine einfache Sache: würde dann der Laut die menschliche Rede ausmachen? Nein,

er ist nur das Werkzeug des Gedankens und existiert nicht für sich selbst. Hier tritt eine neue Entsprechung auf, die tiefe und ungelöste Probleme in sich birgt: der Laut, eine zusammengesetzte akustisch-stimmliche Einheit, bildet seinerseits mit der Vorstellung eine zusammengesetzte Einheit, die physiologisch und geistig ist. Und das ist noch nicht alles.

3. Die menschliche Rede hat eine individuelle und eine soziale Seite; man kann die eine nicht verstehen ohne die andere. Außerdem:

4. In jedem Zeitpunkt begreift sie in sich sowohl ein feststehendes System als eine Entwicklung; sie ist in jedem Augenblick eine gegenwärtige Institution und ein Produkt der Vergangenheit. Es erscheint auf den ersten Blick als sehr einfach, zwischen dem System und seiner Geschichte zu unterscheiden, zwischen dem, was sie ist und was sie gewesen ist; in Wirklichkeit ist die Verbindung, welche diese beiden Dinge eint, so eng, daß man Mühe hat, sie zu trennen. Oder wäre die Frage einfacher, wenn man das Phänomen der Sprache in seinen Ursprüngen betrachtete, wenn man z. B. damit begänne, die Kindersprache zu studieren? Nein, denn es ist eine ganz falsche Vorstellung, daß in sprachlichen Dingen das Problem des Ursprungs verschieden sei von dem der dauernden Zustände; man kommt also aus dem Zirkel nicht heraus.

Von welcher Seite man also die Frage auch angreift, nirgends bietet sich uns der Gegenstand der Sprachwissenschaft als einheitliches Ganzes dar; überall stoßen wir auf dieses Dilemma: entweder halten wir uns an eine einzige Seite jedes Problems und setzen uns der Gefahr aus, die oben bezeichneten Doppelseitigkeiten nicht zu berücksichtigen, oder, wenn wir die menschliche Rede von mehreren Seiten aus zugleich studieren, erscheint uns der Gegenstand der Sprachwissenschaft als ein wirrer Haufe verschiedenartiger Dinge, die unter sich durch kein Band verknüpft sind. Wenn man so vorgeht, tritt man in das Gebiet mehrerer Wissenschaften ein — der Psychologie, Anthropologie, der normativen Grammatik, Philologie usw. —, die wir klar von der Sprachwissenschaft scheiden, die aber vermöge unkorrekter Methode die Sprache als einen ihrer Gegenstände beanspruchen könnten.

Es gibt, unseres Erachtens, nur eine Lösung aller dieser Schwierigkeiten: man muß sich von Anfang an auf das Gebiet der Sprache[1]) begeben und sie als die Norm aller andern Äußerungen der menschlichen Rede gelten lassen. In der Tat, unter so vielen Doppelseitigkeiten scheint allein die Sprache eine selbständige Definition zu gestatten, und sie bietet dem Geist einen genügenden Stützpunkt.

Was aber ist die Sprache? Für uns fließt sie keineswegs mit der menschlichen Rede zusammen; sie ist nur ein bestimmter, allerdings wesentlicher Teil davon. Sie ist zu gleicher Zeit ein soziales Produkt der Fähigkeit zu menschlicher Rede und ein Ineinandergreifen notwendiger Konventionen, welche die soziale Körperschaft getroffen hat, um die Ausübung dieser Fähigkeit durch die Individuen zu ermöglichen. Die menschliche Rede, als Ganzes genommen, ist vielförmig und ungleichartig; verschiedenen Gebieten zugehörig, zugleich physisch, psychisch und physiologisch, gehört sie außerdem noch sowohl dem individuellen als dem sozialen Gebiet an; sie läßt sich keiner Kategorie der menschlichen Verhältnisse einordnen, weil man nicht weiß, wie ihre Einheit abzuleiten sei.

Die Sprache dagegen ist ein Ganzes in sich und ein Prinzip der Klassifikation. In dem Augenblick, da wir ihr den ersten Platz unter den Tatsachen der menschlichen Rede einräumen, bringen wir eine natürliche Ordnung in eine Gesamtheit, die keine andere Klassifikation gestattet.

Gegen dieses Klassifikationsprinzip könnte man einwenden, daß die Ausübung der menschlichen Rede auf einer Fähigkeit beruht, die wir von Natur haben, während die Sprache etwas Erworbenes und Konventionelles ist, was der natürlichen Veranlagung untergeordnet werden müßte anstatt ihr übergeordnet zu werden.

Darauf läßt sich folgendes antworten.

---

[1]) Das deutsche Wort „Sprache" umfaßt die beiden hier unterschiedenen Begriffe *langue* und *langage*. Diese durch „Sprache im sozialen Sinn" und „Individualsprache" wiederzugeben, wie es auch geschehen ist, befriedigt nicht. „Sprache" steht hier stets und ausschließlich für *langue*, während *langage* durch „(menschliche) Rede" wiedergegeben wird. Zur Unterscheidung beider Begriffe vgl. im Folgenden besonders S. 16f. (Übers.)

Zunächst ist nicht bewiesen, daß die Betätigung der menschlichen Rede beim Sprechen etwas vollständig Natürliches sei, d. h. daß unser Sprechapparat zum Sprechen gemacht sei wie unsere Beine zum Gehen. Die Sprachforscher sind keineswegs einig darüber. So ist es für Whitney, der die Sprache als eine soziale Institution so gut wie alle andern ansieht, nur Zufall und geschieht nur aus Bequemlichkeitsgründen, daß wir uns der Sprechwerkzeuge als Instrument der Sprache bedienen: die Menschen hätten ebensogut die Geste wählen und sichtbare Bilder an Stelle der hörbaren verwenden können. Diese Behauptung ist zwar sicherlich übertrieben; die Sprache steht als eine soziale Institution nicht in allen Punkten den andern sozialen Institutionen gleich (s. S. 85f. und 89); ferner geht Whitney zu weit, wenn er sagt, unsere Wahl sei nur zufällig auf die Sprechwerkzeuge gefallen; sie sind sehr wohl in gewisser Weise von der Natur dazu bestimmt. Aber im wesentlichen scheint uns der amerikanische Linguist recht zu haben: die Sprache ist eine Übereinkunft, und die Natur des Zeichens, bezüglich dessen man übereingekommen ist, ist indifferent. Die Frage der Sprechwerkzeuge ist also sekundär beim Problem der menschlichen Rede.

Eine gewisse Definition dessen, was man *langage articulé* nennt, könnte diesen Gedanken bestätigen. Im Lateinischen bedeutet *articulus* „Glied, Teil, Unterabteilung einer Folge von Dingen"; bei der menschlichen Rede kann die Artikulation bezeichnen entweder die Einteilung der gesprochenen Reihe der Silben oder die Einteilung der Vorstellungsreihe in Vorstellungseinheiten; das ist es, was man auf deutsch gegliederte Sprache[1]) nennt. Indem man sich an diese zweite Definition hält, könnte man sagen, daß es nicht die gesprochene Rede ist, was dem Menschen natürlich ist, sondern die Fähigkeit, eine Sprache zu schaffen, d. h. ein System unterschiedlicher Zeichen, die unterschiedenen Vorstellungen entsprechen.

Broca hat entdeckt, daß die Anlage zum Sprechen in der dritten linken frontalen Gehirnwindung lokalisiert ist; man hat

[1]) In dieser vom Verfasser angeführten deutschen Wortverbindung ist „Sprache" gleich *langage*, im Unterschied von dem sonst hier angewandten Wortgebrauch (Übers.).

sich auch darauf gestützt, um die menschliche Rede als etwas Natürliches hinzustellen. Aber bekanntlich wurde diese Lokalisation festgestellt für alles, was sich auf die menschliche Rede bezieht, einschließlich der Schrift, und diese Feststellungen, verbunden mit den Beobachtungen, die angestellt wurden über die verschiedenen Arten der Aphasie durch Verletzung dieser Gehirnzentren, scheinen darauf hinzudeuten: 1. daß die verschiedenen Störungen der mündlichen Rede auf hunderterlei Art mit denen der geschriebenen Rede verknüpft sind; 2. daß in allen Fällen der Aphasie oder Agraphie weniger die Fähigkeit, diese oder jene Laute hervorzubringen oder diese und jene Zeichen zu schreiben, gestört ist, als die Fähigkeit, durch irgendein Mittel die Zeichen der regelmäßigen Rede hervorzurufen. Das alles führt uns zu der Ansicht, daß über die Funktionen der verschiedenen Organe hinaus eine allgemeinere Anlage besteht, welche die Zeichen beherrscht und welche die eigentliche Sprachfähigkeit wäre. Und dadurch werden wir zu derselben Schlußfolgerung geführt wie oben.

Um der Sprache den ersten Platz im Studium der menschlichen Rede einzuräumen, kann man endlich noch das Argument geltend machen, daß die Anlage, Wörter zu artikulieren — ob sie naturgegeben sei oder nicht —, nur ausgeübt wird mit Hilfe des Instruments, das die Gesamtheit geschaffen und zur Verfügung gestellt hat; es ist daher nicht unbegründete Willkür, zu sagen, daß nur die Sprache die Einheit der menschlichen Rede ausmacht.

§ 2. Stellung der Sprache innerhalb der menschlichen Rede.

Um festzustellen, welches Gebiet die Sprache in der Gesamtheit der menschlichen Rede einnimmt, muß man sich den individuellen Vorgang vergegenwärtigen, welcher den Kreislauf des Sprechens[1]) darzustellen gestattet. Dieser Vorgang setzt mindestens zwei Personen voraus; das ist als Minimum erforderlich, damit der Kreislauf vollständig sei. Wir nehmen also an zwei Personen, A und B, welche sich unterreden.

---

[1]) Mit Sprechen übersetze ich den Terminus parole.

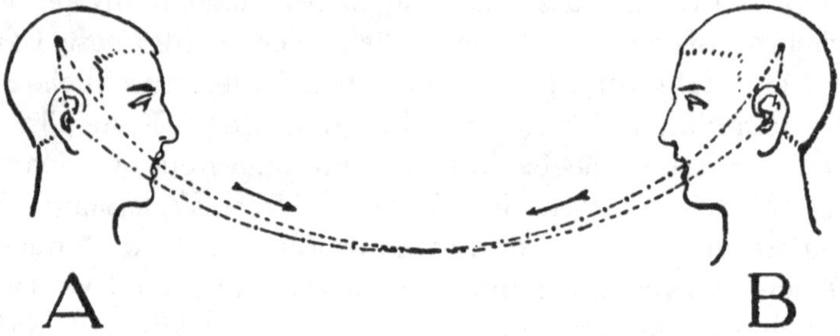

Der Ausgangspunkt des Kreislaufs liegt im Gehirn des Einen, z. B. A, wo die Bewußtseinsvorgänge, die wir Vorstellungen schlechthin nennen wollen, mit den Vorstellungen der sprachlichen Zeichen oder akustischen Bilder assoziiert sind, welche zu deren Ausdruck dienen. Stellen wir uns vor, daß eine gegebene Vorstellung im Gehirn ein Lautbild auslöst: das ist ein durchaus psychischer Vorgang, dem seinerseits ein physiologischer Prozeß folgt: das Gehirn übermittelt den Sprechorganen einen Impuls, der dem Lautbild entspricht; dann breiten sich die Schallwellen aus vom Munde des A zum Ohr des B hin: ein rein physikalischer Vorgang. Dann setzt sich der Kreislauf bei B fort in umgekehrter Reihenfolge: vom Ohr zum Gehirn, physiologische Übertragung des Lautbildes; im Gehirn psychologische Assoziation dieses Lautbildes mit den entsprechenden Vorstellungen. Wenn B seinerseits spricht, wird dieser neue Vorgang von seinem Gehirn zu dem des A genau denselben Weg zurücklegen und dieselben aufeinanderfolgenden Phasen durchlaufen, was wir folgendermaßen darstellen.

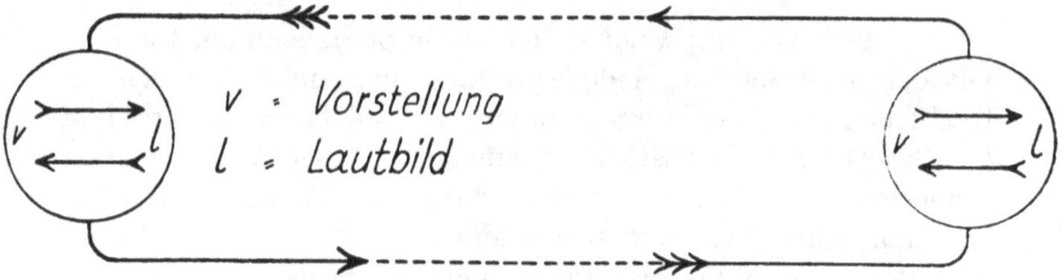

Diese Analyse beansprucht nicht, vollständig zu sein; man könnte außerdem unterscheiden: die rein akustische Wahrnehmung, die Identifikation dieser Wahrnehmung mit dem latenten Lautbild, das Bild der Bewegungsgefühle bei der Lautgebung usw. Ich habe nur diejenigen Elemente berücksichtigt, die ich für wesentlich halte; aber unsere Figur gestattet, mit einem Blick die physikalischen Bestandteile (Schallwellen) von den physiologischen (Lautgebung und Gehörwahrnehmung) und psychischen (Wortbilder und Vorstellungen) zu unterscheiden. Es ist von entscheidender Wichtigkeit, hervorzuheben, daß das Wortbild nicht mit dem Laut selbst zusammenfällt, und daß es in dem gleichen Maß psychisch ist wie die ihm assoziierte Vorstellung.

Der Kreislauf, wie wir ihn dargestellt haben, läßt sich noch einteilen:

a) in einen äußeren Teil (Schwingung der Laute, die vom Mund zum Ohr gehen) und einen inneren Teil, der alles übrige umfaßt;

b) in einen psychischen und einen nichtpsychischen Teil, wovon der letztere ebensowohl die physiologischen Vorgänge, deren Sitz die Organe sind, umfaßt, wie die physikalischen außerhalb des Individuums;

c) in einen aktiven und einen passiven Teil: aktiv ist alles, was vom Assoziationszentrum der einen zum Ohr der andern Person geht, und passiv alles, was vom Ohr der letzteren zu ihrem Assoziationszentrum geht;

endlich innerhalb des psychischen Teils, der im Gehör lokalisiert ist, kann man ausübend nennen alles was aktiv ist ($v > l$), und aufnehmend alles, was passiv ist ($l \rightarrow v$).

Hinzuzufügen ist noch das Vermögen der Assoziation und Koordination, das sich geltend macht, sobald es sich nicht nur um einzelne Zeichen handelt; diese Fähigkeit spielt die größte Rolle in der Organisation der Sprache als System (vgl. S. 147).

Um aber diese Rolle richtig zu verstehen, muß man weitergehen zu dem sozialen Vorgang; denn die individuelle Betätigung ist davon nur der Keim.

Zwischen allen Individuen, die so durch die menschliche Rede verknüpft sind, bildet sich eine Art Durchschnitt aus: alle reproduzieren — allerdings nicht genau, aber annähernd — dieselben Zeichen, die an dieselben Vorstellungen geknüpft sind.

Was ist nun der Ursprung dieser sozialen Kristallisation? Welcher Teil des Kreislaufs hat hieran ursächlichen Anteil? Denn wahrscheinlich nehmen nicht alle gleichermaßen daran teil.

Der physische Teil kann von vornherein ausgeschieden werden. Wenn wir eine Sprache sprechen hören, die wir nicht verstehen, vernehmen wir zwar wohl die Laute, bleiben aber, eben weil wir nicht verstehen, außerhalb des sozialen Vorgangs.

Der psychische Teil ist ebenfalls nicht vollständig daran mitbeteiligt: die ausübende Seite bleibt außer Spiel, denn die Ausübung geschieht niemals durch die Masse; sie ist immer individuell und das Individuum beherrscht sie; wir werden sie **das Sprechen** (parole) nennen.

Vielmehr ist es das Wirken der rezipierenden und koordinierenden Fähigkeit, wodurch sich bei den sprechenden Personen Eindrücke bilden, die schließlich bei allen im wesentlichen die gleichen sind. Wie hat man sich dieses soziale Ergebnis vorzustellen, um damit die Sprache als völlig losgelöst von allem übrigen zu erfassen? Wenn wir die Summe der Wortbilder, die bei allen Individuen aufgespeichert sind, umspannen könnten, dann hätten wir das soziale Band vor uns, das die Sprache ausmacht. Es ist ein Schatz, den die Praxis des Sprechens in den Personen, die der gleichen Sprachgemeinschaft angehören, niedergelegt hat, ein grammatikalisches System, das virtuell in jedem Gehirn existiert, oder vielmehr in den Gehirnen einer Gesamtheit von Individuen; denn die Sprache ist in keinem derselben vollständig, vollkommen existiert sie nur in der Masse.

Indem man die Sprache vom Sprechen scheidet, scheidet man zugleich: 1. das Soziale vom Individuellen; 2. das Wesentliche vom Akzessorischen und mehr oder weniger Zufälligen.

Die Sprache ist nicht eine Funktion der sprechenden Person; sie ist das Produkt, welches das Individuum in passiver Weise einregistriert; sie setzt niemals eine vorherige Überlegung voraus, und die Reflexion ist dabei nur beteiligt, sofern sie die Einordnung und Zuordnung betätigt, von der S. 147f. die Rede sein wird.

Das Sprechen ist im Gegensatz dazu ein individueller Akt des Willens und der Intelligenz, bei welchem zu unterscheiden sind: 1. die Kombinationen, durch welche die sprechende Person den *code* der Sprache in der Absicht, ihr persönliches Denken auszudrücken, zur Anwendung bringt; 2. der psycho-physische Mechanismus, der ihr gestattet, diese Kombinationen zu äußern.

Es ist zu bemerken, daß wir hier Sachen, nicht Wörter definiert haben; die aufgestellten Unterscheidungen sind daher durch gewisse mehrdeutige Termini, die sich von einer Sprache zur andern nicht decken, nicht gefährdet. So bedeutet deutsch Sprache sowohl „langue" (Sprache) als „langage" (menschliche Rede); Rede entspricht einigermaßen dem „parole" (Sprechen), fügt dem aber noch den speziellen Sinn von „discours" hinzu. Lateinisch *sermo* bedeutet eher „langage" und „parole", während *lingua* die „Sprache" (langue) bezeichnet, usw. Kein Wort entspricht genau den oben aufgestellten Begriffen. Deshalb ist jede Definition im Hinblick auf Wörter vergeblich; es ist eine verkehrte Methode, von Wörtern auszugehen, um Sachen zu definieren.

Fassen wir die charakteristischen Merkmale der Sprache zusammen:

1. Sie ist ein genau umschriebenes Objekt in der Gesamtheit der verschieden gearteten Tatsachen der menschlichen Rede. Man kann sie lokalisieren in demjenigen Teil des Kreislaufs, wo ein Lautbild sich einer Vorstellung assoziiert. Sie ist der soziale Teil der menschlichen Rede und ist unabhängig vom Einzelnen, welcher für sich allein sie weder schaffen noch umgestalten kann; sie besteht nur kraft einer Art Kontrakt zwischen den Gliedern der Sprachgemeinschaft. Andererseits muß das Individuum sie erst erlernen, um das Ineinandergreifen ihrer Regeln zu kennen; das Kind eignet sie sich nur allmählich an. Sie ist so sehr eine Sache für sich, daß ein Mensch, der die Sprechfähigkeit verloren hat, die Sprache noch besitzt, sofern er die Lautzeichen versteht, die er vernimmt.

2. Die Sprache, vom Sprechen unterschieden, ist ein Objekt, das man gesondert erforschen kann. Wir sprechen die toten Sprachen nicht mehr, aber wir können uns sehr wohl ihren sprachlichen Organismus aneignen. Die Wissenschaft von der Sprache kann nicht nur der andern Elemente der menschlichen Rede entraten, sondern sie ist überhaupt nur möglich, wenn diese andern Elemente nicht damit verquickt werden.

3. Während die menschliche Rede in sich verschiedenartig

ist, ist die Sprache, wenn man sie so abgrenzt, ihrer Natur nach in sich gleichartig: sie bildet ein System von Zeichen, in dem einzig die Verbindung von Sinn und Lautzeichen wesentlich ist und in dem die beiden Seiten des Zeichens gleichermaßen psychisch sind.

4. Die Sprache ist nicht weniger als das Sprechen ein Gegenstand konkreter Art, und das ist günstig für die wissenschaftliche Betrachtung. Obwohl die sprachlichen Zeichen ihrem Wesen nach psychisch sind, so sind sie doch keine Abstraktionen; da die Assoziationen durch kollektive Übereinstimmung anerkannt sind und ihre Gesamtheit die Sprache ausmacht, sind sie Realitäten, deren Sitz im Gehirn ist. Übrigens sind die Zeichen der Sprache sozusagen greifbar; die Schrift kann sie in konventionellen Bildern fixieren, während es nicht möglich wäre, die Vorgänge des Sprechens in allen ihren Einzelheiten zu photographieren; die Lautgebung eines auch noch so kleinen Wortes stellt eine Unzahl von Muskelbewegungen dar, die schwer zu kennen und abzubilden sind. In der Sprache dagegen gibt es nur das Lautbild, und dieses läßt sich in ein dauerndes visuelles Bild überführen. Denn wenn man von der Menge von Bewegungen absieht, die erforderlich sind, um es im Sprechen zu verwirklichen, ist jedes Lautbild, wie wir sehen werden, nur die Summe aus einer begrenzten Zahl von Elementen oder Lauten (Phonemen), die ihrerseits durch eine entsprechende Zahl von Zeichen in der Schrift vergegenwärtigt werden können. Diese Möglichkeit, alles, was sich auf die Sprache bezieht, fixieren zu können, bringt es mit sich, daß ein Wörterbuch und eine Grammatik eine treue Darstellung derselben sein können, indem die Sprache das Depot der Lautbilder und die Schrift die greifbare Form dieser Bilder ist.

§ 3. Stellung der Sprache innerhalb der menschlichen Verhältnisse. Die Semeologie.

Diese Merkmale lassen uns ein Weiteres, noch Wichtigeres erkennen. Die Sprache, auf diese Weise innerhalb der Gesamtheit der menschlichen Rede abgegrenzt, gestattet eine Einordnung unter die Erscheinungen des Lebens, während das bei der menschlichen Rede nicht der Fall ist.

Wir haben soeben gesehen, daß die Sprache eine soziale Einrichtung ist; aber sie unterscheidet sich durch mehrere Züge von andern Einrichtungen, wie den politischen, rechtlichen usw. Um ihre besondere Natur zu verstehen, muß man eine neue Reihe von Tatsachen berücksichtigen.

Die Sprache ist ein System von Zeichen, die Ideen ausdrücken und insofern der Schrift, dem Taubstummenalphabet, symbolischen Riten, Höflichkeitsformen, militärischen Signalen usw. usw. vergleichbar. Nur ist sie das wichtigste dieser Systeme.

Man kann sich also vorstellen eine Wissenschaft, welche das Leben der Zeichen im Rahmen des sozialen Lebens untersucht; diese würde einen Teil der Sozialpsychologie bilden und infolgedessen einen Teil der allgemeinen Psychologie; wir werden sie Semeologie[1]) (von griechisch *sēmeîon*, „Zeichen") nennen. Sie würde uns lehren, worin die Zeichen bestehen und welche Gesetze sie regieren. Da sie noch nicht existiert, kann man nicht sagen, was sie sein wird. Aber sie hat Anspruch darauf, zu bestehen; ihre Stellung ist von vornherein bestimmt. Die Sprachwissenschaft ist nur ein Teil dieser allgemeinen Wissenschaft, die Gesetze, welche die Semeologie entdecken wird, werden auf die Sprachwissenschaft anwendbar sein, und diese letztere wird auf diese Weise zu einem ganz bestimmten Gebiet in der Gesamtheit der menschlichen Verhältnisse gehören.

Sache des Psychologen ist es, die genaue Stellung der Semeologie zu bestimmen[2]); Aufgabe des Sprachforschers ist es, zu bestimmen, wodurch die Sprache ein besonderes System in der Gesamtheit der semeologischen Erscheinungen ist. Diese Frage wird weiter unten wieder aufgenommen werden; hier halten wir nur den einen Umstand fest: wenn wir zum ersten Male der Sprachwissenschaft einen bestimmten Platz unter den Wissenschaften zuweisen konnten, so war das nur möglich, weil wir sie der Semeologie zugerechnet haben.

Warum ist diese noch nicht als selbständige Wissenschaft,

---

[1]) Man muß sich hüten, die Semeologie mit der Semasiologie zu verwechseln, welche die Veränderungen der Bedeutungen studiert und über die F. de S. keine methodische Auseinandersetzung gegeben hat; doch findet sich deren Grundprinzip S. 88 formuliert. (Anm. d. Herausgeber.)

[2]) Vgl. Adrien Naville, *Classification des sciences*, 2. Aufl., S. 104.

die wie jede andere ihren eigenen Gegenstand hat, anerkannt? Ganz einfach darum, weil man sich in einem Zirkel bewegt: einerseits ist nichts so sehr wie die Sprache geeignet, die Natur des semeologischen Problems verständlich zu machen; aber um es in richtiger Weise nur aufzuwerfen, müßte man die innere Struktur der Sprache untersuchen; bisher jedoch hat man sie fast immer als Funktion von etwas anderem, von anderen Gesichtspunkten aus, betrachtet.

Da ist zunächst die oberflächliche Vorstellung des großen Publikums: es sieht in der Sprache nur eine Nomenklatur (vgl. S. 76), was eine Untersuchung ihrer wahren Natur nicht aufkommen läßt.

Dann besteht der Gesichtspunkt des Psychologen, welcher den Mechanismus des Zeichens im Individuum untersucht; das ist die leichteste Methode, aber sie führt nicht über die individuelle Ausübung hinaus und berührt nicht das Zeichen selbst, das seiner Natur nach sozial ist.

Oder endlich, man beachtet zwar, daß das Zeichen in sozialer Hinsicht untersucht werden muß, berücksichtigt aber nur diejenigen Züge der Sprache, die ihr mit andern sozialen Institutionen gemein sind, nämlich diejenigen, welche mehr oder weniger von unserm Willen abhängen; auf diese Weise trifft man aber auch nicht das Richtige, indem man diejenigen Eigenschaften außer acht läßt, die nur den semeologischen Systemen im allgemeinen und der Sprache im besonderen angehören. Denn das Zeichen ist immer in einem gewissen Maß vom Willen des Einzelnen oder der Gemeinschaft unabhängig — das ist seine wesentliche Eigenschaft; aber es ist diejenige, welche sich am wenigsten auf den ersten Blick zeigt.

Diese Eigenschaft also zeigt sich nur in der Sprache deutlich, da aber gerade in solchen Dingen, die am wenigsten untersucht werden; infolgedessen erkennt man die Notwendigkeit oder den besonderen Nutzen einer semeologischen Wissenschaft nicht recht. Für uns dagegen ist das sprachwissenschaftliche Problem vor allem ein semeologisches, und alle unsere Darlegungen gewinnen ihre Bedeutsamkeit von dieser wichtigen Tatsache. Wenn man die wahre Natur der Sprache entdecken will, muß man an ihr zuerst das ins Auge fassen, was sie mit allen andern

Systemen der gleichen Ordnung gemein hat; und sprachliche Faktoren, die auf den ersten Blick als sehr wichtig erscheinen (z. B. die Betätigung der Sprechwerkzeuge), dürfen nur in zweiter Linie in Betracht gezogen werden, indem sie dienen, die Sprache von andern Systemen zu unterscheiden. Auf diese Weise wird man nicht nur das sprachliche Problem aufklären, sondern ich meine, daß mit der Betrachtung der Sitten und Bräuche usw. als Zeichen diese Dinge in neuer Beleuchtung sich zeigen werden, und man wird das Bedürfnis empfinden, sie in die Semeologie einzuordnen und durch die Gesetze dieser Wissenschaft zu erklären.

Kapitel IV.

Die Wissenschaft von der Sprache und die Wissenschaft vom Sprechen.

Indem wir der Wissenschaft von der Sprache ihre wahre Stellung innerhalb des Studiums der menschlichen Rede insgesamt zugewiesen haben, haben wir zugleich der gesamten Sprachwissenschaft ihre Stellung bestimmt. Alle andern Elemente der menschlichen Rede, die das Sprechen ausmachen, ordnen sich von selber dieser ersteren Wissenschaft unter, und vermöge dieser Unterordnung finden alle Teile der Sprachwissenschaft ihren natürlichen Platz.

Denken wir z. B. an die Erzeugung der Laute, die zum Sprechen nötig sind: die Sprechorgane haben ebensowenig mit der Sprache zu tun, wie die elektrischen Apparate, welche dazu dienen, das Morsealphabet zu übermitteln, mit diesem Alphabet zu tun haben; und die Lautgebung, d. h. die Ausführung der akustischen Bilder, berührt das System selbst in keiner Weise. In dieser Beziehung kann man die Sprache einer Symphonie vergleichen, deren Realität unabhängig ist von der Art und Weise, wie sie aufgeführt wird; die Fehler, welche die Musiker machen können, betreffen diese Realität in keiner Weise.

Dieser Trennung von Lautgebung und Sprache wird man vielleicht die Lautveränderungen entgegenhalten, den Lautwandel, der im Sprechen vor sich geht und der einen so tiefgehenden Einfluß ausübt auf die Schicksale der Sprache selbst. Haben wir wirklich das Recht, zu behaupten, daß die Sprache unabhängig von diesen Erscheinungen existiere? Ja, denn sie berühren nur die materielle Substanz der Wörter. Wenn sie die Sprache in ihrer Eigenschaft als System von Zeichen berühren, so geschieht dies nur indirekt durch die Veränderung der Interpretation, die daraus folgt; aber diese Erscheinung ist nichts Lautgeschichtliches (vgl. S. 100). Es mag interessant sein, die Ursachen dieser Veränderungen zu untersuchen, und das Studium der Laute wird uns dabei unterstützen; aber das ist nicht das Wesentliche: für die Wissenschaft von der Sprache genügt es stets, die Lautveränderungen festzustellen und ihre Wirkungen zu überblicken.

Und das über die Lautgebung Gesagte bewahrheitet sich bei allen andern Teilen des Sprechens. Die Betätigung des sprechenden Individuums muß im Zusammenwirken verschiedener Disziplinen untersucht werden, die lediglich durch ihre Beziehung zur Sprache einen Platz in der Sprachwissenschaft (Wissenschaft von der Sprache) haben.

Die Erforschung der menschlichen Rede begreift demnach zwei Teile in sich: der eine, wesentliche, hat als Objekt die Sprache, die ihrer Wesenheit nach sozial und unabhängig vom Individuum ist; diese Untersuchung ist ausschließlich psychisch; der andere Teil, der erst in zweiter Linie in Betracht kommt, hat zum Objekt den individuellen Teil der menschlichen Rede, nämlich das Sprechen einschließlich der Lautgebung; er ist psychophysisch.

Allerdings sind diese beiden Objekte eng miteinander verbunden und bedingen sich gegenseitig. Die Sprache ist erforderlich, damit das Sprechen verständlich sei und seinen Zweck erfülle. Das Sprechen aber ist erforderlich, damit die Sprache sich bilde; historisch betrachtet, ist das Sprechen das zuerst gegebene Faktum. Wie käme man dazu, eine Vorstellung mit einem Wortbild zu assoziieren, wenn man nicht zuvor diese Assoziation bei einem Sprechakt erfahren hätte? Andrerseits erlernen wir unsere Muttersprache nur, indem wir andere sprechen hören; sie kann sich nur infolge unzähliger Erfahrungen in unserm Gehirn festsetzen. Endlich ist es auch das Sprechen, was die Entwicklung der Sprache mit sich bringt: die Eindrücke, die man empfängt, wenn man andere hört, gestalten unsere Sprachgewohnheiten um. Es besteht also eine gegenseitige Abhängigkeit von Sprache und Sprechen; dieses ist zugleich das Instrument und das Produkt von jener. Aber das alles hindert nicht, daß beide völlig verschiedene Dinge sind.

Die Sprache besteht in der Sprachgemeinschaft in Gestalt einer Summe von Eindrücken, die in jedem Gehirn niedergelegt sind, ungefähr so wie ein Wörterbuch, von dem alle Exemplare, unter sich völlig gleich, unter den Individuen verteilt wären (vgl. S. 16). Sie ist also etwas, das in jedem Einzelnen von ihnen vorhanden, zugleich aber auch allen gemeinsam ist und unabhängig von dem Willen der Aufbewahrer. Insofern kann das Vorhandensein der Sprache dargestellt werden durch die Formel $1 + 1 + 1 \ldots = I$ (gemeinsames Vorbild).

Auf welche Weise ist nun das Sprechen in dieser Sprachgemeinschaft vorhanden? Es ist die Summe von allem, was die Sprachgenossen reden, und umfaßt: a) die individuellen Kombinationen, welche abhängig sind von dem Willen der Sprechenden, b) die Akte der Lautgebung, welche gleichermaßen vom Willen bestimmt werden und notwendig sind zur Verwirklichung jener Kombinationen.

Also ist beim Sprechen nichts kollektiv; die Auswirkungen sind individuell und momentan. Hier gibt es nichts weiter als die Summe der speziellen Fälle gemäß der Formel: $1 + 1' + 1'' + 1''' \ldots$

Aus allen diesen Gründen ist es nicht möglich, Sprache und Sprechen unter einem und demselben Gesichtspunkt zu vereinigen. Die alles umfassende Gesamtheit der menschlichen Rede widersetzt sich der Erkenntnis, weil sie nicht gleichartig ist, während die vorgeschlagene Unterscheidung und Unterordnung alles klärt.

Das ist die erste Gabelung, auf die man stößt, wenn man die Theorie der menschlichen Rede aufzustellen sucht. Man muß zwischen beiden Wegen, die man nicht zu gleicher Zeit einschlagen kann, wählen. Sie müssen getrennt verfolgt werden.

Streng genommen, kann man jeder dieser beiden Disziplinen den Namen „Sprachwissenschaft“ belassen, also auch von einer

Sprachwissenschaft des Sprechens reden. Aber man darf diese nicht mit der Sprachwissenschaft schlechthin zusammenwerfen, derjenigen, deren einziges Objekt die Sprache ist.

Wir werden uns ausschließlich jener letzteren widmen, und wenn wir im Laufe unserer Darlegungen Aufklärungen vom Studium des Sprechens hernehmen, werden wir uns bemühen, niemals die Grenzen zu verwischen, welche die beiden Bereiche trennen.

Kapitel V.

Innerer und äußerer Bezirk der Sprachwissenschaft.

Unsere Definition der Sprache setzt voraus, daß wir von ihr alles fernhalten, was ihrem Organismus, ihrem System fremd ist, mit einem Wort alles, was nur dem äußeren Bezirk der Sprachwissenschaft angehört. Diese Art von Sprachwissenschaft beschäftigt sich gleichwohl mit wichtigen Dingen, und gerade an diese denkt man meistens, wenn man an das Sprachstudium herangeht.

Es sind zunächst alle diejenigen Punkte, durch welche die Sprachwissenschaft mit der Ethnologie in Berührung steht, alle die Beziehungen, welche bestehen können zwischen der Geschichte einer Sprache und der Geschichte einer Rasse oder einer Kultur. Diese beiden Arten von Geschichte stehen in enger gegenseitiger Beziehung; das erinnert einigermaßen an die Entsprechungen, die zwischen den Erscheinungen der eigentlichen Sprache festgestellt wurden (vgl. S. 9). Die Sitten eines Volkes wirken auf die Sprache zurück und andererseits ist in hohem Maße die Sprache dasjenige, wodurch die Nation geschaffen wird.

Ferner sind zu erwähnen die Beziehungen zwischen der Sprache und der politischen Geschichte. Große geschichtliche Ereignisse, wie die römische Eroberung, haben eine unabschätzbare Tragweite für eine Menge sprachlicher Erscheinungen. Die Kolonisation, die nur eine Form der Eroberung ist, versetzt eine Sprache in andere Umgebung, und das bringt

Veränderungen in derselben mit sich. Dafür lassen sich Tatsachen aller Art anführen. So hat Norwegen bei seiner politischen Vereinigung mit Dänemark das Dänische angenommen. Allerdings versuchen heutzutage die Norweger, sich von diesem sprachlichen Einfluß freizumachen. Die innere Politik der Staaten ist nicht weniger wichtig für das Leben der Sprache: gewisse Regierungen, wie die schweizerische, gestatten das Nebeneinanderbestehen verschiedener Idiome; andere, wie die französische, streben sprachliche Einheit an. Ein fortgeschrittener Grad der Kultur begünstigt die Entwicklung gewisser Spezialsprachen (Rechtssprache, wissenschaftliche Terminologie).

Das führt uns auf einen dritten Punkt: die Beziehungen der Sprache zu Einrichtungen aller Art, Kirchen, Schulen usw. Diese sind ihrerseits wieder eng verbunden mit der literarischen Entwicklung einer Sprache, und diese Erscheinung ist um so allgemeiner, als sie ihrerseits von der politischen Geschichte untrennbar ist. Die Literatursprache greift nach allen Seiten über die Grenzen hinaus, welche ihr die Literatur zu ziehen scheint; man denke an den Einfluß der Salons, des Hofes, der Akademien. Andererseits erhebt sich da die große Frage des Konflikts zwischen der Schriftsprache und den lokalen Dialekten (vgl. S. 233f.); der Sprachforscher hat auch die gegenseitigen Beziehungen der Buchsprache und der Umgangssprache zu untersuchen; denn jede literarische Sprache trachtet, als Produkt der Kultur, ihr Gebiet gegen das der freien Natur abzugrenzen, und dieses ist das der gesprochenen Sprache.

Endlich gehört zu dem äußeren Bezirk der Sprachwissenschaft alles, was sich auf die geographische Ausbreitung der Sprache und auf die dialektische Zersplitterung bezieht. Das ist ohne Zweifel derjenige Punkt, wo die Unterscheidung zwischen dem äußeren Bezirk der Sprachwissenschaft und dem inneren am paradoxesten zu sein scheint, so eng sind die geographischen Verhältnisse mit dem Dasein einer jeden Sprache verknüpft; und dennoch berühren sie in Wahrheit den inneren Organismus des Idioms nicht.

Man hat die Trennung aller dieser Fragen von der eigentlichen Sprachwissenschaft als ganz unmöglich hingestellt. Diese Betrachtungsweise ist besonders in den Vordergrund getreten, seit man die „Realien“ so betont hat. Ebenso wie die Pflanze in ihrem inneren Organismus durch fremde Umstände, wie Boden, Klima usw., beeinflußt wird, ebenso könnte man vielleicht auch denken, daß der grammatische Organismus von Umständen, die außerhalb der sprachlichen Veränderungen stehen, beständig abhängig sei. Man könnte denken, daß termini technici, die Unzahl von Lehnwörtern, sich nicht recht erklären ließen, wenn man deren Herkunft nicht berücksichtigt. Es ist die Frage, ob die natürliche, organische Entwicklung eines Idioms von künstlichen Formen wie die Schriftsprache, welche durch äußere, folglichermaßen unorganische Umstände hervorgerufen sind, sich absondern läßt. Man sieht ja doch beständig neben Lokaldialekten sich Gemeinsprachen entwickeln.

Nach unserer Ansicht ist das Studium der äußeren sprachlichen Erscheinungen sehr fruchtbar. Aber es ist falsch, zu behaupten, daß man ohne sie den inneren Organismus einer Sprache nicht kennen könne. Nehmen wir als Beispiel die Entlehnung fremder Wörter; zunächst läßt sich feststellen, daß die Entlehnung keineswegs ein notwendiges Element im Sprachleben ist. In entlegenen Tälern gibt es Mundarten, die kaum jemals eine von außen gekommene, ihnen von Natur nicht eigene Ausdrucksweise aufgenommen haben. Wird man etwa sagen, daß diese Mundarten außerhalb der normalen Bedingungen der menschlichen Rede stehen und nicht ein Bild von diesen zu geben vermögen, daß diese Mundarten, insofern sie keinerlei Mischung erfahren haben, als Abnormitäten zu betrachten sind? Vor allem aber kommt das entlehnte Wort nicht mehr als solches in Betracht, sobald man es im Rahmen des Systems untersucht; es besteht nur durch sein Verhältnis und seinen Gegensatz zu den Wörtern, die mit ihm assoziiert sind, ganz ebenso wie jedes beliebige einheimische Zeichen. Man kann ganz allgemein sagen, daß die Kenntnis der Umstände, innerhalb deren eine Sprache sich entwickelt hat, durchaus nicht unentbehrlich ist. Bei gewissen Sprachen, wie dem Avestischen und Altkirchenslavischen, weiß man nicht einmal, welche Völker sie gesprochen haben; aber diese Unkenntnis hindert uns nicht im geringsten, ihr inneres Wesen zu studieren und uns Rechenschaft zu geben von den Veränderungen, die sie erfahren haben. Jedenfalls ist die

Trennung dieser beiden Betrachtungsweisen unerläßlich, und je strenger man sie im Auge behält, desto besser.

Der beste Beweis dafür ist, daß jede von beiden eine andere Methode mit sich bringt. Die äußere Sprachwissenschaft kann eine Unmenge von Einzelheiten zusammentragen, ohne dabei in das Netz eines Systems eingespannt zu sein. Z. B. wird jeder Autor die auf Ausbreitung einer Sprache außerhalb ihres Gebietes bezüglichen Tatsachen so anordnen, wie es ihm gut scheint; handelt man etwa von den Umständen, welche eine Schriftsprache neben dem Dialekt hervorgebracht haben, so kann man ohne weiteres die bloße Aufzählung in Anwendung bringen; wenn man die Tatsachen auf mehr oder weniger systematische Weise ordnet, so dient das einzig der Übersichtlichkeit.

Bei der inneren Sprachwissenschaft dagegen verhält es sich ganz anders: da kann man nicht irgendeine beliebige Disposition anwenden; die Sprache ist ein System, das nur seine eigene Ordnung zuläßt. Ein Vergleich mit dem Schachspiel wird das deutlicher machen. Da ist es nämlich verhältnismäßig leicht, zu unterscheiden, was äußerlich und innerlich ist: die Tatsache, daß es von Persien nach Europa gekommen ist, ist äußerlicher Art. Innerlich dagegen ist alles, was das System und die Spielregeln betrifft. Ob ich Holz- oder Elfenbeinfiguren anwende, ist gleichgültig für das System. Wenn ich aber die Zahl der Figuren verringere oder vergrößere, so greift das tief in die Grammatik des Spiels ein. Allerdings bedarf es zu solchen Unterscheidungen einer gewissen Aufmerksamkeit. Man muß sich also in jedem Fall fragen, welchem Gebiet die betreffende Erscheinung angehört, und muß sich zur Entscheidung daran halten, daß als innerlich zu gelten hat alles, was das System in irgendeinem Grade verändert.

Kapitel VI.

Wiedergabe der Sprache durch die Schrift.

§ 1. Wichtigkeit des Problems.

Der konkrete Gegenstand unserer Wissenschaft ist also das im Gehirn eines jeden Einzelnen niedergelegte soziale Produkt,

d. h. die Sprache. Aber dieses Produkt ist verschieden, je nach den Sprachgemeinschaften: das, was uns gegeben ist, das sind die Sprachen. Der Sprachforscher muß eine möglichst große Zahl von ihnen kennen, um aus deren Beobachtung und Vergleichung zu entnehmen, was sie alle gemein haben.

Nun kennen wir sie aber im allgemeinen nur durch die Schrift. Sogar bei unserer Muttersprache haben wir es auf Schritt und Tritt mit der Aufzeichnung zu tun. Wenn es sich um eine Sprache handelt, die irgendwo anders gesprochen wird, so ist man erst recht auf das Zeugnis der Schrift angewiesen, und am meisten gilt das von solchen, die nicht mehr bestehen. Um bei allen über direkte Zeugnisse zu verfügen, müßte von jeher geschehen sein, was man jetzt in Wien und Paris[1]) macht: eine Sammlung phonographischer Platten von allen Sprachen; und auch dann noch müßte man sich der Schrift bedienen, um die so aufgenommenen Texte anderen bekannt zu machen.

Also, obwohl die Schrift selbst dem inneren System fremd ist, so kann man doch nicht ganz absehen von dem Verfahren, durch welches die Sprache dargestellt zu werden pflegt; es ist nötig, dessen Nutzen, Fehler und Gefahren zu kennen.

§ 2. Autorität der Schrift; Ursache ihres Einflusses auf die gesprochene Sprache.

Sprache und Schrift sind zwei verschiedene Systeme von Zeichen; das letztere besteht nur zu dem Zweck, um das erstere darzustellen. Nicht die Verknüpfung von geschriebenem und gesprochenem Wort ist Gegenstand der Sprachwissenschaft, sondern nur das letztere, das gesprochene Wort allein ist ihr Objekt. Aber das geschriebene Wort ist so eng mit dem gesprochenen, dessen Bild es ist, verbunden, daß es mehr und mehr die Hauptrolle für sich in Anspruch nimmt. Man gelangt schließlich dazu, der Darstellung des gesprochenen Zeichens ebensoviel oder mehr Wichtigkeit beizumessen als diesem Zeichen selbst. Es ist so, als ob man glaubte, um jemanden zu kennen, sei es besser, seine Photographie als sein Gesicht anzusehen.

---

[1]) und Berlin (der Übers.).

Dieser Irrtum besteht von jeher, und geläufige und verbreitete Meinungen über die Sprache sind davon abhängig. So glaubt man im allgemeinen, daß eine Sprache sich dort schneller verändert, wo keine Schrift besteht: das ist ganz verkehrt. Die Schrift kann allerdings unter gewissen Umständen die Veränderung der Sprache verlangsamen, aber umgekehrt ist deren Erhaltung keineswegs durch Fehlen der Schrift gefährdet. Das Litauische ist erst seit 1540 durch schriftliche Dokumente bekannt; aber in dieser späten Zeit bietet es ein treueres Bild des Indogermanischen als das Latein des 3. Jahrhunderts v. Chr. Das genügt, um zu zeigen, wie sehr die Sprache von der Schrift unabhängig ist.

Manchmal haben sich ganz feine Spracherscheinungen ganz ohne Hilfe von Aufzeichnungen erhalten. In der ganzen ahd. Periode schrieb man *tōten, fuolen* und *stōzen*, während gegen Ende des 12. Jahrhunderts die Schreibungen *töten, füelen* auftreten gegenüber *stōzen*, welches unverändert bleibt. Woher kommt diese Verschiedenheit? Da, wo der Umlaut eingetreten ist, enthielt die folgende Silbe ehemals ein *y*; das Urgermanische hatte **dauþyan, *fōlyan* und **stautan*. An der Schwelle der literarischen Periode um 800 wurde das *y* so sehr geschwächt, daß die Schreibung während drei Jahrhunderten keine Spur davon mehr bewahrt. Jedoch hatte es in der Aussprache eine leichte Spur hinterlassen, und gegen 1180 erscheint es, wie soeben gezeigt, unter der Form des Umlauts. So hatte sich ohne die Hilfe der Schrift diese Aussprachnuance ganz genau fortgepflanzt.

In der Sprache gibt es also unabhängig von der Schrift eine Überlieferung, die mündliche, und diese ist zuverlässiger als die schriftliche. Aber die Geltung der geschriebenen Form läßt das leicht übersehen. Die ersten Linguisten haben sich darüber getäuscht, ebenso wie vor ihnen die Humanisten. Bopp selbst macht keinen klaren Unterschied zwischen Buchstabe und Laut; wenn man Bopps Schriften liest, sollte man glauben, daß eine Sprache von ihrem Alphabet völlig untrennbar sei. Seine unmittelbaren Nachfolger sind in demselben Irrtum befangen; die Schreibung *th* des Reibelauts *þ* ließ Grimm glauben, nicht nur daß es ein doppelter Laut, sondern auch, daß es ein aspirierter Verschlußlaut sei; daher der Platz, den er ihm in seinem Gesetz der Lautverschiebung (S. 172) anweist. Auch heute noch verwechseln gebildete Leute die Sprache mit ihrer Orthographie; so sagte Gaston Deschamps von Berthelot, „daß er die französische Sprache vor dem Verderb bewahrt habe“, weil er sich einer Reform der Orthographie widersetzt hat.

Aber wie erklärt sich diese Autorität der Schrift?

1. Zunächst erscheint uns das Schriftbild der Worte wie ein beständiges und festes Objekt, das mehr als der Laut geeignet sei, die Einheit der Sprache durch die Zeit hindurch aufrecht zu erhalten. Obgleich diese Verbindung nur oberflächlich ist und eine lediglich künstliche Einheit schafft, so ist sie doch leichter zu fassen als das natürliche und allein wirkliche Band, dasjenige des Lautes.

2. Bei der Mehrzahl der Menschen sind die visuellen Eindrücke deutlicher und dauerhafter als die akustischen und sie halten sich vorzugsweise an die ersteren. So prägt sich das Schriftbild zuletzt auf Kosten des Lautes ein.

3. Die Schriftsprache vermehrt noch den ungerechtfertigten Einfluß der Schrift. Sie hat ihre Wörterbücher, ihre Grammatiken; an der Schule wird sie nach dem Buch und vermittelst des Buches gelehrt; die Sprache scheint wie durch ein Gesetzbuch geregelt zu sein; aber dieses Gesetz ist selbst nur eine geschriebene Regel, die einem strengen Brauch unterliegt: der Orthographie, und diese verschafft der Schrift ihre einzigartige Wichtigkeit. Man vergißt zuletzt, daß man sprechen lernt, ehe man schreiben lernt, und das natürliche Verhältnis ist umgedreht.

4. Endlich, wenn ein Widerspruch zwischen der Sprache und der Orthographie besteht, so ist der Streit immer für jeden andern als für den Sprachforscher schwer zu entscheiden. Aber da man diesen nicht zu hören pflegt, so behält unglücklicherweise die geschriebene Form meist die Oberhand, weil jedesmal die Lösung, die sich auf sie beruft, die leichteste ist; die Schrift maßt sich eine Bedeutung an, auf die sie kein Recht hat.

§ 3. Schriftsysteme.

Es gibt nur zwei Schriftsysteme:

1. das ideographische System, in welchem das Wort durch ein einziges Zeichen dargestellt wird, das mit den Lauten, aus

denen es sich zusammensetzt, nichts zu tun hat. Das Zeichen bezieht sich auf das Wort als Ganzes und dadurch indirekt auf die Vorstellung, die es ausdrückt. Das klassische Beispiel für dieses System ist die chinesische Schrift.

2. das im allgemeinen phonetisch genannte System, welches die Abfolge der Laute, die im Wort aufeinander folgen, wiederzugeben sucht. Die phonetischen Schriften sind teils syllabisch und teils alphabetisch, d. h. auf diejenigen Elemente des Sprechens gegründet, die keine weitere Zurückführung gestatten.

Übrigens werden die ideographischen Schriften leicht zu gemischten: gewisse Ideogramme, ihrer ursprünglichen Geltung entfremdet, stellen endlich einzelne Laute dar.

Ich habe gesagt, daß das geschriebene Wort sich in unserm Geist an Stelle des gesprochenen drängt: das gilt für beide Schriftsysteme, aber diese Tendenz ist in dem ersteren stärker: für die Chinesen sind das Ideogramm und das gesprochene Wort auf gleiche Weise Zeichen der Vorstellung. Für sie ist die Schrift eine zweite Sprache, und wenn in der Unterhaltung zwei Wörter gleich lauten, greift man dort etwa dazu, seine Gedanken durch das geschriebene Wort zu erklären. Aber diese Substitution hat, gerade weil sie vollständig sein kann, nicht ebenso nachteilige Folgen wie in unserer Schrift; die chinesischen Wörter verschiedener Dialekte, die einen und denselben Begriff bezeichnen, werden gleich vollkommen durch dasselbe graphische Zeichen dargestellt.

Wir werden uns bei unserer Untersuchung auf das phonetische System beschränken und speziell auf dasjenige, das heutzutage in Gebrauch ist, und dessen Urbild das griechische Alphabet ist.

In dem Augenblick, wo ein Alphabet dieser Art sich bildet, spiegelt es die Sprache ziemlich genau wieder, wenigstens wenn es sich nicht um ein entliehenes und schon mit Inkonsequenzen behaftetes Alphabet handelt. In logischer Beziehung ist das griechische Alphabet besonders bemerkenswert, wie wir auf S. 45 sehen werden. Aber dieser Einklang zwischen Schreibung und Aussprache ist nicht von Dauer. Wir müssen untersuchen, warum.

§ 4. Ursachen des Mißverhältnisses zwischen Schreibung und Aussprache.

Diese Ursachen sind zahlreich; wir werden nur die wichtigsten berücksichtigen.

Zunächst entwickelt sich die Sprache dauernd, während die Schrift unverändert bestehen bleibt. Daraus folgt, daß die Schrift endlich dem nicht mehr entspricht, was sie darstellen soll. Eine Bezeichnung, die in einem gegebenen Moment konsequent ist, ist vielleicht 100 Jahre später sinnlos. Eine Zeitlang wird man das Schriftbild verändern, um es den Ausspracheveränderungen anzupassen, schließlich verzichtet man darauf. Das hat stattgefunden bei dem französischen *oi*.

Man sprach		Man schrieb:
im 11. Jahrhundert	1. *rei, lei*	*rei, lei*
„ 13. „	2. *roi, loi*	*roi, loi*
„ 16. „	3. *roè, loè*	*roi, loi*
„ 19. „	4. *rwa, lwa*	*roi, loi.*

So hat man bis zur zweiten Epoche den Veränderungen, die in der Aussprache aufkamen, Rechnung getragen; einer Etappe der Sprachgeschichte entspricht eine Etappe in der Geschichte der Schreibung. Aber vom 16. Jahrhundert an ist die Schreibung stehengeblieben, während die Sprache sich fortentwickelte, und von diesem Augenblick an bestand ein immer zunehmendes Mißverhältnis zwischen ihr und der Orthographie. Und da man fortfuhr, voneinander abweichende Dinge zu verbinden, so hat dieser Umstand zuletzt auf das Schriftsystem selbst zurückgewirkt: der graphische Ausdruck *oi* hat einen Wert angenommen, der den Elementen, aus denen er gebildet ist, fremd ist.

Man könnte diese Beispiele ins Unendliche vermehren. Warum schreiben wir z. B. *mais* und *fait*, das wir *mè* und *fè* aussprechen? Warum hat *c* im Französischen so oft den Wert *s*? Weil wir Schreibungen festgehalten haben, die keine vernünftige Daseinsberechtigung haben.

Diese Ursache wirkt jederzeit; gegenwärtig verändert sich unser *l* in *mouille* in *y*; wir sagen *éveyer, mouyer* wie *essuyer* und *nettoyer*, aber wir fahren fort zu schreiben *éveiller, mouiller*.

Ein weiterer Grund des Mißverhältnisses zwischen Schreibung und Aussprache liegt im folgenden: wenn ein Volk sein Alphabet von einem andern übernimmt, kommt es oft vor, daß die Möglichkeiten dieses Schriftsystems seiner neuen Verwendung schlecht angepaßt werden; man ist gezwungen, sich gewisser Auskunftsmittel zu bedienen, z. B. indem man zwei Buchstaben gebraucht, um einen einzigen Laut zu bezeichnen. Das ist der Fall bei *þ* (stimmloser dentaler Reibelaut) der germanischen Sprachen; da das lateinische Alphabet kein Zeichen enthält, um es darzustellen, gab man es durch *th* wieder. Der merowingische König Chilperich versuchte zwar, zu den lateinischen Buchstaben ein besonderes Zeichen für diesen Laut hinzuzufügen; aber er hatte keinen Erfolg und der Gebrauch hat das *th* sanktioniert.

Das Englische des Mittelalters hat ein geschlossenes *e* (z. B. in *sed,* der Same) und ein offenes *e* (z. B. in *led,* führen); da das Alphabet keine verschiedenen Zeichen für diese beiden Laute darbot, verfiel man darauf, *seed* und *lead* zu schreiben. Im Französischen behalf man sich zur Darstellung des Zischlautes *š* mit dem Doppelzeichen *ch* usw.

Ferner wird die Schreibung beeinflußt durch die Einstellung auf das Etymologische; zeitweise war diese geradezu vorwiegend, z. B. in der Renaissance; oft wirkt sogar eine falsche Etymologie auf die Schreibung ein: so hat man ein *d* in unser Wort *poids* eingeführt, als ob es von lateinisch *pondus* käme, während es in Wirklichkeit von *pensum* kommt. Aber es ist schließlich gleichgültig, ob die Anwendung des Prinzips richtig oder falsch durchgeführt wird: das Prinzip der etymologischen Schreibung selbst ist irrig.

In andern Fällen ist die Ursache unklar; gewisse Absonderlichkeiten haben nicht einmal die Entschuldigung der Etymologie. Warum schrieb man im Deutschen *thun* an Stelle von *tun*? Man hat gesagt, das *h* stelle den Hauch, der dem Konsonanten folgt, dar, aber dann müßte man ein *h* einführen überall, wo derselbe Hauch sich findet, und eine Menge von Worten hat nie ein *h* bekommen (*Tugend, Tisch* usw.).

§ 5. Wirkungen dieses Mißverhältnisses.

Es würde zu weit führen, die Inkonsequenzen der Schrift in Gruppen zu ordnen. Eine der schlimmsten ist die Mehrheit von Zeichen für den gleichen Laut. So haben wir im Französischen für *ž*: *j*, *g* und *ge* (*joli*, *geler* und *geai*); für *z*: *z* und *s*; für *s*: *s*, *c* und *ç* und *t* (*nation*), *ss* (*chasser*), *sc* (*acquiescer*), *sç* (*acquiesçant*), *x* (*dix*); für *k*: *c*, *qu*, *k*, *ch*, *cc* und *cqu* (*acquérir*). Umgekehrt sind mehrere Werte durch das gleiche Zeichen dargestellt; so bedeutet *t*: *t* oder *s*; *g* bedeutet *g* oder *ž* usw.

Sodann ist auf die indirekten Schreibungen hinzuweisen. Im Deutschen schreibt man, obwohl *Zettel* und *Teller* keine Doppelkonsonanten enthalten, *tt* und *ll* bloß, um anzuzeigen, daß der vorausgehende Vokal kurz und offen ist. Durch eine Gebrauchsübertragung gleicher Art fügt man im Englischen ein schließendes stummes *e* an, um den vorausgehenden Vokal zu verlängern (vgl. *made* [sprich *mēd*] und *mad* [sprich *măd*]). Dieses *e*, welches in Wirklichkeit nur gilt für die einzige Silbe, die vorhanden ist, hat für das Auge eine zweite Silbe hervorgebracht.

Diese irrationalen Schreibweisen entsprechen immerhin noch einer wirklichen Erscheinung in der Sprache, aber andere haben mit solchen überhaupt nichts zu tun. Das moderne Französisch hat keine Doppelkonsonanten außer in den alten Futura *mourrai* und *courrai*; gleichwohl aber wimmelt unsere Orthographie von unberechtigten Doppelkonsonanten (*bourrou*, *sottise*, *souffrir* usw.).

Es kommt auch zuweilen vor, daß die Schreibung noch nicht festgelegt ist und zögert, weil sie noch auf der Suche nach einer Regel ist; daher das Schwanken in der Schreibweise, in dem sich die Versuche verschiedener Zeiten zur Darstellung mancher Laute spiegeln. So im ahd. *ertha*, *erdha*, *erda* oder *thrī*, *dhrī*, *drī*, wo *th*, *dh* und *d* ganz den gleichen Laut bezeichnen. Aber welchen? Aus der Schrift ist es nicht zu erkennen. Daher kommt die Schwierigkeit, daß man angesichts zweier Schreibungen für eine einzige Form nicht immer entscheiden kann, ob es sich wirklich um zwei Aussprachen handelt. Die Dokumente von Nachbardialekten schreiben dasselbe Wort einerseits *asca* und andererseits *ascha*; wenn es die gleichen Laute sind, dann ist das ein Fall schwankender Orthographie; andernfalls ist die Verschiedenheit lautlich und dialektisch, wie bei den griechischen Formen: *paízō, paízdō, paíddō* „ich spiele". Oder auch handelt es sich um zwei aufeinanderfolgende Epochen; man findet im Englischen zuerst *hwat, hweel* usw., dann *what, wheel* usw.; haben wir da eine Änderung der Schreibung oder eine lautliche Änderung vor uns?

Das einleuchtende Ergebnis von dem allen ist, daß die Schrift die Entwicklung der Sprache verschleiert; sie ist nicht deren Einkleidung, sondern ihre Verkleidung. Man sieht es deutlich an der Orthographie des französischen Wortes *oiseau*, wo nicht ein einziger Laut des gesprochenen Wortes (*wazọ*) durch sein eigentliches Zeichen dargestellt ist; da ist nichts von dem sprachlichen Bild mehr vorhanden.

Ein anderes Ergebnis ist das: je weniger die Schrift das darstellt, was sie darstellen sollte, um so mehr wird das Bestreben verstärkt, die Schrift als Grundlage zu nehmen. Die Grammatiker sind darauf erpicht, die Aufmerksamkeit auf die geschriebene Form zu lenken. Psychologisch ist das sehr wohl zu verstehen, aber es hat bedauerliche Folgen. Der Gebrauch, den man von den Worten „aussprechen" und „Aussprache" macht, ist eine Folge dieses Mißbrauchs und stellt das richtige und wirkliche Verhältnis zwischen Schrift und Sprache auf den Kopf. Wenn man sagt, daß man einen Buchstaben auf die und die Weise aussprechen muß, dann nimmt man das Abbild als Vorbild. Man darf nicht sagen: *oi* wird als *wa* ausgesprochen, weil ein *oi* für sich selbst gar nicht existiert, sondern in Wirklichkeit gibt es nur ein *wa*, das *oi* geschrieben wird. Um diese Absonderlichkeit zu erklären, fügt man bei, daß es sich hier um eine Ausnahme in der Aussprache von *o* und *i* handelt; das ist wiederum eine falsche Ausdrucksweise, weil sie eine Abhängigkeit der Sprache von der geschriebenen Form voraussetzt. Man tut so, als würde hier die Schrift vergewaltigt, und als wäre das graphische Zeichen die Norm.

Diese Fiktionen machen sich bis in die grammatischen Regeln hinein geltend, z. B. in derjenigen über das *h* im Französischen. Wir haben Worte mit vokalischem Anlaut ohne Hauch, die jedoch ein *h* bekommen haben in Erinnerung an ihre lateinische Form; so *homme* (ehemals *ome*) wegen *homo*. Wir haben aber noch andere, die aus dem Germanischen gekommen sind, deren *h* wirklich ausgesprochen wurde (*hache, hareng, honte* usw.). Insofern, als der Hauchlaut bestehen blieb, fügten sich diese Worte den Gesetzen, die für anlautende Konsonanten gelten. Man sagte: *deu haches, le hareng*, während gemäß dem Gesetz für vokalisch anlautende Wörter man sagte *deu-z-ommes, l'omme*. In dieser Epoche war die Regel: „vor *h* aspiré findet die Liaison und Elision nicht statt" zutreffend. Jetzt aber ist diese Formel sinnlos; das *h* aspiré existiert nicht mehr, wenigstens sofern man damit nicht dieses Etwas bezeichnet, das zwar selbst kein Laut ist, wovor jedoch weder Liaison noch Elision stattfindet. Das wäre aber ein circulus vitiosus, und das *h* ist nur etwas Fiktives, das aus der Schrift sich ergeben hat.

Dasjenige, was die Aussprache eines Wortes bestimmt, ist nicht seine Orthographie, sondern seine Geschichte. Seine jeweilige Form stellt ein Stadium einer Entwicklung dar, der es folgen muß, und die durch bestimmte Gesetze geregelt ist. Jede Etappe kann festgestellt werden durch die vorhergehende; das einzige, was man berücksichtigen muß, und was am meisten außer acht gelassen wird, ist die Herkunft des Wortes, seine Etymologie.

Der Name der Stadt *Auch* ist in phonetischer Transkription *ọš*. Das ist der einzige Fall, wo in unserer Orthographie *ch* ein *š* am Ende des Wortes bezeichnet. Es ist keine Erklärung, zu sagen: *ch* am Wortende wird in diesem Wort *š* ausgesprochen. Es handelt sich nur darum, wie das lateinische *Auscii* bei seiner Umgestaltung zu *ọš* werden konnte; die Orthographie ist gleichgültig.

Muß man *gageure* „Wette" mit *ö* oder mit *ü* aussprechen? Die einen antworten: *gažör*, weil *heure* als *ör* ausgesprochen wird. Die andern sagen: nein, sondern *gažür*, denn *ge* bedeutet soviel wie *ž* in *geôle*. Vergeblicher Streit. Die Frage ist lediglich etymologisch: *gageure* ist abgeleitet von *gager* wie *tournure* von *tourner*; beide Worte gehören demselben Ableitungstyp an; *gažür* ist das einzig berechtigte; *gažör* ist eine Aussprache, die lediglich aus der Mehrdeutigkeit der Schrift sich ergeben hat.

Aber die Tyrannei des Buchstaben geht noch weiter. Viele Leute unterliegen dem Eindruck des Geschriebenen, und so beeinflußt und modifiziert es die Sprache. Das kommt nur bei sehr literarischen Idiomen vor, wo das schriftliche Dokument eine beträchtliche Rolle spielt. Dann kann das visuelle Bild eine fehlerhafte Aussprache hervorrufen; das ist eigentlich eine pathologische Erscheinung. Sie findet sich häufig im Französischen. So gab es für den Familiennamen *Lefèvre* (von lateinisch *faber*) zwei Schreibungen: eine einfache und populäre *Lefèvre* und eine gelehrte und etymologische *Lefèbvre.* Infolge der Gleichheit von *v* und *u* in der alten Schrift wurde *Lefèbvre* als *Lefèbure* mit einem *b*, das in Wirklichkeit in diesem Wort niemals vorhanden war, und einem *u*, das aus Doppeldeutigkeit hervorgegangen ist, gelesen. Aber jetzt findet man diese Form wirklich in der Aussprache.

Wahrscheinlich werden solche Verunstaltungen immer zahlreicher und wird man immer häufiger die überflüssigen Buchstaben auch aussprechen. In Paris sagt man jetzt schon *sept femmes* mit *t*; Darmesteter sieht den Tag kommen, wo man sogar die beiden Schlußbuchstaben von *vingt* aussprechen wird, wirklich eine orthographische Ungeheuerlichkeit.

Diese lautlichen Verunstaltungen gehören allerdings der Sprache an; nur kommen sie nicht aus ihrem natürlichen Leben; sie sind durch einen Faktor, der ihr fremd ist, verursacht. Die Sprachwissenschaft muß ihnen Beachtung schenken, aber nur in einem Sonderabschnitt; es sind Mißgeburten.

Kapitel VII.

Die Phonetik.

§ 1. Definitionen.

Wenn wir im Geist die Schrift ganz ausschalten, dann kommt derjenige, den man dieses deutlichen Bildes beraubt, in Gefahr, nur mehr eine formlose Masse wahrzunehmen, mit der er nichts anzufangen weiß. Es ist, als ob man einem, der schwimmen lernen will, seinen Schwimmgürtel wegnehmen würde.

Man müßte ihm sogleich das Natürliche an Stelle des Künstlichen zur Hand geben; aber das ist unmöglich, wenn man die Laute der Sprache nicht erforscht hat; denn ohne die Schriftzeichen sind sie nur sehr vage Begriffe, und man wird immer noch das Hilfsmittel der Schrift, obgleich es trügerisch ist, vorziehen. So sind denn auch die ersten Sprachforscher, die von der Physiologie der artikulierten Laute nichts wußten, jeden Augenblick in diese Falle gegangen. Sie hätten unter Verzicht auf den Buchstaben nirgends festen Fuß fassen können; für uns dagegen ist die Befreiung vom Buchstaben ein erster Schritt zur Wahrheit; denn das Studium der Laute selbst liefert uns das Hilfsmittel, das wir suchen. Die Sprachforscher der heutigen Zeit haben das endlich begriffen. Indem sie Untersuchungen aufgenommen haben, die von andern (Physiologen, Gesanglehrern usw.) begonnen waren, haben sie der Sprachwissenschaft eine Hilfswissenschaft gegeben, die sie vom geschriebenen Wort befreit.

Die Lautphysiologie (Sprachphysiologie) wird oft Phonetik genannt. Diesen Terminus halte ich für unzweckmäßig; ich ersetze ihn daher durch Phonologie[1]), denn Phonetik hat (im Französischen) zunächst die Erforschung der Entwicklung der Laute in der Sprachgeschichte bezeichnet und muß diese Geltung behalten; man darf aber nicht mit einem und demselben Namen zwei vollkommen verschiedene Disziplinen zusammenfassen. Die Lautlehre („phonétique") ist eine historische Wissenschaft; sie analysiert Veränderungen und bewegt sich in der Zeit. Die Lautphysiologie („phonologie") steht außerhalb der Zeit, weil der Mechanismus der Lautgebung immer sich selbst gleich bleibt. Aber nicht nur, daß diese beiden Studiengebiete nichts miteinander zu tun haben, sie können nicht einmal in Gegensatz zueinander gebracht werden. Die erstere ist ein wesentlicher Bestandteil von der Wissenschaft der Sprache; die Phonologie ihrerseits ist, wie nochmals gesagt werden muß, nur eine Hilfsdisziplin derselben und bezieht sich nur auf das Sprechen (s. S. 21). Allerdings ist nicht einzusehen, wozu die Lautbewegungen dienen sollten, wenn es keine Sprache gäbe, aber sie machen diese nicht aus, und wenn man alle Bewegungen des Sprechapparates dargelegt hat, die nötig sind, um jeden einzelnen akustischen Eindruck hervorzurufen, so hat man das Problem der Sprache in nichts erklärt. Diese letztere ist ein System, das auf der geistigen

---

[1]) Diese terminologische Neuerung de Saussures werde ich in der Übersetzung nicht durchführen, da bei uns das Wort Phonetik im allgemeinen nicht in dieser doppelten Bedeutung gebraucht wird. Saussures Begriffen phonétique und phonologie entsprechen unsere üblichen Ausdrücke: „(historische) Lautlehre" und „Phonetik". (Übersetzer.)

Gegenüberstellung dieser lautlichen Eindrücke beruht, ebenso wie ein Gobelin ein Kunstwerk ist, das durch sichtbare Gegenüberstellung verschiedenfarbiger Fäden hervorgebracht ist. Nun ist aber das, worauf es bei der Analyse ankommt, das Wirken dieser Gegenüberstellungen und nicht die Vorgänge, durch welche die Farben erzielt werden.

Wegen einer Skizze dieses phonologischen Systems verweisen wir auf den Anhang S. 44. Hier wollen wir nur untersuchen, welche Hilfe die Sprachwissenschaft von dieser Wissenschaft erwarten kann, um den Täuschungen der Schrift zu entgehen.

§ 2. Die phonetische Schreibung.

Der Sprachforscher verlangt zunächst, daß man ihm ein Mittel zur Darstellung der artikulierten Laute liefert, welches keine Zweideutigkeit zuläßt. In Wirklichkeit sind unzählige Schriftsysteme vorgeschlagen worden.

Was nun die Prinzipien einer wirklich phonetischen Schrift betrifft, so müssen sie danach trachten, jedes einzelne Element der gesprochenen Reihe durch ein Zeichen darzustellen. Diese Forderung wird nicht immer berücksichtigt; so gebrauchen die englischen Phonetiker, denen es mehr um die Klassifikation als um die Analyse zu tun ist, für gewisse Laute Zeichen aus zwei oder sogar drei Buchstaben. Übrigens müßte die Unterscheidung zwischen Explosiv- und Implosivlauten (s. S. 59f.), wovon noch die Rede sein wird, streng durchgeführt werden.

Ist es angezeigt, ein phonetisches Alphabet an Stelle der gebräuchlichen Orthographie zu setzen? Diese interessante Frage kann hier nur gestreift werden; meiner Meinung nach ist eine phonetische Schreibung nur für den Gebrauch der Linguisten bestimmt. Zunächst: wie sollte man ein einheitliches System bei Engländern, Deutschen, Franzosen usw. zur Anerkennung bringen? Außerdem würde ein Alphabet, das auf alle Sprachen anwendbar sein sollte, mit vielen diakritischen Zeichen belastet sein; und ganz abgesehen von dem schrecklichen Anblick, den eine Seite eines derartigen Textes darbieten würde, ist klar, daß eine solche Schrift in der Absicht, genau zu sein, das verdunkeln würde, was sie aufhellen wollte, und den Leser verwirren würde. Diese Mißstände würden nicht durch genügende Vorteile aufgewogen. Außerhalb der Wissenschaft ist phonetische Genauigkeit nicht besonders erwünscht.

Ferner handelt es sich um das Lesen. Wir lesen auf zweierlei Weise: ein neues und unbekanntes Wort sucht man sich Buchstab für Buchstab zusammen; aber ein geläufiges und bekanntes Wort wird auf einen Blick erfaßt, unabhängig von den Buchstaben, aus denen es zusammengesetzt ist. Das Bild des Wortes gewinnt für uns einen ideographischen Wert. Hier kann die herkömmliche Orthographie ihr Recht behaupten. Es ist nützlich, *tant* und *temps* — *et, est* und *ait* — *du* und *dû* — *il devait* und *ils devaient* usw. zu unterscheiden. Wir wünschten nur, die übliche Schriftweise von ihren gröbsten Widersinnigkeiten befreit zu sehen. Wenn beim Sprachunterricht ein phonetisches Alphabet Dienste leisten kann, so soll man dessen Gebrauch nicht verallgemeinern.

§ 3. Kritik der Schrift.

Es wäre also falsch, zu glauben, nachdem man den irreführenden Charakter der Schrift erkannt hat, wäre eine Reform der Orthographie das erste, was nun zu tun sei. Der wirkliche Dienst, den uns die Phonetik leistet, ist der, daß sie uns gestattet, gewisse Vorsichtsmaßregeln zu gebrauchen gegenüber dieser geschriebenen Form, durch welche wir hindurchgehen müssen, um zur Sprache zu gelangen. Das schriftliche Zeugnis hat nur Wert, insofern es interpretiert wird. In jedem einzelnen Fall ist es nötig, zunächst das Lautsystem des untersuchten Idioms festzustellen, d. h. eine Übersicht der Laute zu geben, die in ihm zur Anwendung kommen; tatsächlich arbeitet jede Sprache mit einer bestimmten Anzahl deutlich unterschiedener Lauteinheiten. Dieses System ist das einzig Wirkliche, auf das es dem Sprachforscher ankommt. Die Schriftzeichen sind nur ein Abbild davon, dessen Genauigkeit festzustellen ist. Die Schwierigkeit dieser Feststellung ist je nach dem Idiom und den Umständen verschieden.

Wenn es sich um eine Sprache handelt, die der Vergangenheit angehört, sind wir dabei auf indirekte Angaben angewiesen. Was sind dann die Hilfsmittel zur Aufstellung des Lautsystems?

1. Zunächst äußere Anzeichen und vor allem das Zeugnis von Zeitgenossen, welche die Laute und die Aussprache ihrer Zeit beschrieben haben. So haben die französischen Grammatiker des 16. und 17. Jahrhunderts, insbesondere diejenigen, welche Fremde unterrichten wollten, uns viele interessante Bemerkungen hinterlassen. Aber diese Quelle der Information ist sehr wenig sicher, weil diese Autoren keine phonetische Schulung haben. Sie machen ihre Beschreibungen mit zufälligen Termini ohne wissenschaftliche Genauigkeit. Also bedarf auch ihr Zeugnis erst einer Interpretation. So bieten die Namen, die den Lauten gegeben werden, gar häufig nur zweideutige Hinweise: die griechischen Grammatiker bezeichneten die stimmhaften Laute (wie *b, d, g*) als mittlere Konsonanten (*mésai*) und die stimmlosen (wie *p, t, k*) als *psīlaí* „nackte" (im Sinne von: ohne Hauch), was die Lateiner mit *tenuēs* übersetzten.

2. Zuverlässigeren Aufschluß gewinnt man durch Kombination der Angaben ersterer Art mit inneren Hinweisen, die wir in zwei Gruppen einteilen:

a) Hinweise, die der Regelmäßigkeit der lautlichen Entwicklungen entnommen sind.

Wenn es sich darum handelt, die Bedeutung eines Buchstaben festzustellen, so ist es sehr wichtig, zu wissen, was in einer vorhergehenden Epoche der Laut war, den dieser Buchstabe darstellt. Seine gegenwärtige Bedeutung ist das Ergebnis einer Entwicklung, welche es gestattet, gewisse Möglichkeiten von vornherein auszuschließen. So wissen wir nicht ganz genau, was der Lautwert des altindischen *ç* (*s'*) war, aber da es die Fortsetzung des idg. palatalen *k* ist, so ist durch diese Tatsache das Gebiet der Annahmen deutlich eingeschränkt.

Wenn man außer dem Ausgangspunkt auch noch die parallele Entwicklung entsprechender Laute der gleichen Sprache zur gleichen Zeit kennt, so kann man nach der Analogie schließen und eine Proportion aufstellen.

Natürlich ist die Aufgabe leichter, wenn es sich darum handelt, eine Aussprache festzustellen, die in der Mitte liegt zwischen einem bekannten Ausgangspunkt und einem bekannten Ziel. Das frz. *au* (z. B. in *sauter* „springen") muß notwendigerweise im Mittelalter ein Diphthong gewesen sein, weil es in der Mitte steht zwischen einem noch älteren *al* (lat. *saltare*) und dem *ọ* des modernen Französisch. Wenn man auf einem anderen Wege zu der Ansicht gelangt, daß zu einer bestimmten Zeit der Diphthong *au* noch bestand, so ist es gewiß, daß er auch in der vorausgehenden Periode noch existierte. Wir wissen nicht ganz genau, was das ȝ eines ahd. Wortes wie in *waȝer* bedeutete. Aber die Orientierungspunkte sind einerseits das ältere *water* und andererseits die heutige Form *Wasser*. Das ȝ muß also in der Mitte zwischen *t* und *s* liegen; wir können jede Hypothese abweisen, die nicht mit dem *t* und dem *s* vereinbar ist; es ist z. B. unmöglich, anzunehmen, daß es einen Palatal dargestellt hätte, denn zwischen zwei dentalen Artikulationen kann man nur eine dentale ansetzen.

b) zeitgenössische Hinweise. Sie sind verschiedener Art.

So die Verschiedenheit der Schreibungen: man findet in einer gewissen Zeit des Ahd. die Schreibungen *wazer*, *zehan*, *ezan*, aber niemals *wacer*, *cehan* usw. Wenn man andererseits nun auch Formen wie *esan* und *essan*, *waser* und *wasser* findet, so wird man daraus schließen, daß das *z* ein dem *s* sehr benachbarter Laut war, aber hinlänglich verschieden von dem, was zur gleichen Zeit mit *c* bezeichnet wurde. Wenn man später nun Formen wie *wacer* usw. findet, so beweist das, daß diese beiden Laute, die ehemals klar unterschieden waren, mehr und mehr zusammengeflossen sind.

Poetische Texte sind wichtige Dokumente für die Kenntnis der Aussprache. Je nachdem das Versschema auf der Silbenzahl, auf der Quantität oder auf der Übereinstimmung der Laute (Alliteration, Assonanz, Reim) beruht, liefern diese Denkmäler Abfoıgngaben über diese verschiedenen Punkte. Wenn das nichtısche gewisse Längen durch die Schreibung bezeichnet m'B. *ō*, geschrieben *ω*), bei anderen aber diese Genauigkeit nicht beobachtet wird, so muß man die Dichter befragen nach der Quantität von *a*, *i* und *u*. Im Altfrz. läßt der Reim z. B. erkennen, in welcher Zeit die Schlußkonsonanten von *gras* und *faz* (lat. *faciō*, ich mache) verschieden waren, und von wann an sie einander ähnlich geworden und miteinander zusammengefallen sind. Reim und Assonanz lehren uns ferner, daß im Altfrz. das *e*, das von einem lateinischen *a* kommt (z. B. *père* von *patrem*, *tel* von *talem*, *mer* von *mare*), einen ganz verschiedenen

Klang hatte von dem andern *e*. Niemals bildeten diese Worte Reim oder Assonanz mit *elle* (von *illa*), *vert* (von *viridem*), *belle* (von *bella*) usw.

Zum Schluß nenne ich noch die Schreibung von Wörtern, die einer fremden Sprache entlehnt sind, die Wortspiele und Klangscherze. So gibt got. *kawtsjo* Nachricht über die Aussprache von *cautio* im späten Latein. Die Aussprache *rwè* für *roi* ist für das Ende des 18. Jahrhunderts durch folgende Anekdote bezeugt, die Nyrop, *Grammaire historique de la langue française* 3, S. 178, anführt: Vor dem Revolutionstribunal wurde eine Frau gefragt, ob sie nicht vor Zeugen gesagt habe, man müsse einen König haben; sie antwortete, sie habe nicht von einem *roi* gesprochen, wie es Capet und jeder andere war, sondern von einem *rouet-maître*, einem Spinnrad.

Alle diese Verfahren helfen uns in einem gewissen Maße, das phonetische System einer Epoche kennen zu lernen und das Zeugnis der Schrift zu berichtigen.

Wenn es sich um eine lebende Sprache handelt, besteht das einzig rationelle Verfahren darin: a) das Lautsystem aufzustellen, so wie es aus direkter Beobachtung bekannt wird; b) das Zeichensystem zu berücksichtigen, das — allerdings unvollkommen — die Laute darstellt. Viele Grammatiker halten sich noch an das alte Verfahren, das oben kritisiert wurde und darin besteht, zu sagen, wie jeder Buchstabe in der Sprache, die sie beschreiben wollen, ausgesprochen wird. Auf diese Weise ist es unmöglich, das Lautsystem eines Idioms klar vorzulegen.

Jedoch ist sicher, daß man auf diesem Gebiet schon große Fortschritte gemacht und daß die Phonetik sehr viel dazu beigetragen hat, unsere Vorstellungen von Schrift und Orthographie zu klären.

Anhang:

Prinzipien der Phonetik.

Kapitel I.

Einzellaute („phonetische Spezies").

§ 1. Definition des Phonems [1]).

Viele Phonetiker halten sich fast ausschließlich an den Akt der Lautgebung, d. h. an die Hervorbringung der Laute durch die Organe (Kehlkopf, Mund usw.) und sehen von der akustischen Seite ab. Dieses Verfahren ist nicht richtig: nicht nur ist der mit dem Ohr empfangene Eindruck uns ebenso unmittelbar gegeben wie die Bewegungsgefühle der Organe, sondern der Gehöreindruck ist die natürliche Grundlage jeglicher Theorie.

Der akustische Eindruck besteht schon unbewußt, wenn man die phonetischen Einheiten kennen lernen will; was ein *b* und ein *t* usw. ist, weiß man durch das Gehör. Wenn man durch einen Kinematographen alle Bewegungen des Mundes und Kehlkopfes wiedergeben könnte, während sie eine Reihe von Lauten hervorbringen, wäre es unmöglich, Unterabteilungen in dieser Abfolge von Artikulationsbewegungen zu entdecken; man wüßte nicht, wo ein Laut beginnt und der andere endet. Wie könnte man ohne den Gehöreindruck feststellen, daß z. B. in *fāl* drei Einheiten und nicht zwei oder vier vorhanden sind? Beim Hören der gesprochenen Reihe kann man dagegen unmittelbar

---

[1]) Für diesen Teil konnten wir die stenographische Wiedergabe dreier Vorträge benutzen, die F. de S. im Jahre 1897 über die „Theorie der Silbe" gehalten hat, und wo er auch die allgemeinen Probleme des ersten Kapitels berührt; außerdem bezieht sich ein beträchtlicher Teil seiner persönlichen Aufzeichnungen auf die Phonetik; an vielen Punkten klären und ergänzen sie die Angaben der ersten und dritten Vorlesungsreihe. (Die Herausgeber.)

wahrnehmen, ob ein Laut sich selbst gleich bleibt oder nicht; denn wenn man den Eindruck von etwas in sich Gleichartigem hat, so ist dieser Laut ein einheitlicher. Das Wesentliche ist auch nicht seine Dauer in Achtel- oder Sechzehntelnoten (etwa *fāl* oder *făl*), sondern die Qualität des Eindrucks. Die akustische Reihe zerfällt nicht in gleichlange Zeitabschnitte, sondern in gleichartige Zeitabschnitte, die charakterisiert sind durch die Gleichartigkeit des Eindrucks; für phonetische Studien ist das der natürliche Ausgangspunkt.

In dieser Beziehung verdient das ursprüngliche griechische Alphabet unsere Bewunderung. Jeder einfache Laut ist dort durch ein einziges Schriftzeichen dargestellt, und umgekehrt entspricht jedes Zeichen einem einfachen Laut, und zwar immer dem gleichen. Das ist eine geniale Erfindung, von der die Lateiner etwas geerbt haben. In der Schreibung des Wortes *bárbaros* („Barbar") entspricht jeder Buchstabe einem gleich-

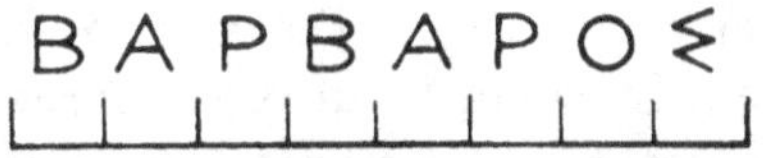

artigen Zeitabschnitt; in der obenstehenden Figur stellt der wagrechte Strich die Kette der Laute dar, die kleinen senkrechten Striche die Übergänge von einem Laut zum andern. Im ursprünglichen griechischen Alphabet findet man keine zusammengesetzten Schreibungen wie unser *ch* für *š*, noch mehrerlei Darstellungen eines einheitlichen Lautes wie *c* und *s* für *s*, noch auch ein einfaches Zeichen für einen doppelten Laut wie *x* für *ks*. Dieses Prinzip, das notwendig und hinreichend ist für eine phonetische Schreibung, haben die Griechen fast uneingeschränkt durchgeführt[1]).

[1]) Allerdings schrieben sie Χ, Θ, Φ für *kh, th, ph*; ΦΕΡΩ stellt *phérō* dar. Aber das ist eine spätere Neuerung. Die archaischen Inschriften schreiben ΚΗΑΡΙΣ, nicht ΧΑΡΙΣ. Dieselben Inschriften bieten zwei Zeichen für *k*, das *Kappa* und das *Koppa*. Aber das ist ein anderer Fall; es handelt sich darum, zwei wirklich verschiedene Färbungen der Aussprache zu bezeichnen, insofern das *k* bald palatal, bald velar war. Außerdem verschwindet *Koppa* in der Folge. Ein schwacher Punkt aber ist es, daß die alten griechischen und lateinischen Inschriften häufig einen Doppelkonsonanten durch einen ein-

Die andern Völker haben dieses Prinzip nicht verstanden, und ihre Alphabete lösen die gesprochene Reihe nicht in ihre gleichartigen akustischen Phasen auf. Die Cyprier z. B. blieben bei zusammengesetzteren Einheiten des Typs *pa, ti, ko* usw. stehen; diese Schreibung nennt man syllabisch; diese Bezeichnung ist nicht ganz genau, weil eine Silbe auch noch nach anderen Typen gebildet sein kann, z. B. *pak, tra* usw. Die Semiten wiederum haben nur die Konsonanten bezeichnet. Ein Wort wie *bárbaros* wäre von ihnen geschrieben worden BRBRS.

Die Abgrenzung der Laute der gesprochenen Reihe kann also nur auf dem akustischen Eindruck beruhen; aber bei ihrer Beschreibung verhält es sich anders. Sie läßt sich nur vornehmen auf Grund des Artikulationsaktes, denn die akustischen Einheiten sind innerhalb der Reihe, der sie angehören, nicht analysierbar. Man muß auf die Reihe der Lautbewegungen zurückgreifen; dann läßt sich feststellen, daß dem gleichen Laut der gleiche Akt entspricht: *b* (akustischer Zeitabschnitt) = *b'* (artikulatorischer Zeitabschnitt). Die ersten Einheiten, die man erhält, wenn man Einschnitte in die gesprochene Reihe macht, sind zusammengesetzt aus *b* und *b'*; man nennt sie Phoneme; das Phonem ist die Summe der akustischen Eindrücke und der Artikulationsbewegungen, der gehörten Einheit und der gesprochenen Einheit, wobei eine die andere bedingt: es ist also schon eine komplexe Einheit, welche in jeder der beiden Reihen wurzelt.

Die Elemente, die man zunächst durch Analyse dieser gesprochenen Reihe oder Kette erhält, sind, wie Ringe dieser Kette, Momente, die sich nicht weiter auflösen lassen, und die man nicht außerhalb des Zeitabschnitts, den sie einnehmen, betrachten kann. So ist also eine Gruppe wie *ta* jedesmal ein Moment plus ein Moment; ein Stück von einer gewissen Ausdehnung plus ein anderes Stück. Andererseits kann das nicht

---

fachen Buchstaben wiedergeben; so wurde das lat. *fuisse* geschrieben FUISE, also ein Verstoß gegen den Grundsatz, weil dieses Doppel-*s* zwei Zeiten andauert, die, wie wir sehen werden, nicht gleichartig sind und verschiedene Eindrücke verursachen. Aber dieser Irrtum ist entschuldbar, weil diese beiden Laute zwar nicht zusammenfließen, aber doch einen gemeinsamen Charakter haben (vgl. S. 59).

weiter auflösbare Stück *t*, für sich genommen, in abstracto außerhalb der Zeit betrachtet werden. Man kann sprechen von *t* im allgemeinen wie von der Spezies *T* (die phonetischen Spezies bezeichnen wir mit großen Buchstaben), von *i* als von der Spezies *I*, indem man sich an seine unterscheidende Besonderheit hält, ohne sich um all das zu kümmern, was von der Abfolge in der Zeit abhängt. Auf gleiche Weise können musikalische Intervalle wie *do*, *re*, *mi* behandelt werden, nur als eine konkrete Reihe in der Zeit; aber wenn ich eines ihrer nicht zurückführbaren Elemente nehme, kann ich dieses in abstracto betrachten.

Analysiert man eine genügende Anzahl gesprochener Reihen aus verschiedenen Sprachen, so lernt man die Elemente kennen, die diese Sprachen verwenden, und kann sie klassifizieren. Es ergibt sich dabei, daß, abgesehen von Nuancen, die akustisch indifferent sind, die Zahl der Sonderlaute oder phonetischen Spezies nicht unbegrenzt ist. Die Liste und genaue Beschreibung derselben findet man in den Spezialwerken[1]). Hier wollen wir zeigen, auf welchen feststehenden und sehr einfachen Prinzipien jede Klassifikation dieser Art begründet ist.

Doch zunächst sind einige Worte über den Sprechapparat zu sagen, über die Bewegungsmöglichkeiten der Organe und die Rolle dieser Organe als Erzeuger des Lautes.

§ 2. Der Sprechapparat und seine Tätigkeit[2]).

1. Für die Beschreibung des Apparats beschränken wir uns auf eine schematische Figur, wo *A* die Nasenhöhle bezeichnet, *B* die Mundhöhle, *C* den Kehlkopf, der die Stimmritzen *ε* zwischen den beiden Stimmbändern enthält.

---

[1]) Vgl. Sievers, Grundzüge der Phonetik, 5. Aufl. 1902; Jespersen, Lehrbuch der Phonetik, 2. Aufl. 1913; Roudet, Élements de phonétique générale, 1910.

[2]) Die etwas summarische Beschreibung von F. de S. wurde nach dem Lehrbuch der Phonetik von Jespersen ergänzt, dem wir auch das Prinzip entlehnt haben, nach welchem im folgenden die Formeln der Phoneme aufgestellt sind. Aber es handelt sich hier um Fragen der Form, und der Leser wird erkennen, daß diese Veränderungen die Gedanken von F. de S. in keiner Weise berühren. (Die Herausgeber).

Am Munde sind hauptsächlich die Lippen *a* und *a* zu unterscheiden, ferner die Zunge β bis γ (wobei β die Spitze und γ alles übrige bezeichnet), die oberen Zähne *d*, der Gaumen, der einen vorderen, knochigen und unbeweglichen Teil *f*—*h* und einen hinteren, weichen und beweglichen Teil oder das Gaumensegel *i* enthält, endlich das Zäpfchen δ.

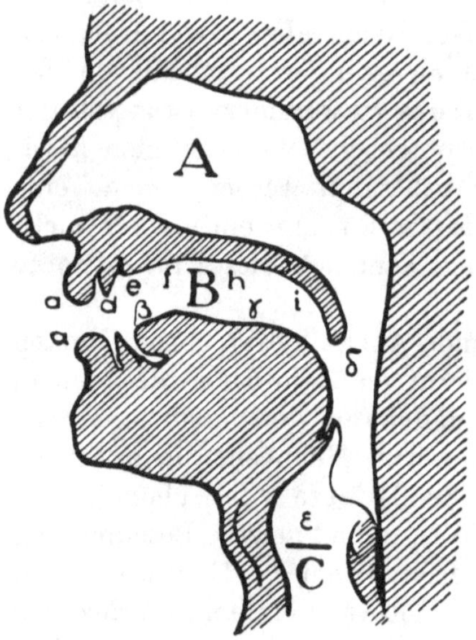

Die griechischen Buchstaben bezeichnen die bei der Artikulation tätigen Organe, die lateinischen die untätigen.

Die Stimmritze ε, bestehend aus zwei parallelen Muskeln, den Stimmbändern, kann sich öffnen und schließen. Der völlige Verschluß kommt sozusagen nicht in Betracht; die Öffnung dagegen kann bald weit, bald eng sein. Im ersteren Falle geht die Luft frei hindurch und die Stimmbänder vibrieren nicht; im zweiten Falle bestimmt der hindurchgehende Luftstrom die Schwingungen, welche den Stimmton erzeugen. Das sind die einzigen normalen Möglichkeiten der Lauterzeugung.

Die Nasenhöhle ist ein vollkommen unbewegliches Organ; der Durchgang der Luft kann durch Hebung des Zäpfchens δ verhindert werden, weiter nichts; es ist eine geschlossene oder offene Tür.

Was nun die Mundhöhle betrifft, so sind in ihr sehr verschiedenartige Bewegungen möglich; man kann die Länge des Kanals durch die Lippen vergrößern, die Backen aufblähen oder einziehen, durch die unendlich verschiedenen Bewegungen der Lippen und der Zunge die Höhlung verengern oder sogar schließen.

Die Rolle dieser Organe als Erzeuger der Laute steht in direktem Verhältnis zu ihrer Beweglichkeit. Die Funktion des

Kehlkopfes und der Nasenhöhle ist einförmig, die der Mundhöhle ganz verschiedenartig.

Die Luft, die aus der Lunge herausgetrieben wird, geht zuerst durch die Stimmritze hindurch, wo durch die Annäherung der Stimmbänder aneinander ein Kehlkopflaut erzeugt werden kann. Aber die Tätigkeit des Kehlkopfes ruft nicht die phonetischen Verschiedenheiten hervor, welche gestatten, die Laute der Sprache zu unterscheiden und zu klassifizieren; in dieser Beziehung ist der Kehlkopflaut immer derselbe. Wenn man ihn so, wie er durch die Stimmritze hervorgebracht wird, direkt vernimmt, erscheint er als nahezu unveränderlich in seiner Qualität.

Der Nasenkanal dient einzig als Resonanzraum für die Schwingungen der Stimme, die durch ihn hindurchgehen. Er hat also ebensowenig die Rolle eines Lauterzeugers.

Dagegen vereinigt der Mundraum in sich die Funktionen als Lauterzeuger und als Resonanzraum. Wenn die Stimmritze weit geöffnet ist, findet keine Schwingung im Kehlkopf statt, und der Laut, den man vernimmt, geht nur von der Mundhöhle aus (den Physikern überlassen wir es, zu entscheiden, ob das ein Klang oder bloß ein Geräusch ist). Wenn dagegen die gegenseitige Annäherung der Stimmbänder die Stimmritze in Schwingung versetzt, dann kommt der Mund hauptsächlich bei der Modifikation des Kehlkopflautes in Betracht.

Also sind die Faktoren, welche bei der Erzeugung eines Lautes beteiligt sein können: das Ausströmen der Luft, die Mundartikulation, die Schwingungen der Stimmbänder und die Nasenresonanz.

Aber die Aufzählung dieser Faktoren der Lauterzeugung ist noch keine Bestimmung der unterscheidenden Elemente der Phoneme. Um diese letzteren zu klassifizieren, handelt es sich viel weniger darum, woraus sie bestehen, als darum, was sie voneinander unterscheidet. Es kann daher ein negativer Faktor für die Klassifikation größere Wichtigkeit haben als ein positiver. Das Ausströmen der Luft z. B., ein positives Element, das jedoch bei dem Lautgebungsakt überall beteiligt ist, hat keine unterscheidende Bedeutung, während das Fehlen der Nasenresonanz, ein negativer Faktor, ebensowohl wie ihr Vorhandensein dazu dient, die Phoneme zu charakterisieren. Das Wesentliche also ist, daß zwei der oben aufgezählten Faktoren konstant, notwendig und für die Erzeugung des Lautes hinreichend sind: a) das Ausströmen der Luft, b) die Artikulation des Mundes, während die beiden andern fehlen oder zu den ersteren noch hinzutreten können: c) die Schwingungen der Stimmbänder, d) die Nasenresonanz. Andererseits wissen wir schon, daß a, c und d einförmig sind, während b unendliche Verschiedenheiten zuläßt.

Außerdem muß man sich darüber klar sein, daß ein Phonem festgestellt ist, wenn man den Akt der Lautgebung bestimmt hat, und daß umgekehrt alle Arten von Phonemen bestimmt wären, wenn man alle Lautgebungsakte feststellen würde. Diese jedoch sind nur durch die drei letzteren Faktoren differenziert, wie das unsere Klassifikation der bei der Lauterzeugung mitspielenden Faktoren zeigt. Man wird also für jedes Phonem festzustellen haben: wie seine Mundartikulation ist, ob ein Kehlkopflaut (∼∼∼∼∼) beteiligt ist oder nicht ([ ]), ob Nasenresonanz (.....) beteiligt ist oder nicht ([ ]). Wenn eines dieser drei Elemente nicht bestimmt ist, ist die Identifizierung des Lautes unvollständig; aber wenn alle drei bekannt sind, so bestimmen ihre verschiedenartigen Kombinationen alle wesentlichen Arten der Lautgebungsakte.

Man erhält so das Schema der möglichen Verschiedenheiten:

	I	II	III	IV
a)	Exspiration	Exspiration	Exspiration	Exspiration
b)	Mundartikul.	Mundartikul.	Mundartikul.	Mundartikul.
c)	[ ]	∼∼∼∼∼∼∼∼	[ ]	∼∼∼∼∼∼∼∼
d)	[ ]	[ ]	....	....

I bezeichnet die stimmlosen, II die stimmhaften, III die stimmlosen nasalierten, IV die stimmhaften nasalierten Laute.

Aber eine Unbekannte bleibt bestehen: die Natur der Mundartikulation; es sind also deren mögliche Verschiedenheiten zu bestimmen.

§ 3. Klassifikation der Laute nach der Mundartikulation.

Man klassifiziert im allgemeinen die Laute nach ihrer Artikulationsstelle. Ich wähle einen andern Ausgangspunkt. Die

Artikulation bietet, gleichviel an welcher Stelle sie vor sich geht, stets einen gewissen Öffnungsgrad dar, der zwischen den beiden äußersten Grenzen, völligem Verschluß und größter Öffnung, liegt. Auf dieser Grundlage, und zwar vom geringsten bis zum größten Öffnungsgrad fortschreitend, seien die Laute klassifiziert in sieben Kategorien, die mit den Nummern 0, 1, 2, 3, 4, 5, 6 bezeichnet sind. Innerhalb jeder derselben erst teilen wir die Phoneme gemäß der ihnen eigentümlichen Artikulationsstelle in verschiedene Typen ein.

Ich will mich der geläufigen Terminologie anschließen, obwohl sie in bezug auf verschiedene Punkte unvollkommen oder unrichtig ist; Termini wie Gutturale, Palatale, Dentale und Liquidae sind mehr oder weniger unlogisch. Es wäre zweckmäßiger, den Gaumen in eine bestimmte Anzahl von Bezirken einzuteilen; dann könnte man unter gleichzeitiger Berücksichtigung der Zungenartikulation in jedem Fall sagen, gegenüber welchem Punkt die hauptsächlichste Verengung stattfindet. Wir wollen uns von diesem Gedanken leiten lassen und mit Verwendung der Buchstaben von Fig. S. 48 jede Artikulation durch eine Formel darstellen, in der die Zahl des Öffnungsgrades sich befindet zwischen dem griech. Buchstaben (links), der das bewegliche Organ, und dem lat. Buchstaben (rechts), der das unbewegliche Organ bezeichnet. Dann besagt *β0e*, daß mit dem Öffnungsgrad, der einem völligen Verschluß entspricht, die Spitze der Zunge *β* sich an die Alveolen der oberen Zähne *e* anschmiegt.

Endlich unterscheiden sich innerhalb jeder Artikulation die verschiedenen Gattungen der Phoneme durch die Begleiterscheinungen — Kehlkopflaut und Nasenresonanz —, deren Fehlen ebenso wie deren Vorhandensein ein unterscheidendes Element ist.

Dieses Prinzip wollen wir auf die Einteilung der Laute anwenden. Es handelt sich um ein einfaches Schema rationeller Klassifikation; man muß also nicht erwarten, hier Phoneme von zusammengesetztem und besonderem Charakter zu finden, so wichtig sie in praktischer Hinsicht auch sein mögen, z. B. die Aspiratae (*ph*, *dh* usw.), die Affricatae (*ts*, *dž*, *pf* usw.), die mouillierten Konsonanten, die schwachen Vokale (*ə* und *e* muet usw.), noch auch umgekehrt einfache Phoneme, die praktisch bedeutungslos sind und nicht als differenzierte Laute in Betracht kommen.

A. Öffnungsgrad Null: Verschlußlaute. Diese Klasse enthält alle Phoneme, die entstehen bei völligem Verschluß mit hermetischem, aber augenblicklichem Schluß der Mundhöhle. Man braucht gar nicht zu untersuchen, ob der Laut hervorgebracht ist im Augenblick des Schließens oder in dem des Öffnens; denn in Wirklichkeit kann er auf beide Weisen hervorgebracht werden (vgl. S. 59).

Nach der Artikulationsstelle unterscheidet man drei Haupttypen von Verschlußlauten: den labialen (*p*, *b*, *m*), den dentalen (*t*, *d*, *n*), den sogenannten gutturalen Typ (*k*, *g*, *ṅ*).

Der erste wird mit beiden Lippen gebildet; beim zweiten schließt sich der Zungenrand an den vorderen Gaumen; beim dritten berührt der Zungenrücken den hinteren Gaumen.

In vielen Sprachen, besonders im Indogermanischen, unterscheidet man deutlich zwei gutturale Artikulationen: die eine palatal am oberen harten Gaumen (*f*—*h*), die andere velar am Gaumensegel (*i*). Anderswo jedoch, z. B. im Französischen, wird diese Verschiedenheit ignoriert; das Ohr assimiliert ein hinteres *k*, wie dasjenige von *court*, einem vorderen *k*, wie das von *qui*.

Die folgende Tabelle zeigt die Formeln dieser verschiedenen Phoneme.

Labiale			Dentale			Gutturale		
p	*b*	(*m*)	*t*	*d*	(*n*)	*k*	*g*	(*ṅ*)
α0*a*	α0*a*	α0*a*	β0*e*	β0*e*	β0*e*	γ0*h*	γ0*h*	γ0*h*
[ ]	∿∿∿	∿∿∿	[ ]	∿∿∿	∿∿∿	[ ]	∿∿∿	∿∿∿
[ ]	[ ]	......	[ ]	[ ]	......	[ ]	[ ]	......

Die Nasale *m*, *n* und *ṅ* sind eigentlich stimmhafte nasalierte Verschlußlaute: wenn man *amba* ausspricht, dann hebt sich das Zäpfchen zum Verschluß der Nasenkanäle in dem Augenblick, wo man von *m* zu *b* übergeht.

In der Theorie besitzt jeder Typ eine Nasalis ohne Schwingungen der Stimmbänder, die also stimmlos ist. So gibt es in den skandinavischen Sprachen ein stimmloses *m* nach stimmlosem Laut; man könnte auch im Französischen Beispiele finden, aber die Sprechenden betrachten das nicht als ein besonderes Element.

Die Nasale sind in der Tabelle in Klammern gesetzt; in Wirklichkeit haben sie ja, obwohl ihre Artikulation auch einen völligen Verschluß des Mundes bedingt, durch die Öffnung des Nasenkanals als Besonderheit einen höheren Öffnungsgrad (vgl. Klasse C).

B. Öffnungsgrad 1: Reibelaute oder Spiranten, charakterisiert durch einen unvollständigen Verschluß der Mundhöhle, der die Luft hindurchstreichen läßt. Der Terminus Spirant ist ganz allgemein; der Terminus Reibelaut (fricativa) sagt nichts über den Grad des Verschlusses, erinnert aber an den Eindruck der Reibung, der durch das Hindurchtreten der Luft erzeugt wird (vgl. lat. *fricāre*).

Bei dieser Klasse kann man sich nicht mehr an drei Typen halten wie bei der vorherigen Kategorie. Zunächst kommen die eigentlichen Labiale (die den Verschlußlauten *p* und *b* entsprechen) sehr selten zur Anwendung; wir sehen von ihnen ab. Sie werden im allgemeinen ersetzt durch die Labiodentale, die hervorgebracht werden durch die Annäherung der Unterlippe an die Zähne (*f* und *v* im Franz.); unter den Dentalen gibt es mehrere Verschiedenheiten, je nach der Form, welche der Zungenrand bei der Bildung der Enge annimmt; ohne im einzelnen darauf einzugehen, will ich die verschiedenen Formen der Zungenspitze mit β, β' und β'' bezeichnen. Bei den Gaumenlauten unterscheidet das Ohr gewöhnlich eine vordere Artikulation (palatale) und eine hintere (velare)[1].

Es ist noch zu fragen, ob es bei den Reibelauten etwas gibt, das dem *m*, *n* und *ṅ* bei den Verschlußlauten entspricht, d. h. ein nasales *v*, nasales *z* usw. Das ist allerdings anzunehmen; so hört man ein nasales *v* in frz. *inventer*; aber im allgemeinen besteht der nasale Reibelaut im Sprachbewußtsein nicht als besonderer Laut.

[1]) Trotz der großen Wichtigkeit der beiden Reihen k_1 und k_2 im Indogermanischen hat F. de S. gemäß seiner vereinfachenden Darstellungsweise geglaubt, von der entsprechenden Unterscheidung bei Klasse A absehen zu können. Das ist eine willkürliche Auslassung. (Hrsgb.)

Labiodentale		Dentale					
f	*v*	*þ*	*ð*	*s*	*z*	*š*	*ž*
α1*d*	α1*d*	β1*d*	β1*d*	β'1*d*	β'1*d*	β''1*d*	β''1*d*
[ ]	∿∿∿	[ ]	∿∿∿	[ ]	∿∿∿	[ ]	∿∿∿
[ ]	[ ]	[ ]	[ ]	[ ]	[ ]	[ ]	[ ]

Palatale		Gutturale	
χ'	γ'	χ	γ
γ1*f*	γ1*f*	γ1*i*	γ1*i*
[ ]	∿∿∿	[ ]	∿∿∿
	[ ]	[ ]	[ ]

þ = engl. *th* in *thing*
ð = engl. *th* „ *the (king)*
s = franz. *s* „ *si*
z = franz. *s* „ *chose*
š = franz. *ch* „ *chant*
ž = franz. *g* in *génie*
χ' = dtsch. *ch* „ *ich*
γ' = norddtsch. *g* „ *liegen*
χ = dtsch. *ch* „ *Bach*
γ = norddtsch. *g* „ *Tage*

C. Öffnungsgrad 2: Nasale (siehe oben S. 53).

D. Öffnungsgrad 3: Liquidae.

Bei dieser Klasse kommen zwei Artikulationen in Betracht:

1. Die seitliche Artikulation: Die Zunge schließt sich an den vorderen Teil des Gaumens, läßt dabei aber eine Öffnung zur Rechten oder zur Linken; diese Stellung ist in unsern Formeln durch *e̯* bezeichnet. Gemäß der Artikulationsstelle unterscheidet man ein dentales *l*, ein palatales oder mouilliertes *l'*, ein gutturales oder velares ł. In fast allen Sprachen sind diese Phoneme stimmhaft wie *b*, *z* usw. Jedoch können sie auch stimmlos sein; das kommt sogar im Französischen vor, wo ein *l*, das einem stimmlosen Laut folgt, ohne Stimmlaut ausgesprochen wird (z. B. *pluie* im Gegensatz zu *bleu*). Aber wir sind uns dieses Unterschiedes nicht bewußt.

Vom nasalen *l* braucht nicht die Rede zu sein, da es sehr selten ist und nicht unterschieden wird, obwohl es vorkommt, besonders nach einem nasalen Laut (z. B. in frz. *branlant* „wankend").

2. Artikulation mit Schwingungen (Zittern): Die Zunge nähert sich dem Gaumen weniger als bei *l*, aber sie befindet

sich in einer Schwingungsbewegung mit einer veränderlichen Zahl von Schlägen (die in unseren Formeln mit ^{r} bezeichnet ist), und dadurch erhält man einen Öffnungsgrad, der demjenigen der seitlich artikulierten Liquidae entspricht. Die Vibration kann auf zweierlei Weise hervorgebracht werden: mit der Zungenspitze, die vorn die Alveolen berührt (gerolltes *r*), oder hinten mit dem hinteren Teil der Zunge (*r* grasseyé, Zäpfchen-*r*). Über stimmlose und nasale Zitterlaute wäre dasselbe zu sagen wie im gleichen Falle bei *l*.

l	*l'*	ł	*r*	
$\beta^l 3e$	$\gamma 3^l f\text{-}h$	$\gamma^l 3i$	$\beta^r 3e$	$\gamma 3\delta^r$
~~	~~~~~~~~	~~~~~~~~	~~~~~~~~	~~~~~~~~
[ ]	[ ]	[ ]	[ ]	[ ]

Wenn wir über den Öffnungsgrad 3 hinausgehen, betreten wir ein anderes Gebiet: von den Konsonanten kommen wir zu den Vokalen. Diesen Unterschied haben wir bis jetzt noch gar nicht erwähnt, weil nämlich der Mechanismus der Lautgebung dabei gleich bleibt. Die Formel eines Vokals entspricht vollkommen derjenigen irgendeines stimmhaften Konsonanten. Bezüglich der Mundartikulation besteht da kein Unterschied. Nur die akustische Wirkung ist verschieden. Wenn ein gewisser Öffnungsgrad überschritten wird, dann wirkt der Mund hauptsächlich als Resonanzraum; die Färbung des Stimmritzenlautes erscheint klar, und das Mundgeräusch verschwindet. Je mehr der Mund geschlossen ist, desto mehr ist der Stimmritzenlaut aufgefangen; je mehr er geöffnet wird, um so mehr verringert sich das Geräusch. So kommt es, daß ganz mechanisch bei einem Vokal der Stimmlaut überwiegt.

E. Öffnungsgrad 4: *i*, *u*, *ü*.

Im Vergleich zu andern Vokalen setzen diese Laute immer noch eine beträchtliche Schließung voraus, die derjenigen der Konsonanten ziemlich nahesteht. Daraus ergeben sich gewisse Folgen, die sich später zeigen werden, und die den Namen Halbvokale rechtfertigen, der diesen Phonemen im allgemeinen gegeben wird.

i wird mit zurückgezogenen Lippen (Zeichen ¯) und vorderer Artikulation ausgesprochen, *u* mit gerundeten Lippen (Zeichen °) und hinterer Artikulation, *ü* mit der Lippenstellung wie *u* und der Artikulation von *i*.

Wie alle Vokale haben auch *i*, *u* und *ü* nasalierte Formen; aber sie sind selten, und wir können davon absehen. Es ist zu bemerken, daß die Laute, die in der frz. Orthographie *in* und *un* geschrieben werden, etwas anderes sind (siehe unten).

Gibt es ein stimmloses *i*, d. h. ein solches, das ohne Stimmritzenton gesprochen wird? Dieselbe Frage gilt für *u*, *ü* und alle Vokale; diese Phoneme, die den stimmlosen Konsonanten entsprechen würden, bestehen zwar, aber sie dürfen nicht verwechselt werden mit den geflüsterten Vokalen, die mit schlaffer Stimmritze gesprochen werden. Man kann die stimmlosen Vokale den *h*-Lauten, die vor ihnen gesprochen werden, gleichsetzen; so hört man bei *hi* zuerst ein *i* ohne Schwingung, dann ein normales *i*.

i	*u*	*ü*
$^{-}\gamma 4f$	$^{\circ}\gamma 4i$	$^{\circ}\gamma 4f$
∼∼∼∼∼∼∼	∼∼∼∼∼∼∼	∼∼∼∼∼∼∼
[ ]	[ ]	[ ]

F. Öffnungsgrad 5: *e, o, ö*. Deren Artikulation entspricht derjenigen von *i*, *u*, *ü*. Nasalierte Laute sind häufig (*ẽ*, *õ*, *ö̃*, z. B. in *pin*, *pont*, *brun*). Die stimmlosen Laute sind das *h* aspiré von *he*, *ho*, *hö*.

NB. Viele Sprachen unterscheiden hier mehrere Öffnungsgrade; so hat das Französische mindestens zwei Reihen: 1. die sogenannte geschlossene e̬, o̬, ö̬ (z. B. in *dé*, *dos*, *deux*), 2. die offene e̮, o̮, ö̮ (z. B. in *mer*, *mort*, *meurt*).

e	*o*	*ö*	*ẽ*	*õ*	*ö̃*
$^{-}\gamma 5f$	$^{\circ}\gamma 5i$	$^{\circ}\gamma 5f$	$^{-}\gamma 5f$	$^{\circ}\gamma 5i$	$^{\circ}\gamma 5f$
∼∼∼∼∼∼∼	∼∼∼∼∼∼∼	∼∼∼∼∼∼∼	∼∼∼∼∼∼∼	∼∼∼∼∼∼∼	∼∼∼∼∼∼∼
[ ]	[ ]	[ ]	....	....	....

G. Öffnungsgrad 6: *a*. Größte Öffnung, die eine nasalierte Form hat, die allerdings nicht ganz so weit offen ist, *ã* (z. B. *grand*), und eine stimmlose, das *h* von *ha*.

a	*ã*
γ6*h*	γ6*h*
∿∿∿∿∿∿	∿∿∿∿∿∿
[ ]	....

Kapitel II.

Das Phonem in der gesprochenen Reihe.

§ 1. Notwendigkeit, die Laute in der gesprochenen Reihe zu untersuchen.

Man kann in den Spezialwerken und besonders in den Schriften der englischen Phonetiker die peinlichsten Analysen der Sprachlaute finden.

Sind diese für die Zwecke der Phonetik, wenn sie als Hilfswissenschaft der Sprachwissenschaft dienen soll, hinreichend? Alle diese zusammengetragenen Einzelheiten haben für sich keinen Wert; es kommt einzig auf die Synthese an. Der Sprachforscher braucht keineswegs ein perfekter Phonetiker zu sein. Er will weiter nichts, als daß man ihm eine gewisse Zahl von Tatsachen liefert, die für das Studium der Sprache notwendig sind.

In einer Beziehung ist die Methode dieser Phonetik ganz besonders verkehrt: sie vergißt zu oft, daß es in der Sprache nicht nur Laute, sondern Strecken gesprochener Laute gibt; sie richtet ihre Aufmerksamkeit fast ganz auf die Einzellaute. Aber nicht diese sind uns zuerst gegeben, sondern die Silbe bietet sich unmittelbarer dar als die Laute, aus denen sie besteht. Wir haben gesehen, daß gewisse primitive Schriftarten die Silbeneinheiten bezeichnet haben: erst später ist man zum alphabetischen System gelangt.

Außerdem ist dasjenige, was dem Sprachforscher zu schaffen macht, niemals eine einfache Einheit: wenn z. B. in einem gewissen Augenblick in einer gewissen Sprache jedes *a* zu *o* wird, so folgt daraus nichts; man kann sich darauf beschränken, die Tatsache festzustellen, ohne sie phonetisch zu erklären. Die Wissenschaft von den Lauten wird erst wertvoll, wenn zwei oder mehr Elemente in einem Verhältnis innerer Abhängigkeit zusammengeschlossen sind. Denn die Veränderung des einen ist gemäß den Veränderungen des andern begrenzt; schon die Tatsache, daß zwei Elemente vorhanden sind, bringt eine Beziehung und eine Regel mit sich, und das ist dann etwas ganz anderes als eine bloße Tatsachenfeststellung. Es ist also sinnwidrig, wenn die Wissenschaft der Phonetik, um ihre Prinzipien festzustellen, einer Vorliebe für die Einzellaute folgt. Es bedarf nur zweier Phoneme, und schon weiß man nicht mehr, woran man ist. So sind im Ahd. *hagl, balg, wagn, lang, donr, dorn* später zu *hagal, balg, wagan, lang, donnar, dorn* geworden; so ist entsprechend der Natur und Art der Reihenfolge in der Gruppe das Ergebnis verschieden: bald entwickelt sich ein Vokal zwischen zwei Konsonanten, bald bleibt die Gruppe geschlossen. Aber wie ist das Gesetz zu formulieren? Woher kommt die Verschiedenheit? Ohne Zweifel von den Konsonantengruppen (*gl, lg, gn* usw.), die in diesen Worten enthalten sind. Es ist klar, daß sie aus einem Verschlußlaut bestehen, dem in einem Fall eine Liquida oder Nasalis vorausgeht, im andern Fall aber folgt; solange *l, g* und *n* als gleichartig betrachtet werden, sieht man nicht ein, warum der Kontakt von *g—n* andere Ergebnisse hervorbringt als *n—g*.

Neben der Phonetik der Einzellaute braucht man also eine Wissenschaft, die zum Ausgangspunkt die Doppelgruppen und die Aufeinanderfolge der Phoneme nimmt, und diese ist etwas ganz anderes. Bei der Untersuchung der einzelnen Laute genügt es, die Stellung der Organe festzustellen; die akustische Qualität des Phonems bietet kein Problem dar; sie wird durch das Ohr festgestellt; was die Artikulation betrifft, so hat man völlige Freiheit, sie nach seinem Gutdünken hervorzubringen. Aber sowie es sich darum handelt, zwei verbundene Laute auszusprechen, erheben sich Schwierigkeiten; man ist gezwungen, das mögliche Mißverhältnis zwischen dem beabsichtigten und dem hervorgebrachten Eindruck in Rechnung zu ziehen; es liegt nicht stets in unserer Macht, das auszusprechen, was wir wollen. Die

Freiheit, Laute miteinander zu verbinden, ist begrenzt durch die Möglichkeit, Artikulationsbewegungen miteinander zu verbinden. Um sich klar zu werden, was in den Gruppen vor sich geht, ist eine Phonetik aufzustellen, in der diese wie algebraische Gleichungen betrachtet werden; eine zweigliedrige Gruppe enthält eine gewisse Zahl mechanischer und akustischer Elemente, die sich gegenseitig bedingen; wenn das eine sich verändert, so hat diese Veränderung auf die andern eine notwendige Rückwirkung, die sich berechnen läßt.

Wenn es bei der Lautgebung Erscheinungen gibt, die etwas von allgemeiner Gültigkeit an sich haben und über den lokalen Verschiedenheiten der Phoneme zu stehen scheinen, so beruht dies sicherlich auf dieser geregelten Mechanik, von der soeben die Rede war. Man sieht daraus die Wichtigkeit, welche die Phonetik der Gruppen für die allgemeine Sprachwissenschaft haben muß. Während man sich im allgemeinen darauf beschränkt, Regeln für die Artikulation aller Laute zu geben, die veränderliche und zufällige Elemente der Sprache sind, so umschreibt die kombinatorische Phonetik die Möglichkeiten und stellt die beständigen Beziehungen der voneinander abhängigen Phoneme fest. So erhebt sich im Falle *hagl, balg* usw. (siehe S. 58) die so viel erörterte Frage der indogermanischen (silbischen) Sonanten; das aber ist das Gebiet, wo man am wenigsten einer so verstandenen Phonetik entraten kann, denn die Silbenbildung ist sozusagen die einzige Tatsache, die bei dieser Frage von Anfang bis zu Ende im Spiele ist. Das ist nicht das einzige Problem, das man durch diese Methode zu lösen hätte; aber soviel ist gewiß: es ist nahezu unmöglich, die Frage der Sonanten zu behandeln außerhalb einer exakten Würdigung der Gesetze, die die Kombinationen der Phoneme beherrschen.

§ 2. Implosion und Explosion.

Wir gehen von einer grundlegenden Beobachtung aus: Wenn man eine Gruppe wie *appa* ausspricht, so nimmt man einen Unterschied zwischen den beiden *p* wahr: eines derselben entspricht einer Schließung, das andere einer Öffnung. Diese beiden Eindrücke sind einander so ähnlich, daß man die Aufeinanderfolge *pp* auch durch ein einziges *p* ausgedrückt hat (vgl. S. 45, Anmerkung). Jedoch gestattet uns dieser Unterschied, die beiden *p* von *appa* ($a\overset{>}{p}\overset{<}{p}a$) durch besondere Zeichen (><) zu unterscheiden und sie zu kennzeichnen, auch wenn sie in der gesprochenen Reihe nicht aufeinander folgen (vgl. $a\overset{>}{p}ta$ und $at\overset{<}{p}a$). Man kann diese Unterscheidung auch über die Verschlußlaute hinaus verfolgen und anwenden auf die Reibelaute ($a\overset{>}{f}\overset{<}{f}a$), auf die Nasale ($a\overset{>}{m}\overset{<}{m}a$), auf die Liquidae ($a\overset{>}{l}\overset{<}{l}a$) und ganz allgemein auf alle Phoneme bis zu den Vokalen ($a\overset{>}{o}\overset{<}{o}a$ usw., mit Ausnahme von *a*).

Man hat die Schließung Implosion und die Öffnung Explosion genannt; ein *p* heißt implosiv ($\overset{>}{p}$) oder explosiv ($\overset{<}{p}$). Im gleichen Sinne kann man von schließenden und öffnenden Lauten sprechen.

Nun bemerkt man in einer Gruppe wie *appa* außer Implosion und Explosion eine Ruhepause, während welcher der Verschluß ad libitum fortdauert, und wenn es sich um ein Phonem größeren Öffnungsgrades handelt wie bei der Gruppe *alla*, so ist es die Hervorbringung des Lautes selbst, welche fortdauert, während die Organe unbeweglich bleiben. Ganz allgemein gibt es in jeder gesprochenen Reihe solche Zwischenzustände, die wir fortdauernde Laute oder stehende Artikulationen nennen. Aber sie können der implosiven Artikulation gleichgesetzt werden, weil ihr Eindruck dieser entspricht. Im Folgenden werden nur Implosion und Explosion berücksichtigt[1]).

Dieses Verfahren, das in einer vollständigen Behandlung

---

[1]) Gegen diesen Punkt der Theorie könnten am ehesten Einwände erhoben werden. Um solchen zuvorzukommen, kann man darauf hinweisen, daß jede stehende Artikulation, etwa die eines *f*, das Ergebnis zweier Kräfte ist: 1. der Pressung der Luft gegen die ihr entgegenstehenden Wandungen und 2. des Widerstandes dieser Wandungen, die sich verengern, um jenem Druck das Gleichgewicht zu halten. Der fortdauernde Laut ist also nichts als eine fortgesetzte Implosion. Deshalb ist, wenn man eine Implosion und einen fortdauernden Laut gleicher Art aufeinander folgen läßt, der Eindruck von Anfang bis zu Ende ein dauernd gleichbleibender. Insofern ist es nicht unlogisch, diese beiden Artikulationsarten in eine mechanische und akustische Einheit zu vereinigen. Die Explosion andererseits steht im Gegensatz sowohl zum einen als zum andern: sie ist definitionsgemäß die Lösung einer Enge; vgl. auch § 6. (Die Herausgeber.)

der Phonetik nicht zulässig wäre, ist gerechtfertigt in einer Darstellung, welche die Erscheinung der Silbenbildung hinsichtlich ihrer wesentlichen Faktoren auf ein möglichst einfaches Schema zurückführt; ich beanspruche nicht, alle die Schwierigkeiten zu lösen, welche die Einteilung der gesprochenen Reihe in Silben mit sich bringt, sondern nur eine rationelle Grundlage für die Untersuchung dieses Problems zu gewinnen.

Noch eine Bemerkung: Man darf die Schließungsbewegungen und die Öffnungsbewegungen, welche die Aussprache der Laute nötig macht, nicht mit den verschiedenen Öffnungsgraden dieser Laute selbst verwechseln. Jedes beliebige Phonem kann ebensowohl implosiv wie explosiv sein; allerdings aber hat der Öffnungsgrad Einfluß auf die Implosion und die Explosion insofern, als die Unterscheidung dieser zwei Bewegungen um so weniger klar ist, je größer der Öffnungsgrad des Lautes ist. So bemerkt man bei *i*, *u* und *ü* diesen Unterschied noch sehr wohl; in $a\overset{>}{i}\overset{<}{i}a$ ist es möglich, ein schließendes *i* und ein öffnendes *i* aufzufassen; ebenso unterscheidet man in $a\overset{>}{u}\overset{<}{u}a$, $a\overset{>}{ü}\overset{<}{ü}a$ so deutlich den Implosivlaut vom explosiven, welcher folgt, daß entgegen sonstigem Gebrauch die Schrift manchmal diesen Unterschied bezeichnet; das engl. *w*, das deutsche *j* und häufig auch das franz. *y* (in *yeux* usw.) stellen öffnende Laute dar ($\overset{<}{u}$, $\overset{<}{i}$) im Unterschied von *u*, *i*, welche angewandt werden für $\overset{>}{u}$ und $\overset{>}{i}$. Aber bei einem höheren Öffnungsgrad (*e* und *o*) sind Implosion und Explosion, die man sich theoretisch vorstellen kann (vgl. $a\overset{>}{e}\overset{<}{e}a$ und $a\overset{>}{o}\overset{<}{o}a$), in Praxis sehr schwer zu unterscheiden. Endlich, wie oben gesagt, bietet *a*, das den größten Öffnungsgrad darstellt, keine Implosion oder Explosion dar, denn bei diesem Phonem verwischt der Öffnungsgrad jeden derartigen Unterschied.

Man muß also die Tabelle der Laute mit Ausnahme von *a* verdoppeln und folgende Liste der unzurückführbaren Einheiten aufstellen:

$\overset{>}{p}\ \overset{<}{p}$	usw.	$\overset{>}{r}\ \overset{<}{r}$	usw.	*a*.
$\overset{>}{f}\ \overset{<}{f}$	„	$\overset{>}{i}\ \overset{<}{y}$	„	
$\overset{>}{m}\ \overset{<}{m}$	„	$\overset{>}{e}\ \overset{<}{e}$	„	

Es liegt mir also ganz fern, eingeführte Unterscheidungen der Schrift (*y*, *w*) auszumerzen, vielmehr behalte ich sie sorgfältig bei. Die Rechtfertigung dieser Betrachtungsweise folgt später, § 7.

Zum erstenmal haben wir die Abstraktionen verlassen. Zum erstenmal erscheinen konkrete Elemente, die nicht auflösbar sind, die einen Platz einnehmen und einen Zeitteil darstellen in der gesprochenen Reihe. Man könnte sagen, daß *P* nichts ist als eine abstrakte Einheit, die die gemeinsamen Besonderheiten von $\overset{>}{p}$ und $\overset{<}{p}$ in sich vereinigt, welch letztere allein in der Wirklichkeit anzutreffen sind, ebenso wie *p*, *b* und *m* in einer höheren abstrakten Einheit, den Labialen, zusammengefaßt sind. Man spricht von *P*, wie man von einer zoologischen Spezies sprechen könnte: es gibt männliche und weibliche Exemplare, aber kein ideales Exemplar der Spezies. Diese Abstraktionen sind es, was wir bisher unterschieden und klassifiziert haben. Aber es war nötig, darüber hinauszugehen und zum konkreten Element zu gelangen.

Es war ein großer Irrtum der Phonetik, diese Abstraktionen als wirkliche Einheiten zu betrachten, ohne die Definition der Einheit näher zu untersuchen. Das griechische Alphabet war dazu gelangt, diese abstrakten Elemente zu unterscheiden, und die Analyse, welche es voraussetzt, war, wie gesagt, sehr beachtenswert; es war aber gleichwohl eine unvollständige Analyse, die auf einer beliebigen Stufe Halt gemacht hat.

Was ist denn eigentlich ein *p* ohne nähere Bestimmung? Wenn man es in der Zeit als Glied der gesprochenen Reihe betrachtet, so kann es weder ausschließlich $\overset{<}{p}$ noch $\overset{>}{p}$ sein und noch weniger $\overset{>}{p}\overset{<}{p}$, da diese Gruppe deutlichermaßen auflösbar ist; und wenn man es außerhalb der gesprochenen Reihe und der Zeit nimmt, so ist es nur mehr eine Sache, die keine eigentliche Existenz hat, und mit der man nichts anfangen kann. Was bedeutet eine Gruppe $l + g$ an sich? Zwei Abstraktionen können nicht einen Augenblick in der Zeit ausmachen. Etwas anderes ist es, von $\overset{>}{l}\overset{>}{k}$ oder $\overset{<}{l}\overset{<}{k}$ oder $\overset{>}{l}\overset{<}{k}$ oder $\overset{<}{l}\overset{>}{k}$ zu sprechen und so wirkliche Elemente des Sprechens zu verbinden. Man sieht, wie es nur zweier Elemente bedarf, um der herkömmlichen Phonetik Schwierigkeiten zu bereiten; somit ist die Unmöglichkeit erwiesen, mit abstrakten phonetischen Einheiten zu arbeiten, wie es bisher geschah.

Man hat die Theorie aufgestellt, daß bei jedem einfachen Phonem, das in der Reihe betrachtet wird, z. B. *p* in *pa* oder *apa*, eine Implosion und eine Explosion aufeinander folgen (*ap͐⃖a*). Nun muß allerdings jeder Öffnung eine Schließung vorausgehen; um noch ein anderes Beispiel zu nehmen: wenn ich *r͐p͐* sage, so muß ich, nachdem ich die Schließung des *r* vollzogen habe, mit dem Zäpfchen ein öffnendes *r* artikulieren, während die Lippen sich zur Bildung des *p* schließen. Es genügt jedoch, um diesem Einwand zu begegnen, daß wir genau bestimmen, was unser Gesichtspunkt ist. Bei dem Lautakt, den wir soeben analysiert haben, berücksichtigen wir nur unterscheidende Elemente, die ins Ohr fallen und einer Abgrenzung der akustischen Einheiten in der gesprochenen Reihe dienen. Nur diese akustisch-motorischen Einheiten sind zu berücksichtigen. So ist die Artikulation des explosiven *r*, welche diejenige des implosiven *p* begleitet, für uns nicht vorhanden, weil sie keinen vernehmbaren Laut hervorruft, oder zum wenigsten, weil sie in der Reihe der Phoneme nicht mitzählt. Um die folgenden Darlegungen zu verstehen, muß man diesen wesentlichen Punkt recht eingesehen haben.

§ 3. Verschiedene Kombinationen von Explosion und Implosion.

Wir wollen nun sehen, was sich aus der Aufeinanderfolge von Explosion und Implosion in den vier theoretisch möglichen Verbindungen: 1. <>, 2. ><, 3. <<, 4. >> ergeben muß.

1. Die explosiv-implosive Verbindung (<>). Man kann jederzeit, ohne die gesprochene Reihe zu unterbrechen, zwei Phoneme, deren erstes explosiv und deren zweites implosiv ist, miteinander verbinden, z. B. *k⃖r͐*, *k⃖i͐*, *y⃖m͐* (vgl. Sanskrit *k⃖r͐ta-*, franz. *k⃖i͐tẹ* „quitter“, idg. *y⃖m͐to-* usw.). Allerdings haben gewisse Kombinationen wie *k⃖t͐* usw. keine akustische Wirkung, die sich praktisch ausführen läßt, aber es ist darum nicht weniger wahr, daß nach Artikulation eines öffnenden *k* die Organe in der Stellung sind, die nötig ist, um zur Schließung an irgendeinem Punkte überzugehen. Diese beiden Phasen der Lautgebung können aufeinander folgen, ohne sich gegenseitig zu beeinträchtigen.

2. Die implosiv-explosive Verbindung (><). Unter gleichen Umständen und Bedingungen besteht keine Schwierigkeit, zwei Phoneme zu verbinden, deren erstes implosiv und deren zweites explosiv ist, so $\overset{>}{i}\overset{<}{m}$, $\overset{>}{k}\overset{<}{t}$ usw. (griech. *ha*$\overset{>}{i}\overset{<}{m}$*a*, franz. *a*$\overset{>}{c}\overset{<}{t}$*iv* usw.).

Freilich schließen sich diese aufeinander folgenden Artikulationsmomente nicht ebenso natürlich aneinander an wie im vorhergehenden Falle. Zwischen einer Implosion am Anfang und einer Explosion am Anfang besteht der Unterschied, daß die Explosion, die einer neutralen Stellung des Mundes zustrebt, den folgenden Moment nicht nach sich zieht, während die Implosion eine Stellung schafft, welche nicht zum Ausgangspunkt irgendeiner beliebigen Explosion dienen kann. Es ist daher immer irgendeine Anpassungsbewegung nötig, um die Organstellung zu erreichen, welche für die Artikulation des folgenden Phonems erforderlich ist; während man also z. B. das *s* einer Gruppe $\overset{>}{s}\overset{<}{p}$ ausführt, muß man die Lippen schließen, um das öffnende *p* vorzubereiten. Aber die Erfahrung zeigt, daß diese Anpassungsbewegung nichts Faßbares hervorbringt außer einem der flüchtigen Laute, die wir nicht zu berücksichtigen brauchen, und die in keinem Falle die Abfolge der Reihe beeinträchtigen.

3. Explosive Verbindung (<<). Zwei Explosionen können unmittelbar nacheinander hervorgebracht werden; aber wenn die zweite einem Phonem von geringerem oder gleichem Öffnungsgrad angehört, wird man nicht den akustischen Eindruck der Einheit haben, der im umgekehrten Fall stattfindet, und den die beiden vorherigen Fälle darstellen; $\overset{<}{p}\overset{<}{k}$ kann ausgesprochen werden ($\overset{<}{p}$-$\overset{<}{k}$-*a*); aber diese Laute bilden keine Reihe, weil die Einzellaute *P* und *K* den gleichen Öffnungsgrad haben. Das ist die wenig naturgemäße Aussprache, die sich ergibt, wenn man nach dem ersten *a* von *cha*-$\overset{<}{p}\overset{<}{k}$*a* innehält[1]). Dagegen macht $\overset{<}{p}\overset{<}{r}$ den Eindruck des Fortlaufenden (vgl. *prix*); $\overset{<}{r}\overset{<}{y}$ macht ebensowenig Schwierigkeiten (vgl. *rien*). Warum? Weil im Augenblick, wo die erste Explosion vor sich geht, die Organe sich schon einstellen können

[1]) Allerdings kommen gewisse Gruppen dieser Art in manchen Sprachen sehr häufig vor (z. B. anlautendes *kt* im Griechischen; vgl. *kteínō*); aber obwohl sie leicht auszusprechen sind, bieten sie keine akustische Einheit dar (vgl. S. 65, Anmerkung).

auf die Lage, die nötig ist zur Ausübung der zweiten Explosion, ohne daß die akustische Wirkung der ersten dadurch beeinträchtigt würde; bei *prix* befinden sich die Organe während der Aussprache des *p* schon in der Lage des *r*. Es ist jedoch unmöglich, in einer ununterbrochenen Verbindung die umgekehrte Folge $\overset{<}{r}\overset{<}{p}$ auszusprechen; nicht als ob es mechanisch unmöglich wäre, die Stellung $\overset{<}{p}$ einzunehmen, während man ein öffnendes $\overset{<}{r}$ artikuliert; aber die Bewegung dieses $\overset{<}{r}$ kann nicht wahrgenommen werden, weil sie mit dem geringeren Öffnungsgrad von $\overset{<}{p}$ zusammentrifft. Wenn man daher $\overset{<}{r}\overset{<}{p}$ zu Gehör bringen will, so muß man zweimal ansetzen und kann es nur mit Unterbrechung hervorbringen.

Eine fortlaufende explosive Verbindung kann mehr als zwei Elemente umfassen, vorausgesetzt, daß man immer von einer geringeren Öffnung zu einer größeren übergeht (z. B. $\overset{<}{k}\overset{<}{r}\overset{<}{w}a$). Abgesehen von gewissen Sonderfällen, auf die wir nicht eingehen können[1]), kann man sagen, daß die Anzahl der Explosionen, die möglich ist, ihre natürliche Grenze findet in der Zahl der Öffnungsgrade, die man praktisch unterscheiden kann.

4. Implosive Verbindung (>>). Die implosive Verbindung untersteht dem umgekehrten Gesetz. Wenn ein Phonem weiter offen ist als das folgende, so hat man den Eindruck des Fortlaufenden (z. B. $\overset{>}{i}\overset{>}{r}$, $\overset{>}{r}\overset{>}{t}$); wenn diese Bedingung nicht erfüllt ist, wenn das folgende Phonem weiter offen ist oder den gleichen

[1]) Mit absichtlicher Vereinfachung wird hier bei dem Phonem nur sein Öffnungsgrad berücksichtigt, ohne die Artikulationsstelle oder den besonderen Charakter der Artikulation (ob es ein stimmloser oder ein stimmhafter, ein Zitterlaut oder eine Zungenartikulation ist usw.) in Rechnung zu stellen. Die Schlüsse, die allein aus dem Prinzip des Öffnungsgrades gezogen sind, finden daher nicht ohne Ausnahme auf alle wirklichen Fälle Anwendung. Bei einer Gruppe wie *trya* z. B. können die drei ersten Elemente nur schwer ohne Unterbrechung der Reihe ausgesprochen werden: $\overset{<}{t}\overset{<}{r}\overset{<}{y}\overset{>}{a}$ (es sei denn, daß das $\overset{<}{y}$ nicht mit dem $\overset{<}{r}$ zusammenfließt, indem es dasselbe palatalisiert); gleichwohl bilden die drei Elemente *try* eine vollkommene explosive Gruppe (vgl. übrigens S. 74 bezügl. *meurtrier* usw.); dagegen bereitet *trwa* keine Schwierigkeit. Es seien noch Verbindungen wie *pmla* usw. genannt, wo es sehr schwer ist, den Nasal nicht implosiv auszusprechen ($\overset{<}{p}\overset{>}{m}\overset{<}{l}\overset{>}{a}$). Diese abweichenden Fälle erscheinen besonders bei der Explosion, die ihrer Natur nach ein augenblicklicher Vorgang ist und keine Verzögerung erleiden kann. (Die Herausgeber.)

Öffnungsgrad hat wie das vorhergehende, so bleibt die Aussprache zwar möglich, aber der Eindruck des Fortlaufenden ist nicht mehr vorhanden; so hat *sr* von *asrta* den gleichen Charakter wie die Gruppe *pk* von *cha-pka* (siehe S. 64). Das Phänomen ist demjenigen vollkommen parallel, das wir bei der explosiven Verbindung analysiert haben: bei *rt* schaltet das *t* infolge seines geringeren Öffnungsgrades die Explosion des *r* aus; oder wenn man eine Verbindung nimmt, deren beide Phoneme nicht die gleiche Artikulationsstelle haben, wie *rm*, dann schaltet das *m* die Explosion des *r* zwar nicht aus, aber, was aufs gleiche hinauskommt, es überdeckt dessen Explosion vermöge seiner geschlosseneren Artikulation. Oder aber es unterbricht, wie beim umgekehrten Falle *mr*, die flüchtige Explosion, die mechanisch unentbehrlich ist, die gesprochene Reihe.

Man sieht, daß die implosive Verbindung wie die explosive mehr als zwei Elemente umfassen kann, wenn jedes derselben einen höheren Öffnungsgrad hat als das folgende (z. B. *arst*).

Indem wir nun die Unterbrechungen der Verbindungen beiseite lassen, betrachten wir jetzt die normale fortlaufende Reihe, die man die physiologische nennen könnte, wie sie etwa dargestellt ist durch das franz. Wort *particulièrement*, nämlich *partikülyermã*. Sie ist charakterisiert durch eine Aufeinanderfolge abgestufter explosiver und implosiver Verbindungen, die korrespondieren mit einer Aufeinanderfolge von Öffnungen und Schließungen der Mundorgane.

Die so definierte normale Reihe gibt Anlaß zu folgenden Feststellungen von entscheidender Wichtigkeit.

§ 4. Silbengrenze und vokalischer Punkt.

Wenn man in einer Reihe von Lauten von einer Implosion zu einer Explosion übergeht (>|<), empfängt man einen bestimmten Eindruck, der das Anzeichen der Silbengrenze ist, z. B. bei *ik* von *particulièrement*. Dieses regelmäßige Zusammentreffen einer mechanischen Bedingtheit mit einem bestimmten akustischen Eindruck verleiht der implosiv-explosiven Gruppe eine besondere Existenz in der phonetischen Gliederung: ihr Charakter bleibt bestehen, gleichviel, aus welchen Einzellauten (Lautarten) sie zusammengesetzt ist; sie stellt eine Gattung dar, die ebenso viele Arten umfaßt als Kombinationen möglich sind.

In gewissen Fällen kann die Silbengrenze an zwei verschiedenen Punkten der gleichen Reihe von Phonemen stehen, je nachdem man mehr oder weniger schnell von der Implosion zur Explosion übergeht. So ist bei einer Gruppe wie *ardra* die Reihe nicht unterbrochen, ob man nun abtrennt $\overset{>}{a}\overset{>}{r}\overset{<}{d}\overset{<}{r}\overset{>}{a}$ oder $\overset{>}{a}\overset{>}{r}\overset{>}{d}\overset{<}{r}\overset{>}{a}$, weil $\overset{>}{a}\overset{>}{r}\overset{>}{d}$ als implosive Verbindung gerade so gut abgestuft ist wie die explosive Verbindung $\overset{<}{d}\overset{<}{r}$. Dasselbe gilt bei *ülye* von *particulièrement* ($\overset{>}{ü}\overset{<}{l}\overset{<}{y}\overset{>}{e}$ oder $\overset{>}{ü}\overset{>}{l}\overset{<}{y}\overset{>}{e}$).

Zweitens ist zu bemerken, daß an der Stelle, wo man vom Stillschweigen zu einer ersten Implosion (>) übergeht, z. B. bei $\overset{>}{a}rt$ von *artiste*, oder von einer Explosion zu einer Implosion (< >), wie bei $\overset{<}{p}\overset{>}{a}rt$ von *particulièrement*, der Laut, wo diese erste Implosion vor sich geht, sich von den benachbarten Lauten durch einen besonderen Eindruck unterscheidet; das ist der Eindruck des Vokalischen. Dieser hängt keineswegs von dem größeren Öffnungsgrad des Lautes *a* ab, denn bei $\overset{<}{p}\overset{>}{r}t$ bringt $\overset{>}{r}$ ihn ebensowohl hervor; er haftet der ersten Implosion an, gleichviel was deren phonetische Art (Spezies), d. h. ihr Öffnungsgrad ist. Es kommt auch nicht darauf an, ob er auf ein Stillschweigen oder auf eine Explosion folgt. Den Laut, der vermöge seiner Eigenschaft als erster Implosionslaut diesen Eindruck macht, kann man den vokalischen Punkt nennen.

Man hat diesen Bestandteil der gesprochenen Reihe auch Sonant oder silbebildenden (silbischen) Laut genannt, während alle vorausgehenden und folgenden Laute der Silbe nicht-silbebildend oder unsilbisch heißen. Die an sich recht brauchbare Benennung „Sonant“ hat nur den Nachteil, daß sie der Sache nach zwar im Gegensatz zu dem Begriff „nicht-silbebildender Laut“ steht, der Form nach aber das Gegenstück zu dem Ausdruck „Konsonant“ ist. Daraus kann eine Unstimmigkeit in der Terminologie entstehen, denn die Entsprechung zu „Konsonant“ ist ja „Vokal“. Nun aber bezeichnen „Konsonant“ und „Vokal“, wie wir S. 55 gesehen haben, verschiedene Lautarten, dagegen „silbebildender“ und „nicht-silbebildender“ Laut Funktionen in der Silbe. Man darf sich also durch den Ausdruck Sonant = silbebildender Laut nicht verführen lassen, eine Konfusion, die lange geherrscht hat, noch fortzuschleppen[1]). So ist der Einzellaut (Spezies) I derselbe in *fidèle* und *pied*: er ist ein Vokal; aber er ist ein Sonant in *fidèle* und ein unsilbischer Laut in *pied*. Die Analyse zeigt, daß die Sonanten immer implosiv und die unsilbischen Laute bald implosiv sind (z. B. *ĭ* in engl. *boĭ*, geschrieben *boy*) und bald explosiv (z. B. *y̆* in franz. *p̂y̆ê*, geschr. *pied*). Das bestätigt nur die zwischen den beiden Gruppen aufgestellte Unterscheidung. Allerdings sind *e, o, a* in der Tat regelmäßig Sonanten; aber das ist ein bloßes Zusammentreffen; da sie einen größeren Öffnungsgrad haben als alle andern Laute, stehen sie immer am Anfang einer implosiven Verbindung. Die Verschlußlaute umgekehrt, die den geringsten Öffnungsgrad haben, sind immer unsilbisch. In praxi sind es die Laute mit den Öffnungsgraden 2, 3 und 4 (Nasale, Liquidae und Halbvokale), welche je nach ihrer Umgebung und der Art ihrer Artikulation die eine oder die andere Rolle haben.

§ 5. Kritik der Theorien der Silbebildung.

Das Ohr vernimmt in jeder gesprochenen Reihe die Teilung in Silben und in jeder Silbe einen Sonanten (silbischen Laut). Diese beiden Tatsachen sind bekannt, aber man kann sich fragen, worin ihr Wesen besteht. Man hat verschiedene Erklärungen vorgeschlagen:

1. Da man bemerkte, daß gewisse Phoneme einen stärkeren Stimmton haben als andere, hat man angenommen, das Wesen der Silbe beruhe auf dem Grad des Stimmtons der Phoneme. Warum sind dann aber stimmhafte Phoneme wie *i* und *u* nicht notwendigerweise silbebildend? Ferner: wo ist die Grenze des

---

[1]) F. de S. gebraucht hier die Worte „*sonante*" und „*consonante*", die sich vollkommen klar von den auf die Natur der Einzellaute bezüglichen Ausdrücken „*voyelle*" und „*consonne*" abheben; im Deutschen läßt sich jedoch die Doppelheit: *consonne* — *consonante* schlechterdings nicht nachbilden. Deshalb mußte dieser Passus etwas freier wiedergegeben werden. Ich übersetze nun nicht nur „*consonante*" durch „nicht-silbebildender Laut", sondern ersetze auch vielfach „*sonante*" (Sonant) durch „silbebildenden Laut", weil man das Wort „Sonant" in geradezu verwirrender Mannigfaltigkeit der Bedeutungen verwendet finden kann: bei manchen Autoren bezeichnet es die Lautarten 3. und 4. Öffnungsgrades und wieder bei andern diejenigen Laute, die mit Vibration der Stimmbänder hervorgebracht werden. (Übersetzer.)

Stimmtons, da doch Reibelaute wie *s* silbebildend sein können, z. B. in *pst*? Wenn es sich bloß um den Grad des Stimmtons einander berührender Laute handelt, wie sind dann solche Gruppen wie $\overset{<}{w}\overset{>}{l}$ (z. B. in idg. **wlkos* „Wolf“) zu erklären, wo es das weniger stimmhafte Element ist, welches die Silbe bildet?

2. Sievers hat als erster gesagt, daß ein Laut, der zu den Vokalen gehört, unter Umständen nicht den Eindruck eines Vokals macht (wir haben gesehen, daß z. B. *y* und *w* nichts anderes sind als *i* und *u*); aber wenn man fragt, auf welchem Umstand diese doppelte Funktion oder der doppelte akustische Eindruck beruht (denn das Wort Funktion bedeutet nichts anderes), dann wird geantwortet: ein gewisser Laut hat eine gewisse Funktion, je nachdem er den Silbenakzent erhält oder nicht.

Wenn es nun aber freisteht, den Akzent, der die Laute zu silbischen macht, ganz nach Belieben und ohne Rücksicht auf die Natur der Laute, mit denen er sich verbindet, zu setzen, so bewegt man sich mit Zurückführung der sonantischen (silbischen) Eigenschaft eines Lautes auf den silbebildenden Akzent in einem circulus vitiosus. Oder aber, wenn der Ausdruck „silbebildender Akzent“ einen Sinn haben soll, dann kann dieser Sinn nur aus den Gesetzen der Silbenbildung abgeleitet werden. Aber dann müßte man eben diese Gesetze aufstellen und nicht so tun, als ob die Silbenbildung vom Akzent abhinge und der sonantische Laut um dieses Akzents willen silbebildend wäre.

Man erkennt den Gegensatz zwischen meinem Verfahren und den beiden vorhergehenden: durch Analyse der Silbe, so wie sie sich in der Reihe darstellt, haben wir die nicht weiter auflösbare Einheit erhalten, den Öffnungslaut oder den Schließungslaut, dann sind wir durch Verknüpfung dieser Einheiten dazu gelangt, die Grenze der Silbe und den vokalischen Punkt zu definieren. Daraus haben wir erkannt, unter welchen physiologischen Bedingungen diese akustischen Wirkungen sich ergeben müssen. Die oben kritisierte Theorie verfährt umgekehrt: man nimmt isolierte Einzellaute und versucht, aus diesen Lauten die Silbengrenze und den Platz des Sonanten herzuleiten. Jedoch kann, wenn irgendeine Reihe von Phonemen gegeben ist, eine Art, sie zu artikulieren, natürlicher und bequemer sein als eine andere; aber die Möglichkeit, zwischen öffnenden und schließenden Artikulationen zu wählen, besteht in weitem Maße, und von dieser Wahl, nicht direkt von den Einzellauten, hängt die Silbenbildung ab.

Gewiß erschöpft und löst diese Theorie nicht alle Fragen. So ist der Hiatus, der so häufig vorkommt, nichts anderes als eine unterbrochene implosive Verbindung mit oder ohne Beteiligung des Willens: z. B. $\overset{>}{i}$-$\overset{>}{a}$ (in *il cria*) oder $\overset{>}{a}$-$\overset{>}{i}$ (in *ébahi* „verdutzt"). Er kommt besonders leicht bei Lauten großen Öffnungsgrades vor.

Es gibt auch Fälle unterbrochener explosiver Verbindungen, die zwar nicht abgestuft sind, aber sich mit den normalen Gruppen gleichberechtigt in die Lautreihe einfügen; wir haben diesen Fall bei griech. *kteínō* S. 64 Anm. erwähnt. Nehmen wir als Beispiel noch die Gruppe *pzta*. Normalerweise kann sie nur ausgesprochen werden: $\overset{<}{p}\overset{>}{z}\overset{<}{t}\overset{>}{a}$; sie muß also zwei Silben umfassen, und das ist der Fall, wenn man deutlich den Stimmton von *z* zur Geltung bringt; wenn man aber den Stimmton von *z* verringert, das ja ein Laut ist, der nur eine sehr geringe Öffnung erfordert, so bewirkt der Gegensatz von *z* und *a*, daß man nur mehr eine Silbe wahrnimmt und nahezu $\overset{<}{p}\overset{<}{z}\overset{<}{t}\overset{>}{a}$ hört.

In allen Fällen der Art können der Wille und die Absicht eine Veränderung bewirken und bis zu einem gewissen Grad die physiologische Notwendigkeit umkehren; es ist oft schwer, genau zu sagen, welcher Anteil auf diese beiden Faktoren entfällt. Aber wie dem auch sei, so setzt die Lautgebung eine Aufeinanderfolge von Implosionen und Explosionen voraus, und das ist die grundlegende Vorbedingung für die Silbenbildung.

§ 6. Dauer der Implosion und der Explosion.

Wenn man die Silbe durch den Wechsel von Explosion und Implosion erklärt, wird man auf eine wichtige Beobachtung geführt, die nichts anderes ist als die Verallgemeinerung einer metrischen Tatsache. Man unterscheidet bei griechischen und lateinischen Wörtern zwei Sorten von Längen: Naturlänge (*māter*) und Positionslänge (*făctus*). Warum wird *fac* in *factus* lang gemessen? Man antwortet gewöhnlich: wegen der Gruppe *ct*; aber wenn das von dieser Gruppe an sich abhinge, so hätte jede beliebige Silbe, die mit zwei Konsonanten beginnt, ebenfalls die Quantität der Länge. Das ist jedoch nicht der Fall (z. B. *clĭens* usw.).

Der wahre Grund ist der, daß Explosion und Implosion sich in bezug auf die Dauer ganz verschieden verhalten. Die erstere ist immer so kurz, daß ihre Dauer für das Ohr nicht faßbar ist; aus diesem Grunde verursacht sie auch niemals den Eindruck eines Vokals. Nur die Implosion kann eine bemerkbare Zeitdauer haben; daher der Eindruck, daß man länger auf dem Vokal, mit dem sie beginnt, verweilt.

Andrerseits ist bekannt, daß Vokale vor einer Gruppe, die aus Verschlußlauten und Liquida gebildet ist, auf zweierlei Weise behandelt werden: in *patrem* kann das *a* lang oder kurz sein: das hängt vom selben Prinzip ab. In der Tat sind $\overset{<}{t}\overset{<}{r}$ und $\overset{>}{t}\overset{<}{r}$ gleich aussprechbar; bei der ersten Art, zu artikulieren, kann das *a* kurz bleiben; die zweite verursacht eine lange Silbe. Diese doppelte Behandlung des *a* ist bei einem Worte wie *factus* nicht möglich, weil man nur $\overset{>}{c}\overset{<}{t}$ aussprechen kann und nicht $\overset{<}{c}\overset{<}{t}$.

§ 7. Die Phoneme vierten Öffnungsgrades. Der Diphthong; Fragen der Schreibung.

Endlich geben die Phoneme vierten Öffnungsgrades noch Anlaß zu gewissen Bemerkungen. Wir haben S. 61 gesehen, daß im Gegensatz zu dem, was von andern Lauten gilt, bei ihnen eine doppelte Schreibung gebräuchlich ist ($w = \overset{<}{u}$, $u = \overset{>}{u}$; $y = \overset{<}{i}$, $i = \overset{>}{i}$). Das kommt daher, weil in Gruppen wie *aiya* und *auwa* man besser als sonst irgendwo die durch < > bezeichneten Verschiedenheiten bemerkt; $\overset{>}{i}$ und $\overset{>}{u}$ machen deutlich den Eindruck von Vokalen, $\overset{<}{i}$ und $\overset{<}{u}$ den von Konsonanten[1]). Ohne diese Tatsache damit erklären zu wollen, bemerken wir, daß dieses konsonantische *i* niemals als schließender Laut existiert. So gibt es kein *ai*, dessen *i* die gleiche Wirkung hätte wie das *y* von *aiya* (vgl. engl. *boy* mit franz. *pied*); also sind

[1]) Man muß dieses Element 4. Öffnungsgrades nicht mit der stimmhaften palatalen Fricativa (*liegen* im Norddeutschen) verwechseln. Diese phonologische Spezies gehört zu den Konsonanten und hat alle Charakteristika derselben.

y Konsonant und *i* Vokal durch ihre Stellung, weil diese Verschiedenheiten der phonetischen Spezies *I* nicht überall in gleicher Weise auftreten können. Dasselbe gilt von *u* und *w*, *ü* und *ẅ*.

Das gibt Aufschluß über die Diphthonge; diese sind nur ein Sonderfall der implosiven Verbindung. Die Gruppen *årta* und *åúta* sind vollkommen parallel; zwischen ihnen besteht nur ein Unterschied des Öffnungsgrades des 2. Elementes: ein Diphthong ist eine implosive Verbindung von zwei Phonemen, deren zweites relativ offen ist, was einen besonderen akustischen Eindruck verursacht; man könnte sagen, daß der Sonant im zweiten Element der Gruppe fortdauert. Umgekehrt unterscheidet sich eine Gruppe wie *ṫẏa* von einer Gruppe wie *ṫṙa* nur durch den Öffnungsgrad der zweiten Explosiva. Das besagt, daß die von den Phonetikern als steigende Diphthonge bezeichneten Gruppen keine Diphthonge sind, sondern explosiv-implosive Gruppen, deren erstes Element relativ offen ist, ohne daß jedoch sich daraus irgend etwas Besonderes in akustischer Hinsicht ergäbe (*ṫẏå*). Was Gruppen wie *ủa* und *ỉa* mit dem Akzent auf *ủ* und *ỉ* betrifft, wie man sie in gewissen deutschen Dialekten antrifft (z. B. *Buab*, *liab*), so sind das ebenfalls nur falsche Diphthonge, welche nicht den Eindruck einer Einheit wie *ồủ*, *ảỉ* usw. geben; man kann *ủồ* nicht als implosiv-explosiv aussprechen, ohne die Reihe zu unterbrechen, es sei denn, daß man diese Gruppe künstlich zu einer Einheit machte, die sie von Natur nicht ist.

Diese Definition der Diphthonge, die sie zurückführt auf das allgemeine Prinzip der implosiven Verbindungen, zeigt, daß sie nicht, wie man glauben könnte, eine Sache für sich sind, die keine Einordnung unter die phonetischen Erscheinungen zuläßt. Es ist unnötig, dafür eine eigene Abteilung zu machen. Ihre besondere Eigenart ist in Wahrheit ohne Interesse und ohne besondere Wichtigkeit: es handelt sich nicht darum, das Ende des Sonanten zu bestimmen, sondern dessen Anfang.

Sievers und viele Linguisten unterscheiden durch die Schrift *i, u, ü, r, n* usw. und *i̯, u̯, ü̯, r̥, n̥* usw. (*i̯* = unsilbisches *i*, *i* = silbisches *i*) und sie schreiben *mirta, mai̯rta, mi̯arta*, während ich schreibe *mirta, mairta* und *myarta*. Da man festgestellt hatte, daß *i* und *y* die gleiche phonetische Spezies sind, wollte man vor allem das gleiche allgemeine Zeichen haben (immer dieselbe Vorstellung, daß die Reihe der Laute sich aus nebeneinander gesetzten Lautarten zusammensetze!). Aber diese Bezeichnungsweise, obwohl sie auf dem Zeugnis des Gehörs beruht, widerspricht dem gesunden Menschenverstand und verwischt gerade diejenige Unterscheidung, die von größter Wichtigkeit wäre. Durch sie setzt man erstens öffnendes *i*, *u* (= *y*, *w*) und schließendes *i*, *u* gleich; man kann dann z. B. keinen Unterschied zwischen *newo* und *neuo* machen; zweitens zerlegt man umgekehrt schließendes *i*, *u* in zweierlei (vgl. *mirta* und *mairta*).

Im Folgenden einige Beispiele für die Mängel dieser Schreibweise. Nehmen wir griechisch *dwís* und *dusí* und andrerseits *rhéwō* und *rheûma*. Diese beiden Verschiedenheiten entstehen genau unter den gleichen phonetischen Bedingungen und werden normalerweise durch gleiche Verschiedenheit der Schreibung wiedergegeben: je nachdem auf das *u* ein mehr oder weniger offener Laut folgt, wird es entweder öffnend: *w* oder schließend: *u*. Wenn man schreibt *du̯is*, *dusi*, *rheu̯ō*, *rheu̯ma*, ist das alles verwischt. Ebenso sind im Indogermanischen die beiden Reihen *māter*, *mātrai*, *māteres*, *mātrsu* und *sūneu*, *sūnewai*, *sūnewes*, *sūnusu* vollkommen parallel in ihrer doppelten Behandlung des *r* einerseits und des *u* andrerseits. Wenigstens in der zweiten tritt der Gegensatz von Implosion und Explosion in der Schrift klar hervor, während er verdunkelt ist in der hier kritisierten Schreibweise (*sūneu̯*, *sūneu̯ai*, *sūneu̯es*, *sūnusu*). Nicht nur sollte man die Unterscheidungen zwischen öffnenden und schließenden Lauten (*u* : *w* usw.), die eingebürgert sind, beibehalten, sondern man sollte sie auch auf das ganze Schriftsystem zur Anwendung bringen, z. B. *māter*, *mātϱai*, *māteϱes*, *mātrsu*; dann würde der Wechsel in der Silbenbildung deutlich hervortreten; die vokalischen Punkte und die Silbengrenze würden sich von selbst klar abheben.

Zusatz der Herausgeber.

Diese Theorien erklären verschiedene Probleme, von denen F. de Saussure einige in seinen Vorlesungen berührt hat. Wir wollen dafür einige Proben geben.

1. Sievers zitiert *beritn̥nn̥n* (= *berittenen*) als typisches Beispiel der Tatsache, daß derselbe Laut abwechselnd zweimal als Sonant und zweimal als Konsonant fungieren kann (in Wirklichkeit fungiert *n* hier nur einmal als unsilbischer Laut und man müßte schreiben *beritn̥nn̥*; aber darauf kommt es wenig an). Kein Beispiel ist treffender, um zu zeigen, daß „Laut“ und „phonetische Spezies“ nicht Synonyma sind. In der Tat, wenn man bei demselben *n* verharren würde, d. h. bei der Implosion und der stehenden Artikulation, würde man nur eine einzige lange Silbe erhalten. Um eine Abwechslung zwischen silbischem und unsilbischem *n* hervorzubringen, muß man auf die Implosion (1. *n*) die Explosion folgen lassen (2. *n*), um wieder zur Implosion (3. *n*) überzugehen. Da den beiden Implosionen keine andere Implosion vorausgeht, sind sie eben Sonanten.

2. Bei franz. Wörtern des Typs *meurtrier* und *ouvrier* usw. bildete die Endsilbe *-trier*, *-vrier* ehemals nur eine Silbe, wie auch im übrigen ihre Aussprache gewesen sein mag (vgl. S. 65 Anm.). Später ging man dazu über, sie als zwei Silben auszusprechen (*meur-tri-er*, mit oder ohne Hiatus, d. h. $\overset{<}{t}\overset{<}{r}\overset{>}{i}\overset{>}{e}$ oder $\overset{<}{t}\overset{<}{r}\overset{>}{i}\overset{<}{y}\overset{>}{e}$). Die Veränderung vollzog sich nicht, indem man einen „Silbenakzent“ auf das *i* setzte, sondern indem man seine explosive Artikulation in eine implosive umwandelte.

Volkstümlich sagt man *ouvérier* für *ouvrier*: eine ganz gleichartige Erscheinung, nur ist es das zweite Element an Stelle des dritten, welches seine Artikulation verändert hat und Sonant geworden ist: $uv\overset{<}{r}\overset{<}{y}\overset{>}{e}$ zu $uv\overset{>}{r}\overset{<}{y}\overset{>}{e}$. Ein *e* konnte sich nachträglich entwickeln vor dem sonantischen *r*.

3. Endlich sei noch der bekannte Fall der prothetischen Vokale vor *s* mit folgendem Konsonant im Französischen erwähnt: lat. *scūtum* → *iscūtum* → franz. *escu*, *écu*. Die Gruppe $\overset{<}{s}\overset{<}{k}$ ist, wie wir S. 64 gesehen haben, eine unterbrochene Verbindung; $\overset{>}{s}\overset{<}{k}$ ist natürlicher. Aber dieses implosive *s* macht einen vokalischen Punkt aus, wenn es am Satzanfang steht oder das vorausgehende Wort auf einen Konsonant von geringerem Öffnungsgrad endet. Das prothetische *i* oder *e* bewirkt nur eine Hervorhebung der sonantischen Eigenschaft des *s*; eine phonetische Besonderheit, die nicht deutlich hervortritt, pflegt an Stärke zuzunehmen, wenn man sie nicht untergehen lassen will. Die

gleiche Erscheinung macht sich geltend im Falle von *esclandre* (= Skandal, Ärgernis) und bei den volkstümlichen Aussprachen *esquelette* und *estatue*, und ferner findet man sie bei derjenigen vulgären Aussprache der Präposition *de*, die man als *ed* zu schreiben pflegt: *un oeil ed taureau* (Stierauge); durch Synkope ist *de taureau* zu *d'taureau* geworden; um aber in dieser Stellung vernehmlich zu bleiben, muß das *d* implosiv werden: $\overset{>}{d}\overset{<}{t}aureau$, und davor entwickelte sich ein Vokal wie in den vorhergehenden Fällen.

4. Es ist kaum nötig, auf die Frage der indo-germanischen Sonanten zurückzukommen und zu fragen, warum z. B. ahd. *hagl* zu *hagal* geworden ist, während *balg* unverändert geblieben ist. Das *l* dieses letzteren Wortes spielt als zweites Element einer implosiven Verbindung ($b\overset{>}{a}\overset{>}{l}\overset{>}{g}$) die Rolle eines nicht-silbebildenden Lautes und hatte keinen Grund, seine Funktion zu verändern. Dagegen bildete das ebenfalls implosive *l* von *hagl* den vokalischen Punkt; als Sonant konnte es vor sich einen noch stärker öffnenden Vokal entwickeln (ein *a*, insofern in dieser Beziehung dem Zeugnis der Schrift zu glauben ist). Übrigens ist es mit der Zeit wieder verstummt; denn heute wird *Hagel* wiederum $h\overset{>}{a}\overset{<}{g}\overset{>}{l}$ ausgesprochen. Das ist es auch, was den Unterschied ausmacht zwischen der Aussprache dieses Wortes und der von franz. *aigle*; das *l* ist ein implosives in dem deutschen Wort und ein öffnendes in dem französischen mit *e* muet ($\overset{>}{e}\overset{<}{g}\overset{<}{l}e$) am Wortende.

Erster Teil.

Allgemeine Grundlagen.

Kapitel I.

Die Natur des sprachlichen Zeichens.

§ 1. Zeichen, Bezeichnung, Bezeichnetes.

Für manche Leute ist die Sprache im Grunde eine Nomenklatur, d. h. eine Liste von Ausdrücken, die ebensovielen Sachen entsprechen. Z. B.:

: *ARBOR*

: *EQUOS*

usw. : usw.

Diese Ansicht gibt in vieler Beziehung Anlaß zur Kritik. Sie setzt fertige Vorstellungen voraus, die schon vor den Worten vorhanden waren (über diesen Punkt siehe weiter unten S. 133); sie sagt uns nicht, ob der Name lautlicher oder psychischer Natur ist, denn *arbor* kann sowohl unter dem einen als unter dem andern Gesichtspunkt betrachtet werden; endlich läßt sie die Annahme zu, daß die Verbindung, welche den Namen mit der Sache verknüpft, eine ganz einfache Operation sei, was nicht im entferntesten richtig ist. Dennoch kann diese allzu einfache

Betrachtungsweise uns der Wahrheit näherbringen, indem sie uns zeigt, daß die sprachliche Einheit etwas Doppelseitiges ist, das aus der Vereinigung zweier Bestandteile hervorgeht.

Wir haben S. 14 beim Kreislauf des Sprechens gesehen, daß die im sprachlichen Zeichen enthaltenen Bestandteile alle beide psychisch sind, und daß sie in unserm Gehirn durch das Band der Assoziation verknüpft sind. Diesen Punkt müssen wir im Auge behalten.

Das sprachliche Zeichen vereinigt in sich nicht einen Namen und eine Sache, sondern eine Vorstellung und ein Lautbild[1]). Dieses letztere ist nicht der tatsächliche Laut, der lediglich etwas Physikalisches ist, sondern der psychische Eindruck dieses Lautes, die Vergegenwärtigung desselben auf Grund unserer Empfindungswahrnehmungen; es ist sensorisch, und wenn wir es etwa gelegentlich „materiell" nennen, so ist damit eben das Sensorische gemeint im Gegensatz zu dem andern Glied der assoziativen Verbindung, der Vorstellung, die im allgemeinen mehr abstrakt ist.

Der psychische Charakter unserer Lautbilder wird ganz klar, wenn wir uns selbst beobachten. Ohne die Lippen oder die Zunge zu bewegen, können wir mit uns selbst sprechen oder uns im Geist ein Gedicht vorsagen. Gerade deshalb, weil die Worte der Sprache für uns Lautbilder sind, sollte man nicht von den Lauten als Phonemen sprechen, aus denen sie zusammengesetzt sind. Denn dieser Ausdruck deutet auf mündliche Sprechtätigkeit und paßt nur zum gesprochenen Wort, zur Verwirklichung des inneren Bildes in der Rede. Man muß sich stets daran erinnern, daß es sich nur um das innere Bild der lautlichen Erscheinung handelt.

---

[1]) Der Terminus „Lautbild" könnte vielleicht als zu eng gefaßt erscheinen, weil neben der Vorstellung von dem Laut eines Wortes auch diejenige seiner Artikulation, die Bewegungsgefühle des Lautgebungsaktes bestehen. Jedoch ist für F. de S. die Sprache im wesentlichen ein Vorrat, etwas von außen Empfangenes (vgl. S. 16). Das Lautbild ist in erster Linie die natürliche Vergegenwärtigung des Wortes als Sprachbestandteil ohne Rücksicht auf die Verwirklichung durch das Sprechen. Die motorische Seite kann also mit inbegriffen sein oder allenfalls eine untergeordnete Stellung im Vergleich zum Lautbild haben. (Die Herausgeber.)

Das sprachliche Zeichen ist also etwas im Geist tatsächlich Vorhandenes, das zwei Seiten hat und durch folgende Figur dargestellt werden kann:

Diese beiden Bestandteile sind eng miteinander verbunden und entsprechen einander. Ob wir nun den Sinn des lat. Wortes *arbor* suchen oder das Wort, womit das Lateinische die Vorstellung „Baum" bezeichnet, so ist klar, daß uns nur die in dieser Sprache geltenden Zuordnungen als angemessen erscheinen, und wir schließen jede beliebige andere Zuordnung aus, auf die man sonst noch verfallen könnte.

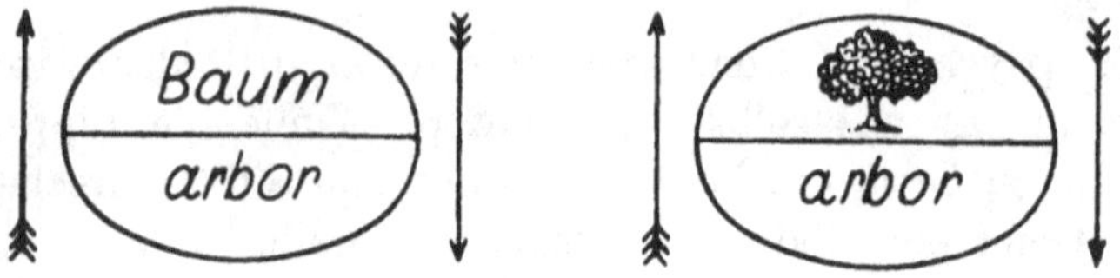

Mit dieser Definition wird eine wichtige terminologische Frage aufgeworfen. Ich nenne die Verbindung der Vorstellung mit dem Lautbild das Zeichen; dem üblichen Gebrauch nach aber bezeichnet dieser Terminus im allgemeinen das Lautbild allein, z. B. ein Wort (*arbor* usw.). Man vergißt dabei, daß, wenn *arbor* Zeichen genannt wird, dies nur insofern gilt, als es Träger der Vorstellung „Baum" ist, so daß also diese Bezeichnung außer dem Gedanken an den sensorischen Teil den an das Ganze einschließt.

Die Mehrdeutigkeit dieses Ausdrucks verschwindet, wenn man die drei hier in Rede stehenden Begriffe durch Namen bezeichnet, die unter sich in Zusammenhang und zugleich in Gegensatz stehen. Ich schlage also vor, daß man das Wort Zeichen beibehält für das Ganze, und Vorstellung bzw. Lautbild durch Bezeichnetes und Bezeichnung (Bezeichnendes) ersetzt; die beiden letzteren Ausdrücke haben den Vorzug, den Gegensatz hervorzuheben, der sie voneinander trennt und von dem Ganzen, dessen Teile sie sind. Für dieses selbst begnügen wir uns mit dem Ausdruck „Zeichen“, weil kein anderer sich dafür finden läßt.

Das so definierte sprachliche Zeichen hat zwei Grundeigenschaften. Indem wir sie namhaft machen, stellen wir die Grundsätze auf für eine jede Untersuchung dieser Art.

§ 2. Erster Grundsatz: Beliebigkeit des Zeichens.

Das Band, welches das Bezeichnete mit der Bezeichnung verknüpft, ist beliebig; und da wir unter Zeichen das durch die assoziative Verbindung einer Bezeichnung mit einem Bezeichneten erzeugte Ganze verstehen, so können wir dafür auch einfacher sagen: das sprachliche Zeichen ist beliebig.

So ist die Vorstellung „Schwester“ durch keinerlei innere Beziehung mit der Lautfolge Schwester verbunden, die ihr als Bezeichnung dient; sie könnte ebensowohl dargestellt sein durch irgendeine andere Lautfolge: das beweisen die Verschiedenheiten unter den Sprachen und schon das Vorhandensein verschiedener Sprachen: das Bezeichnete „Ochs“ hat auf dieser Seite der Grenze als Bezeichnung o-k-s, auf jener Seite b-ö-f (boeuf).

Der Grundsatz der Beliebigkeit des Zeichens wird von niemand bestritten; aber es ist oft leichter, eine Wahrheit zu entdecken, als ihr den gehörigen Platz anzuweisen. Dieser Grundsatz beherrscht die ganze Wissenschaft von der Sprache; die Folgerungen daraus sind unzählig. Allerdings leuchten sie nicht alle im ersten Augenblick mit gleicher Deutlichkeit ein; erst nach mancherlei Umwegen entdeckt man sie und mit ihnen die prinzipielle Bedeutung des Grundsatzes.

Eine Bemerkung nebenbei: Wenn die Wissenschaft der Semeologie ausgebildet sein wird, wird sie sich fragen müssen, ob die Ausdrucksformen, die auf völlig natürlichen Zeichen beruhen — wie die Pantomime —, ihr mit Recht zukommen. Und auch wenn sie dieselben mitberücksichtigt, so werden ihr Hauptgegenstand gleichwohl die auf die Beliebigkeit des Zeichens begründeten Systeme sein. Tatsächlich beruht jedes in einer Gesellschaft rezipierte Ausdrucksmittel im Grunde auf einer Kollektivgewohnheit, oder, was auf dasselbe hinauskommt, auf der Konvention. Die Höflichkeitszeichen z. B., die häufig aus natürlichen Ausdrucksgebärden hervorgegangen sind (man denke etwa daran, daß der Chinese seinen Kaiser begrüßte, indem er sich neunmal auf die Erde niederwarf), sind um deswillen doch nicht minder durch Regeln festgesetzt; durch diese Regeln, nicht durch die innere Bedeutsamkeit, ist man gezwungen, sie zu gebrauchen. Man kann also sagen, daß völlig beliebige Zeichen besser als andere das Ideal des semeologischen Verfahrens verwirklichen; deshalb ist auch die Sprache, das reichhaltigste und verbreitetste Ausdruckssystem, zugleich das charakteristischste von allen; in diesem Sinn kann die Sprachwissenschaft Musterbeispiel und Hauptvertreter der ganzen Semeologie werden, obwohl die Sprache nur ein System unter anderen ist.

Man hat auch das Wort Symbol für das sprachliche Zeichen gebraucht, genauer für das, was wir die Bezeichnung nennen. Aber dieser Ausdruck hat seine Nachteile, und zwar gerade wegen unseres ersten Grundsatzes. Beim Symbol ist es nämlich wesentlich, daß es niemals ganz beliebig ist; es ist nicht inhaltlos, sondern bei ihm besteht bis zu einem gewissen Grade eine natürliche Beziehung zwischen Bezeichnung und Bezeichnetem. Das Symbol der Gerechtigkeit, die Waage, könnte nicht etwa durch irgend etwas anderes, z. B. einen Wagen, ersetzt werden.

Das Wort „beliebig" erfordert hierbei eine Bemerkung. Es soll nicht die Vorstellung erwecken, als ob die Bezeichnung von der freien Wahl der sprechenden Person abhinge (weiter unten werden wir sehen, daß es nicht in der Macht des Individuums steht, irgend etwas an dem einmal bei einer Sprachgemeinschaft geltenden Zeichen zu ändern); es soll besagen, daß es unmotiviert ist, d. h. beliebig im Verhältnis zum Bezeichneten, mit welchem es in Wirklichkeit keinerlei natürliche Zusammengehörigkeit hat.

Zum Schluß will ich noch zwei Einwände erwähnen, die gegen die Aufstellung dieses ersten Grundsatzes erhoben werden könnten:

1. Man könnte unter Berufung auf die Onomatopoetika sagen, daß die Wahl der Bezeichnung nicht immer beliebig ist. Aber diese sind niemals organische Elemente eines sprachlichen Systems. Außerdem ist ihre Anzahl viel geringer, als man glaubt. Wörter wie *fouet* (Peitsche) und *glas* (Totenglocke) können für manches Ohr einen Klang haben, der an sich schon etwas vom Eindruck der Wortbedeutung erweckt. Daß dies aber jenen Wörtern nicht von Anfang an eigen ist, kann man aus ihren lateinischen Ursprungsformen ersehen (*fouet* von lat. *fāgus* „Buche", *glas* = *classisum*); der Klang ihrer gegenwärtigen Lautgestalt, in dem man diese Ausdruckskraft zu finden glaubt, ist ein zufälliges Ergebnis ihrer lautgeschichtlichen Entwicklung.

Was die eigentlichen Onomatopoetika betrifft (von der Art wie *glou-glou* „Gluckgluck, Geräusch beim Einschenken", *Ticktack*), so sind diese nicht nur gering an Zahl, sondern es ist auch bei ihnen die Prägung schon in einem gewissen Grad beliebig, da sie nur die annähernde und bereits halb konventionelle Nachahmung gewisser Laute sind (vgl. franz. *ouaoua* und deutsch *wau wau*). Außerdem werden sie, nachdem sie einmal in die Sprache eingeführt sind, von der lautlichen und morphologischen Entwicklung erfaßt, welche die andern Wörter erleiden (vgl. engl. *pigeon* von vulgärlat. *pīpiō*, das seinerseits von einem onomatopoetischen Worte kommt): ein deutlicher Beweis dafür, daß sie etwas von ihrem ursprünglichen Charakter verloren und dafür der allgemeinen Natur der sprachlichen Zeichen, die unmotiviert sind, sich angenähert haben.

2. Die Ausrufe, die den Onomatopoetika sehr nahe stehen, geben Anlaß zu entsprechenden Bemerkungen und gefährden unsere These ebensowenig. Man ist versucht, in ihnen einen spontanen Ausdruck des Sachverhalts zu sehen, der sozusagen von der Natur diktiert ist. Aber bei der Mehrzahl von ihnen besteht ebenfalls kein natürliches Band zwischen Bezeichnetem und Bezeichnendem. Es genügt, unter diesem Gesichtspunkt zwei Sprachen zu vergleichen, um zu erkennen, wie sehr diese Ausdrücke von einer zur andern wechseln (z. B. entspricht deutschem *au!* französisches *aïe!*). Außerdem waren viele Aus-

rufe bekanntlich zunächst Wörter von bestimmtem Sinn (vgl. *diable! mordieu!* = *mort Dieu* usw.).

Zusammenfassend kann man sagen, die Onomatopoetika und die Ausrufungen sind von sekundärer Wichtigkeit, und ihr symbolischer Ursprung ist z. T. anfechtbar.

§ 3. Zweiter Grundsatz: der lineare Charakter des Zeichens.

Das Bezeichnende, als etwas Hörbares, verläuft ausschließlich in der Zeit und hat Eigenschaften, die von der Zeit bestimmt sind: a) es stellt eine Ausdehnung dar, und b) diese Ausdehnung ist meßbar in einer einzigen Dimension: es ist eine Linie.

Dieser Grundsatz leuchtet von selbst ein, aber es scheint, daß man bisher versäumt hat, ihn auszusprechen, sicherlich, weil er als gar zu einfach erschien; er ist jedoch grundlegender Art und seine Konsequenzen unabsehbar; er ist ebenso wichtig wie das erste Gesetz. Der ganze Mechanismus der Sprache hängt davon ab (vgl. S. 152). Im Gegensatz zu denjenigen Bezeichnungen, die sichtbar sind (maritime Signale usw.) und gleichzeitige Kombinationen in verschiedenen Dimensionen darbieten können, gibt es für die akustischen Bezeichnungen nur die Linie der Zeit; ihre Elemente treten nacheinander auf; sie bilden eine Kette. Diese Besonderheit stellt sich unmittelbar dar, sowie man sie durch die Schrift vergegenwärtigt und die räumliche Linie der graphischen Zeichen an Stelle der zeitlichen Aufeinanderfolge setzt.

In gewissen Fällen tritt das nicht so klar hervor. Wenn ich z. B. eine Silbe akzentuiere, dann scheint es, als ob ich verschiedene bedeutungsvolle Elemente auf einen Punkt anhäufte. Das ist jedoch nur eine Täuschung; die Silbe und ihr Akzent bilden nur einen einzigen Lautgebungsakt; es gibt keine Zweiheit innerhalb dieses Aktes, sondern nur verschiedene Gegensätzlichkeiten zum Vorausgehenden und Folgenden (vgl. darüber S. 156).

Kapitel II.

Unveränderlichkeit und Veränderlichkeit des Zeichens.

§ 1. Unveränderlichkeit.

Wenn die Bezeichnung hinsichtlich der Vorstellung, die sie vertritt, als frei gewählt erscheint, so ist sie dagegen in Beziehung auf die Sprachgemeinschaft, in der sie gebraucht wird, nicht frei, sondern ihr auferlegt. Die Masse der Sprachgenossen wird in der Wahl der Bezeichnung nicht zu Rate gezogen, und die von der Sprache gewählte Bezeichnung könnte nicht durch eine andere ersetzt werden. Dieser Sachverhalt scheint einen Widerspruch zu enthalten, und es ist daher, als ob zu der Sprache gesagt würde: „Wähle!" — sogleich aber beigefügt: „Dies Zeichen soll es sein und kein anderes." Nicht nur ein Individuum wäre außerstande, wenn es wollte, die vollzogene Wahl nur im geringsten zu ändern, sondern auch die Masse selbst kann keine Herrschaft nur über ein einziges Wort ausüben; sie ist gebunden an die Sprache so wie sie ist.

Man kann die Sprache also nicht einfach für einen bloßen Kontrakt halten, und es ist besonders lehrreich, das sprachliche Zeichen gerade von dieser Seite aus zu untersuchen; denn wenn man beweisen will, daß ein in einer sozialen Gemeinschaft geltendes Gesetz etwas Feststehendes ist, dem man wirklich unterworfen ist, und nicht nur eine freiwillig übernommene Regel darstellt, so bietet die Sprache das allerüberzeugendste Beweisstück dafür.

In welcher Weise ist nun das sprachliche Zeichen dem Einfluß unseres Willens entrückt, und ferner: welches sind die wichtigsten Folgerungen, die sich daraus ergeben?

In jeder beliebigen Epoche, so weit wir auch zurückgehen mögen, erscheint die Sprache immer als das Erbe der vorausgehenden Epoche. Einen Vorgang, durch welchen irgendwann den Sachen Namen beigelegt, in dem Vorstellungen und Lautbilder einen Pakt geschlossen hätten — einen solchen Vorgang können wir uns zwar begrifflich vorstellen, aber niemals hat man so etwas beobachtet und festgestellt. Der Gedanke, daß so etwas

6*

hätte vor sich gehen können, wird uns nur durch unser ganz lebendiges Gefühl von der Beliebigkeit der Zeichen nahegelegt.

In Wahrheit hat keine Gemeinschaft die Sprache je anders gekannt denn als ein von den früheren Generationen ererbtes Produkt, das man so, wie es war, zu übernehmen hatte. Daher ist die Frage nach dem Ursprung der Sprache nicht so wichtig, wie man im allgemeinen annimmt. Diese Frage sollte man überhaupt gar nicht stellen; das einzig wahre Objekt der Sprachwissenschaft ist das normale und regelmäßige Leben eines schon vorhandenen Idioms. Der gegebene Zustand einer Sprache ist immer das Erzeugnis historischer Faktoren, und diese Faktoren bieten die Erklärung, warum das Zeichen unveränderlich ist, d. h. jeder willkürlichen Ersetzung widersteht.

Der Umstand, daß die Sprache eine Erbschaft ist, erklärt aber für sich allein noch nichts, wenn man nicht weitergeht. Kann man nicht von einem Augenblick zum andern Veränderungen vornehmen an den Gesetzen, die ererbt und zur Zeit in Geltung sind?

Dieser Einwand führt uns darauf, die Sprache in den sozialen Rahmen einzugliedern und die Frage so zu stellen, wie man es bei andern sozialen Einrichtungen tun würde. Wie übertragen sich diese? So gestellt, hat die Frage allgemeine Geltung und schließt die Frage nach der Unveränderlichkeit in sich. Es gilt also, zuerst den größeren oder geringeren Grad der Freiheit, die bei den andern Institutionen obwaltet, zu beurteilen; dabei zeigt sich, daß bei jeder derselben ein verschiedener Gleichgewichtszustand zwischen feststehender Tradition und freier Tätigkeit der Gesellschaft besteht. Dann gilt es, zu untersuchen, warum in einer bestimmten Kategorie die Faktoren der ersteren Art denen der zweiten Art an Wirksamkeit überlegen oder unterlegen sind. Endlich wird man, auf die Sprache zurückkommend, sich fragen, warum sie ganz und gar beherrscht wird von der historischen Tatsache der Übertragung, und warum dies jede allgemeine und plötzliche sprachliche Änderung ausschließt.

Bei der Beantwortung dieser Frage könnte man viele Gründe angeben und z. B. sagen, daß die Veränderungen der Sprache nicht an die Abfolge der Generationen geknüpft sind; denn diese lagern sich keineswegs in der Weise übereinander wie die Schubladen eines Möbels, sondern sie mischen sich, durchdringen sich gegenseitig, und in ihnen allen befinden sich Individuen jeden Alters. Man könnte auch an die zur Erlernung der Muttersprache erforderliche geistige Arbeitsleistung erinnern, um daraus auf die Unmöglichkeit einer allgemeinen Umgestaltung zu schließen. Ferner kann man darauf hinweisen, daß die Überlegung bei dem Gebrauch eines Idioms nicht beteiligt ist; daß die Gesetze der Sprache den sprechenden Personen großenteils nicht bewußt sind; und wenn sie sich darüber nicht Rechenschaft geben, wie könnten sie dieselben umgestalten? Und selbst wenn sie sich ihrer bewußt wären, so müßte man sich gegenwärtig halten, daß die sprachlichen Tatsachen kaum zu Kritik Anlaß geben, insofern nämlich jedes Volk im allgemeinen mit der Sprache, die es empfangen hat, zufrieden ist.

Diese Überlegungen sind wichtig, aber sie sind nicht entscheidend; größeres Gewicht ist auf die folgenden zu legen, die wesentlicher, direkter sind, und von denen alle andern abhängen.

1. Die Beliebigkeit des Zeichens. Weiter oben ließ diese uns die theoretische Möglichkeit einer Änderung annehmen; wenn wir tiefer gehen, sehen wir, daß tatsächlich gerade die Beliebigkeit des Zeichens die Sprache vor jedem Bestreben, das auf eine Umgestaltung ausgeht, bewahrt. Selbst wenn die Menge der Sprachgenossen in höherem Grade, als es tatsächlich der Fall ist, sich der sprachlichen Verhältnisse bewußt wäre, so könnte sie dieselben nicht in Erörterung ziehen. Denn es kann etwas nur dann der Diskussion unterstellt werden, wenn es auf einer vernünftigen Norm beruht. Man kann z. B. erörtern, ob die monogamische Ehe vernunftgemäßer ist als die polygamische und für beide Vernunftgründe anführen. Man könnte auch ein System von Symbolen einer Diskussion unterwerfen, weil das Symbol eine rationale Beziehung mit der bezeichneten Sache hat (vgl. S. 80); bezüglich der Sprache jedoch, als eines Systems von beliebigen Zeichen, fehlt eine solche Grundlage, und deshalb fehlt auch für jede Diskussion der feste Boden. Es besteht keinerlei Ursache, *soeur* vor *sister*, *Ochs* vor *boeuf* usw. vorzuziehen.

2. Die große Zahl der Zeichen, die nötig sind, um irgendeine Sprache zu bilden. Die Tragweite dieser Tat-

sache ist beträchtlich. Ein Schriftsystem, das 20—40 Buchstaben umfaßt, könnte, streng genommen, durch ein anderes ersetzt werden. Ebenso wäre es mit der Sprache, wenn sie eine begrenzte Anzahl von Elementen enthielte; aber die sprachlichen Zeichen sind zahllos.

3. Die zu große Kompliziertheit des Systems. Eine Sprache bildet ein System. Wenn sie in dieser Beziehung, wie wir sehen werden, nicht vollkommen beliebig ist, sondern dabei auch gewisse Begründungen herrschen, so ist auch das ein Punkt, wo sich zeigt, daß die Masse der Sprachgenossen nicht befähigt ist, sie umzugestalten, denn dieses System ist ein komplizierter Mechanismus; man kann es nur durch Nachdenken fassen; sogar diejenigen, welche es täglich gebrauchen, haben keine Ahnung davon. Man könnte sich eine solche Umgestaltung nur vorstellen bei Mitwirkung von Spezialisten, Grammatikern, Logikern usw.; aber die Erfahrung zeigt, daß bis jetzt Einmischungen dieser Art keinerlei Erfolg gehabt haben.

4. Das Beharrungsstreben der Menge von Sprachgenossen steht sprachlichen Neuerungen im Wege. Wichtiger als das alles ist, daß jedermann jeden Augenblick mit der Sprache zu tun hat; sie ist in einer Masse verbreitet und wird von ihr gehandhabt; sie ist etwas, das sämtliche Individuen tagaus, tagein gebrauchen. In dieser Beziehung ist keine andere Institution mit ihr vergleichbar. Mit den Vorschriften eines Gesetzbuches, mit den Gebräuchen einer Religion, den Signalen einer Flotte usw. hat immer nur eine gewisse Anzahl von Individuen gleichzeitig zu tun und nur während einer begrenzten Zeit; an der Sprache dagegen hat jedermann in jedem Augenblick teil, und daher erfährt sie ohne Unterlaß den Einfluß aller. Diese Haupttatsache genügt, um zu zeigen, wie unmöglich eine völlige Umwälzung wäre. Die Sprache ist von allen sozialen Einrichtungen diejenige, welche am wenigsten zur Initiative Gelegenheit gibt. Sie gehört unmittelbar mit dem sozialen Leben der Masse zusammen, und diese ist natürlicherweise schwerfällig und hat vor allem eine konservierende Wirkung.

Gleichwohl genügt die Feststellung, daß die Sprache ein Produkt sozialer Kräfte ist, nicht dazu, um klar erkennen zu lassen, daß sie nicht frei ist; man muß im Auge behalten, daß sie jederzeit das Erbe einer vorausgehenden Epoche ist, und außerdem noch sich vergegenwärtigen, daß jene sozialen Kräfte vermöge der Zeit und durch ihren Verlauf wirksam sind. Daß eine wesentliche Eigenschaft der Sprache die Beständigkeit ist, hat seinen Grund nicht nur darin, daß sie in der Gesamtheit verankert ist, sondern auch darin, daß sie in der Zeit steht. Diese beiden Tatsachen sind untrennbar voneinander. Die Freiheit der Wahl wird in jedem Augenblick durch die Übereinstimmung mit der Vergangenheit in Schach gehalten: wir sagen *Mensch* und *Hund*, weil man vor uns *Mensch* und *Hund* gesagt hat. Betrachtet man jedoch die Sprache als Gesamterscheinung, so besteht gleichwohl ein Zusammenhang zwischen diesen beiden einander widersprechenden Tatsachen: der freien Übereinkunft, kraft deren die Wahl in das Belieben gestellt ist, und der Zeit, vermöge deren das Ergebnis der Wahl schon festgelegt ist. Gerade deshalb, weil das Zeichen beliebig ist, gibt es für dasselbe kein anderes Gesetz als das der Überlieferung, und weil es auf die Überlieferung begründet ist, kann es beliebig sein.

§ 2. Veränderlichkeit.

Die Zeit, welche die Kontinuität der Sprache gewährleistet, hat noch eine andere Wirkung, die anscheinend der vorigen widerspricht: nämlich daß die sprachlichen Zeichen mehr oder weniger schnell umgestaltet werden, und in einem gewissen Sinn kann man zu gleicher Zeit von der Unveränderlichkeit und von der Veränderlichkeit des Zeichens sprechen[1]).

Im letzten Grunde bedingen sich diese beiden Tatsachen gegenseitig: das Zeichen wird umgestaltet, weil es sich ununterbrochen in der Zeit fortpflanzt. Das Vorherrschende bei einer jeden Umgestaltung ist aber, daß die ursprüngliche Materie

[1]) Es wäre nicht richtig, hier F. de S. vorzuwerfen, daß es unlogisch oder paradox sei, wenn er der Sprache zwei widersprechende Eigenschaften beilegt. Durch die auffällige und überraschende Gegenüberstellung dieser beiden Ausdrücke wollte er nur mit Entschiedenheit auf die Wahrheit hinweisen, daß die Sprache sich umgestaltet, ohne daß die Individuen sie umgestalten können. (Die Herausgeber.)

dabei fortbesteht; die Abweichung vom Vergangenen ist nur relativ. Insofern also beruht die Umgestaltung auf der ununterbrochenen Fortpflanzung.

Die Umgestaltung in der Zeit hat verschiedene Formen, deren jede den Gegenstand eines wichtigen Kapitels der Sprachwissenschaft ausmachen könnte. Ohne Eingehen auf Einzelheiten sei folgendes als wichtig hervorgehoben.

Zunächst darf kein Mißverständnis bestehen über den Sinn, der hier dem Wort Umgestaltung beigelegt wird. Es könnte den Eindruck erwecken, als handle es sich speziell um phonetische Veränderungen, welche die Bezeichnung erleidet, oder um Veränderungen des Sinnes, welche die bezeichnete Vorstellung betreffen. Diese Anschauung wäre unzureichend. Was auch immer die Faktoren der Umgestaltung sein mögen, ob sie einzeln oder in Verbindung wirken, sie laufen immer hinaus auf eine Verschiebung des Verhältnisses zwischen dem Bezeichneten und der Bezeichnung.

Dafür einige Beispiele: das lat. *necāre* „töten" wurde franz. *noyer* „ertränken". Lautbild und Vorstellung sind beide geändert; aber es führt nicht weiter, wenn man diese beiden Seiten der Erscheinung unterscheidet; vielmehr genügt es, für das Ganze festzustellen, daß das Band zwischen Vorstellung und Bezeichnung gelockert ist, und daß eine Verschiebung ihres Verhältnisses eingetreten ist. Wenn man das klassisch lateinische *necāre* nicht mit dem franz. *noyer*, sondern mit dem vulgärlat. *necāre* des 4. oder 5. Jahrhunderts zusammenstellt, welches „ertränken" bedeutet, so ist die Sache ein wenig anders; aber auch dann besteht, obwohl keine merkliche Umgestaltung des Bezeichnenden vorliegt, eine Verschiebung der Beziehung zwischen Vorstellung und Bezeichnung.

Ursprüngliches deutsches *dritteil* ist im modernen Deutschen zu *Drittel* geworden. In diesem Falle ist zwar die Vorstellung die gleiche geblieben, die Beziehung aber in zweierlei Weise verändert: das Bezeichnende ist modifiziert nicht nur seiner materiellen Gestalt nach, sondern auch in seiner grammatikalischen Form; es enthält nicht mehr die Vorstellung von *Teil*; es ist ein einfaches Wort. So oder so: es ist immer eine Verschiebung des Verhältnisses.

Im Angelsächsischen ist die vorliterarische Form *fōt* „Fuß" *fōt* geblieben (neuengl. *foot*), während sein Plural **foti* „Füße" *fet* geworden ist (neuengl. *feet*). Gleichviel, welche Umgestaltungen hier vorgegangen sind, eines steht fest: es besteht eine Verschiebung des Verhältnisses; es haben sich andere Entsprechungen zwischen der lautlichen Masse und der Vorstellung ergeben.

Keine Sprache kann sich der Einflüsse erwehren, welche auf Schritt und Tritt das Verhältnis von Bezeichnetem und Bezeichnendem verrücken. Das ist eine Folge der Beliebigkeit des Zeichens.

Die andern menschlichen Einrichtungen — Sitten, Gesetze usw. — sind alle in verschiedenem Maße auf natürliche Beziehungsverhältnisse der Dinge begründet; bei ihnen besteht eine notwendige Übereinstimmung zwischen den angewandten Mitteln und den beabsichtigten Zwecken. Selbst die Mode, welche unsere Kleidung bestimmt, ist nicht völlig beliebig: man kann von ihr nicht über ein gewisses Maß hinaus abweichen, das von den im menschlichen Körper selbst liegenden Bedingungen bestimmt wird. Die Sprache dagegen ist in keiner Weise in der Wahl ihrer Mittel beschränkt, denn es ist nicht einzusehen, was die Assoziation irgendeiner beliebigen Vorstellung mit einer beliebigen Lautfolge verhindern könnte.

Um deutlich erkennen zu lassen, daß die Sprache lediglich eine Institution ist, hat Whitney mit vollem Recht die Beliebigkeit der Zeichen betont; und damit hat er die Sprachwissenschaft auf die richtige Grundlage gestellt. Aber er hat die Sache nicht bis zu Ende gedacht und hat nicht gesehen, daß sich die Sprache durch diese Beliebigkeit ganz und gar von allen andern Institutionen unterscheidet. Man erkennt das deutlich an der Art, wie sie sich entwickelt. Das ist ein sehr schwieriger Vorgang: da sie zugleich in der sozialen Gemeinschaft und in der Zeit besteht, kann niemand etwas daran ändern, und andererseits bringt die Beliebigkeit ihrer Zeichen theoretisch die Möglichkeit mit sich, jede beliebige Beziehung zwischen der lautlichen Materie und den Vorstellungen herzustellen. Daraus ergibt sich, daß diese zwei Elemente, die im Zeichen vereint sind, beide ihr eigenes Leben führen in einem übrigens unbekannten

Verhältnis, und daß die Sprache sich umgestaltet oder vielmehr entwickelt unter dem Einfluß alles dessen, was entweder auf die Laute oder auf den Sinn einwirken kann. Diese Entwicklung ist unvermeidlich; es gibt kein Beispiel einer Sprache, die ihr widerstanden hätte. Nach einer gewissen Zeit kann man überall merkliche Verschiebungen feststellen.

Das ist so richtig, daß dieser Grundsatz sich auch hinsichtlich der künstlichen Sprachen bestätigt. Derjenige, welcher eine Sprache schafft, hat sie in der Hand, solange sie noch nicht im Umlauf ist; aber von dem Augenblick an, wo sie ihrer Aufgabe dient und in allgemeinen Gebrauch kommt, entzieht sie sich der Kontrolle. Das Esperanto ist ein Versuch dieser Art; wenn er gelänge, würde es dann jenem unvermeidlichen Gesetz entgehen? Nach Verlauf einer kurzen Zeit würde die Sprache höchstwahrscheinlich in ihr semeologisches Leben eintreten; sie würde sich fortpflanzen gemäß Gesetzen, die nichts zu tun haben mit ihrer Entstehung aus Überlegungen, und man könnte nicht wieder auf ihren Ursprung zurückkommen. Ein Mensch, der es unternähme, eine unveränderliche Sprache zu schaffen, die die Nachwelt übernehmen müßte so wie sie ist, würde der Henne gleichen, die ein Entenei ausgebrütet hat: die durch ihn einmal geschaffene Sprache würde wohl oder übel fortgerissen durch den Verlauf, der die Entwicklung aller Sprachen bestimmt.

Das ununterbrochene Fortbestehen des Zeichens in der Zeit, das geknüpft ist an die Umgestaltung in der Zeit, ist eine Grundtatsache der allgemeinen Semeologie; Bestätigungen davon könnte man finden in den Schriftsystemen, in der Sprache der Taubstummen usw.

Worauf ist aber die Notwendigkeit der Veränderungen begründet? Man wird mir vielleicht vorwerfen, daß ich über diesen Punkt nicht ebenso ausführlich gehandelt habe wie über das Prinzip der Unveränderlichkeit: das hat seinen Grund darin, daß ich die verschiedenen Faktoren der Umgestaltung nicht unterschieden habe; man müßte alle diese mannigfachen Faktoren einzeln ins Auge fassen, um zu entscheiden, bis zu welchem Grade sie notwendig sind.

Die Ursachen der ununterbrochenen Fortdauer ergeben sich dem Beobachter a priori; anders verhält es sich mit den Ursachen der Umgestaltung während der Zeit. Es ist besser, vorläufig auf eine exakte Darstellung derselben zu verzichten und sich darauf zu beschränken, ganz allgemein von der Verschiebung der Beziehungen zu sprechen. Die Zeit ändert alles; es gibt keinen Grund, warum die Sprache diesem allgemeinen Gesetz enthoben sein sollte.

Ich rekapituliere die Stufenfolge der Beweisführung, indem ich mich auf die in der Einleitung aufgestellten Grundsätze beziehe.

1. Unter Vermeidung fruchtloser Definitionen von Wörtern habe ich zuerst innerhalb der Gesamterscheinung, welche die menschliche Rede darstellt, zwei Faktoren unterschieden: die Sprache und das Sprechen. Die Sprache ist für uns die menschliche Rede abzüglich des Sprechens. Es ist die Gesamtheit der sprachlichen Gewohnheiten, welche es dem Individuum gestatten, zu verstehen und sich verständlich zu machen.

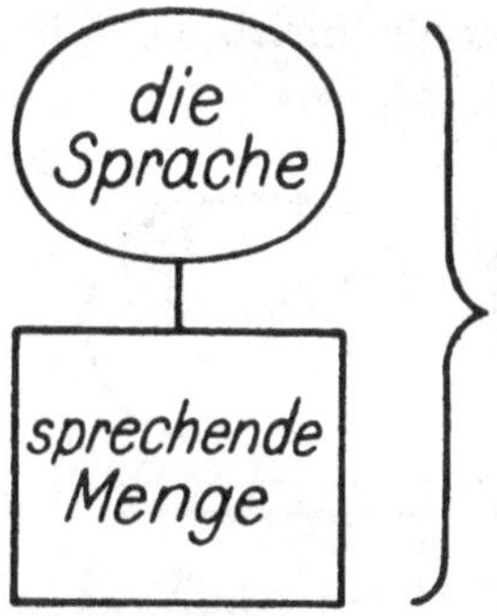

2. Aber diese Definition läßt die Sprache noch außerhalb der sozialen Tatsachen stehen; sie macht daraus etwas Irreales, weil sie nur eine Seite der Realität umfaßt, nämlich die individuelle Seite; es bedarf einer sprechenden Menge, damit eine Sprache bestehe. Niemals — und dem Anschein zum Trotz — besteht sie außerhalb der sozialen Verhältnisse, weil sie eine semeologische Erscheinung ist. Ihre soziale Natur gehört zu ihrem inneren Wesen. Ihre vollständige Definition stellt uns vor zwei untrennbare Dinge, wie das im obigen Schema dargestellt ist.

Unter diesen Verhältnissen wäre die Sprache zwar lebensfähig, aber sie ist noch nicht lebendig; denn wir haben damit nur die Wirklichkeit der sozialen Lage, aber noch nicht die Tatsache der geschichtlichen Entwicklung berücksichtigt.

3. Da das sprachliche Zeichen beliebig ist, scheint es so, als ob die so definierte Sprache ein freies System sei, das der Wille gestalten kann, das einzig von einem rationalen Prinzip abhängt. Ihr sozialer Charakter widerspricht, für sich genommen, einer solchen Betrachtungsweise nicht durchaus. Allerdings bewegt sich die Psychologie der Gemeinschaft nicht auf rein logischem Gebiet; man müßte all das berücksichtigen, was bei den praktischen Beziehungen unter den Menschen dem Rationalen zuwiderläuft. Aber gleichwohl ist es nicht das, was uns verhindert, die Sprache als eine bloße Übereinkunft zu betrachten, die nach dem Belieben der Interessenten umgestaltet werden könnte; es ist die Wirkung der Zeit, die sich mit der Wirkung der sozialen Kräfte vereinigt; außerhalb des zeitlichen Verlaufes wäre die Sprache nichts vollkommen Reales, also auch keine Schlußfolgerung möglich.

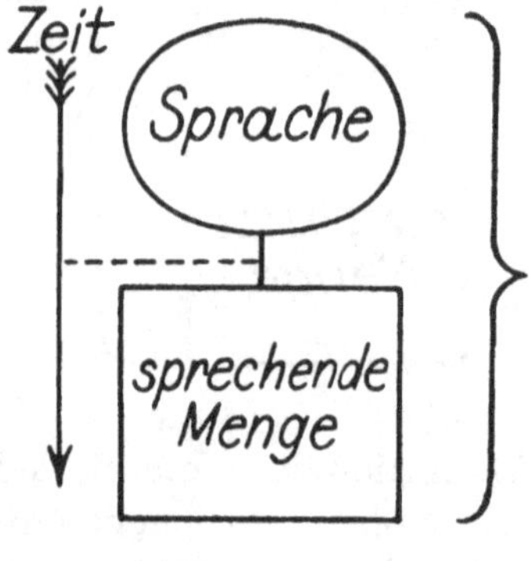

Nähmen wir die Sprache innerhalb der Zeit, aber ohne die Masse der Sprechenden — setzten wir also etwa ein isoliertes Individuum voraus, das mehrere Jahrhunderte lang lebt —, so würde man vielleicht gar keine Umgestaltung feststellen können; die Zeit würde dann nicht auf die Sprache einwirken. Umgekehrt, wenn man die Masse der Sprechenden ohne die Zeit berücksichtigen würde, dann würde man die Wirkung der sozialen

Kräfte, denen die Sprache ausgesetzt ist, nicht erkennen können. Um also etwas Wirkliches und Tatsächliches vor sich zu haben, muß man unserm ersten Schema noch ein Zeichen beifügen, welches den Verlauf der Zeit andeutet.

Dann aber ist die Sprache nicht mehr frei, weil nun die Zeit die Möglichkeit bietet, daß die auf die Sprache einwirkenden sozialen Kräfte auch Wirkungen hervorbringen, und so gelangt man zu der Grundtatsache der Fortdauer, welche die Freiheit aufhebt. Das Fortbestehen aber trägt notwendigerweise die Umgestaltung in sich, eine mehr oder weniger beträchtliche Verschiebung der Beziehungen.

Kapitel III.

Statische und evolutive Sprachwissenschaft.

§ 1. Die innere Doppelheit aller der Wissenschaften, die es mit Werten zu tun haben.

Wohl kaum dürfte ein Sprachforscher es in Zweifel ziehen, daß der Einfluß der Zeit besondere Schwierigkeiten in der Sprachwissenschaft mit sich bringt, und daß um dessentwillen seine Wissenschaft zwei vollständig auseinandergehende Wege einzuschlagen hat.

Die Mehrzahl der andern Wissenschaften kennt diese tiefgreifende Zweiheit nicht; die Zeit bringt bei ihnen keine besonderen Wirkungen hervor. Die Astronomie hat festgestellt, daß die Gestirne merklichen Veränderungen unterworfen sind; aber sie ist dadurch nicht gezwungen, sich in zwei Disziplinen zu spalten. Die Geologie beschäftigt sich fast ständig mit Aufeinanderfolgen; aber wenn sie auf die feststehenden Zustände der Erde eingeht, so macht sie das nicht zum Gegenstand einer völlig verschiedenen Untersuchung. Es gibt eine beschreibende Rechtswissenschaft und eine Rechtsgeschichte, aber niemand stellt die eine in Gegensatz zur andern. Die politische Geschichte bewegt sich ganz und gar in der Zeit; doch wenn ein Historiker das Bild einer Epoche entwirft, so hat man nicht den Eindruck, sich von der Geschichte zu entfernen. Umgekehrt ist die Staatswissenschaft wesentlich deskriptiv. Aber sie kann sehr wohl gelegentlich eine historische Frage behandeln, ohne daß ihre Einheit dadurch gefährdet wäre.

Dagegen beherrscht diese Zweiheit, von der wir sprechen, die Wirtschaftswissenschaften schon in recht entscheidender Weise. Hier bilden im Gegensatz zu dem, was in den vorausgehenden Fällen galt, die Volkswirtschaftslehre und die Wirtschaftsgeschichte zwei völlig getrennte Disziplinen im Rahmen einer und derselben Wissenschaft, und neuere Werke über diese Gegenstände betonen diesen Unterschied. Wenn man so vorgeht, gehorcht man, ohne sich davon Rechenschaft zu geben, einer inneren Notwendigkeit: und eine dem ganz entsprechende Notwendigkeit zwingt uns nun, die Sprachwissenschaft in zwei prinzipiell verschiedene Teile zu gliedern. Das kommt daher, daß hier wie bei der Nationalökonomie der Begriff des Wertes eine Rolle spielt; in beiden Wissenschaften handelt es sich um ein System von Gleichwertigkeiten zwischen Dingen verschiedener Ordnung: in der einen eine Arbeit und ein Lohn, in der andern ein Bezeichnetes und ein Bezeichnendes.

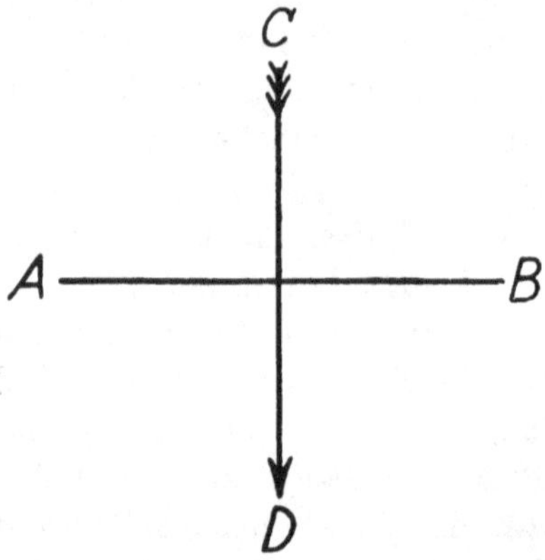

Sicher wäre es für alle Wissenschaften wichtig, die Achsen sorgfältig zu bezeichnen, auf welchen die Dinge liegen, mit denen sie sich befassen; man müßte überall gemäß der nebenstehenden Figur unterscheiden: 1. die Achse der Gleichzeitigkeit (*AB*), welche Beziehungen nachweist, die zwischen gleichzeitig bestehenden Dingen obwalten und bei denen jede Einwirkung der Zeit ausgeschlossen ist, und 2. die Achse der Aufeinanderfolge (*CD*), auf welcher man stets nur eine Sache für sich allein betrachten kann, auf der jedoch alle die Dinge der ersten Achse mit ihren Veränderungen gelagert sind.

Für die Wissenschaften, die es mit Werten zu tun haben, ist diese Unterscheidung eine praktische Notwendigkeit, in gewissen Fällen auch eine absolute Notwendigkeit. Es ist ganz ausgeschlossen, daß im Bereich der Wissenschaften von den Werten ein Forscher eine wirklich strenge Untersuchung führen kann, ohne die beiden Achsen zu berücksichtigen; vielmehr hat man stets zu unterscheiden zwischen dem System der Werte an sich und diesen selben Werten in ihrer zeitlichen Entwicklung.

Dem Sprachforscher muß sich diese Unterscheidung ganz besonders nachdrücklich aufdrängen; denn die Sprache ist ein System von bloßen Werten, das von nichts anderem als dem augenblicklichen Zustand seiner Glieder bestimmt wird. Sofern ein Wert einerseits in den Dingen und ihrem natürlichen gegenseitigen Verhältnis wurzelt (wie das bei der Wirtschaftswissenschaft der Fall ist — z. B. ein Stück Land steht in einem Wertverhältnis zu seinem Ertrag), kann man bis zu einem gewissen Grad diesen Wert in der Zeit verfolgen, während man sich doch zugleich erinnern muß, daß er jeden Augenblick abhängt von einem System gleichzeitiger Werte. Dadurch, daß er abhängig ist von Sachen, hat er trotz allem eine natürliche Grundlage, und deshalb sind daran geknüpfte Schätzungen niemals beliebig; ihre Veränderlichkeit ist begrenzt. Dagegen haben wir gesehen, daß in der Sprachwissenschaft natürliche Gegebenheiten nicht vorhanden sind.

Hinzuzufügen ist noch: je mehr ein System von Werten kompliziert und im einzelnen ausgebildet ist, um so mehr ist es nötig, eben wegen seiner Kompliziertheit, es nach beiden Achsen gesondert zu untersuchen. Nun aber ist kein anderes System so verwickelt wie die Sprache, und nirgends sonst sind die im Spiel begriffenen Geltungen oder Werte mit so vollkommener Genauigkeit festgesetzt, nirgends sonst besteht eine so große Anzahl und eine solche Verschiedenheit der Glieder in einer ebenso strengen gegenseitigen Abhängigkeit voneinander. Die Vielheit der Zeichen, auf die wir schon hingewiesen haben, um die Kontinuität der Sprache zu erklären, verbietet es aber durchaus, gleichzeitig die Beziehungen in der Zeit und die Beziehungen im System zu untersuchen.

Um deswillen unterscheiden wir zweierlei Arten von Sprachwissenschaft. Wie wollen wir diese bezeichnen? Die sich von selbst anbietenden Ausdrücke sind nicht alle im gleichen Maße geeignet, diese Unterscheidung zu bezeichnen. So sind „Geschichte" und „historische Sprachwissenschaft" nicht brauchbar, denn sie benennen zu verschwommene Vorstellungen; geradeso wie die politische Geschichte die Beschreibungen von Epochen ebenso umfaßt wie die Erzählung von Ereignissen, so könnte man sich einbilden, daß mit Beschreibung aufeinanderfolgender Sprachzustände man die Sprache gemäß der Achse der Zeit untersuche. Dazu müßte man jedoch die Erscheinungen gesondert betrachten, welche die Sprache von einem Zustand in den andern übergehen lassen. Die Ausdrücke Evolution und evolutive Sprachwissenschaft sind genauer, und ich werde sie häufig anwenden; im Gegensatz dazu kann man sprechen von einer Wissenschaft der Sprachzustände oder einer statischen Sprachwissenschaft.

Um aber diesen Gegensatz und diese Kreuzung der auf den gleichen Gegenstand bezüglichen Erscheinungen von zweierlei Art noch deutlicher hervorzuheben, ziehe ich es vor, von synchronischer und diachronischer Sprachwissenschaft zu sprechen. Synchronisch ist alles, was sich auf die statische Seite unserer Wissenschaft bezieht; diachronisch alles, was mit den Entwicklungsvorgängen zusammenhängt. Ebenso sollen Synchronie und Diachronie einen Sprachzustand bzw. eine Entwicklungsphase bezeichnen.

§ 2. Die innere Doppelheit und die Geschichte der Sprachwissenschaft.

Als erstes fällt einem beim Studium der Sprachtatsachen auf, daß für den Sprechenden das Sichforterben derselben in der Zeit nicht vorhanden ist: für ihn besteht nur ein Zustand. So muß auch der Sprachforscher, der diesen Zustand verstehen will, die Entstehung ganz beiseite setzen und die Diachronie ignorieren. Er kann in das Bewußtsein der Sprechenden nur eindringen, indem er von der Vergangenheit absieht. Die Hineinmischung der Geschichte kann sein Urteil nur irreführen. Es wäre absurd, das Panorama der Alpen zu zeichnen, indem man es von mehreren Gipfeln des Jura aus gleichzeitig aufnimmt; ein Panorama muß von einem einzigen Punkt aus aufgenommen werden. Ebenso ist es mit der Sprache: man kann sie weder beschreiben noch Normen für ihren Gebrauch geben, ohne sich auf den Standpunkt eines gewissen Zustandes zu stellen. Wenn der Sprachforscher die Entwicklung der Sprache verfolgt, so gleicht er einem in Bewegung befindlichen Beobachter, welcher von dem einen Ende des Jura zum andern geht, um die Veränderungen der Perspektive zu beobachten.

Man kann sagen, daß die moderne Sprachwissenschaft seit ihrem Bestehen sich ganz und gar der Diachronie gewidmet hat. Die vergleichende Grammatik des Indogermanischen verwendet die ihr zugänglichen Tatsachen, um in hypothetischer Weise den Typus einer ehemaligen Sprache zu rekonstruieren; die Vergleichung ist für sie nur ein Mittel, um die Vergangenheit wiederherzustellen. Ebenso ist die Methode bei der Untersuchung der einzelnen Untergruppen (romanische, germanische Sprachen usw.); die Zustände kommen nur fragmentarisch und in unvollständiger Weise in Betracht. Das ist die durch Bopp aufgebrachte Richtung; so ist denn auch sein Begriff von der Sprache zwiespältig und unbestimmt.

Wie war andrerseits das Verfahren derjenigen, welche vor den sprachwissenschaftlichen Studien die Sprache untersucht haben, d. h. der „Grammatiker", die sich von den traditionellen Methoden leiten ließen? Es ist sonderbar, feststellen zu müssen, daß ihr Gesichtspunkt bezüglich der Frage, die uns beschäftigt, völlig einwandfrei ist. Ihre Arbeiten zeigen klar, daß sie Zustände beschreiben wollen; ihr Programm ist streng synchronisch. So versucht die Grammatik von Port-Royal den Zustand des Französischen unter Ludwig XIV. zu beschreiben und die Werte innerhalb desselben zu bestimmen. Dazu hat sie die Sprache des Mittelalters nicht nötig; sie folgt getreulich der horizontalen Achse (vgl. S. 94), ohne sich jemals davon zu entfernen; diese Methode ist also richtig, was nicht sagen will, daß ihre Anwendung vollkommen sei. Die traditionelle Grammatik ignoriert ganze Teile der Sprache, wie z. B. die Wortbildung; sie ist normativ und glaubt, Regeln verkünden zu müssen anstatt Tatsachen festzustellen. Der Blick auf die Zusammenhänge fehlt ihr; oft kann sie sogar nicht einmal das geschriebene vom gesprochenen Wort unterscheiden usw.

Man hat der klassischen Grammatik den Vorwurf gemacht,

daß sie nicht wissenschaftlich sei; gleichwohl ist ihre Grundlage weniger der Kritik ausgesetzt und ihr Gegenstand besser umschrieben, als das bei der von Bopp begründeten Sprachwissenschaft der Fall ist. Diese hat ihr Gebiet ungenügend begrenzt und ist sich deshalb zu wenig klar darüber, was ihr eigentliches Ziel ist. Sie bewegt sich auf zwei Gebieten, weil sie nicht klar zwischen Zustand und Abfolge unterscheiden konnte.

Nachdem die Sprachwissenschaft der Geschichte einen zu großen Platz eingeräumt hat, wird sie zum statischen Gesichtspunkt der traditionellen Grammatik zurückkehren, jedoch in neuem Geist und mit andern Verfahrungsweisen. Die historische Methode wird zu dieser Verjüngung mitgewirkt haben; sie wird zur Wirkung haben, daß die Sprachzustände besser verstanden werden. Die alte Grammatik sah nur die synchronische Seite; die Sprachwissenschaft hat uns eine neue Art von Erscheinungen kennen gelehrt; aber das genügt nicht; man muß den Gegensatz der beiden Arten kenntlich machen, um alle sich daraus ergebenden Folgerungen zu ziehen.

§ 3. Die innere Doppelheit an Beispielen gezeigt.

Der Gegensatz der beiden Betrachtungsweisen — der synchronischen und der diachronischen — läßt sich nicht aufheben und nicht vermitteln. Einige Tatsachen sollen uns zeigen, worin diese Verschiedenheit besteht und warum sie keine Zurückführung auf eine Einheit zuläßt.

Das lat. *crispus* „kraus" hat dem Französischen einen Stamm *crép-* geliefert, wovon die Verba *crépir* „mit Mörtel bewerfen" und *décrépir* „den Mörtel abkratzen" gebildet wurden. Andrerseits hat man zu einer gewissen Zeit dem Lateinischen das Wort *dēcrepitus* „altersschwach" entnommen, dessen Etymologie unbekannt ist, und hat daraus *décrépit* „altersschwach" gemacht. Sicherlich stellt die Masse der Sprechenden heutzutage einen Zusammenhang her zwischen *un mur décrépi* „eine Mauer, von der der Mörtel abgefallen ist" und *un homme décrépit* „ein altersschwacher Mann", obwohl historisch diese beiden Wörter nichts miteinander zu tun haben. Man spricht oft von *la façade décrépite* (statt *décrépie*) eines Hauses, und das ist eine statische Tatsache, weil es sich um die Beziehung handelt zwischen zwei gleichzeitigen Bestandteilen der Sprache. Damit diese zustande kamen, mußten gewisse Entwicklungen vor sich gehen; es mußte *crisp-* zu der Aussprache *crép-* gelangt sein; es mußte irgendwann ein neues Wort dem Lateinischen entlehnt werden: diese diachronischen Tatsachen haben, wie man deutlich sieht, keinerlei Zusammenhang mit der statischen Tatsache, die sie hervorgebracht haben; sie sind anderer Art.

Nun ein anderes Beispiel von ganz allgemeiner Bedeutung. Im Ahd. war der Plural von *gast* anfangs *gasti*, derjenige von *hant* (die Hand) *hanti* usw. Später hat dieses *i* einen Umlaut hervorgebracht, d. h. es hatte die Wirkung, daß in der vorausgehenden Silbe *a* in *e* umgewandelt wurde: *gasti* → *gesti*, *hanti* → *henti* usw. Dann hat dieses *i* seine Färbung verloren, daher *gesti* → *geste*, *hanti* → *hente* usw. Infolgedessen hat man heutzutage *Gast* : *Gäste*, *Hand* : *Hände*, und eine ganze Klasse von Worten zeigt denselben Unterschied zwischen Singular und Plural. Im Angelsächsischen ist etwas Ähnliches vor sich gegangen: man hat zuerst gehabt *fōt* „Fuß", Plur. **foti*; *tōþ* „Zahn", Plur. **tōþi*; *gōs* „Gans", Plur. **gōsi* usw.; dann ist durch einen ersten Lautwandel, den Umlaut, **foti* zu **fēti* geworden und durch einen zweiten Lautwandel, den Abfall des Schluß-*i*: *fēti* zu *fēt*; seitdem hat *fōt* als Plural *fēt*, *tōþ*—*tēþ*, *gōs*—*gēs* (neuengl. *foot* : *feet*, *tooth* : *teeth*, *goose* : *geese*).

Anfangs, als man sagte *gast* : *gasti*, *fōt* : *fōti*, war der Plural durch die bloße Zufügung von *i* bezeichnet; *Gast*: *Gäste* und *fot*: *fet* zeigen einen neuen Mechanismus zur Bezeichnung des Plurals. Dieser Mechanismus ist in beiden Fällen nicht der gleiche: im Altengl. besteht nur der Gegensatz der Vokale; im Deutschen gibt es außerdem noch das Vorhandensein oder die Abwesenheit eines Schluß-*e*; aber auf diesen Unterschied kommt es hier nicht an.

Die Beziehung zwischen einem Singular und seinem Plural, gleichviel, was deren Formen sind, kann in jedem Augenblick durch eine horizontale Achse ausgedrückt werden:

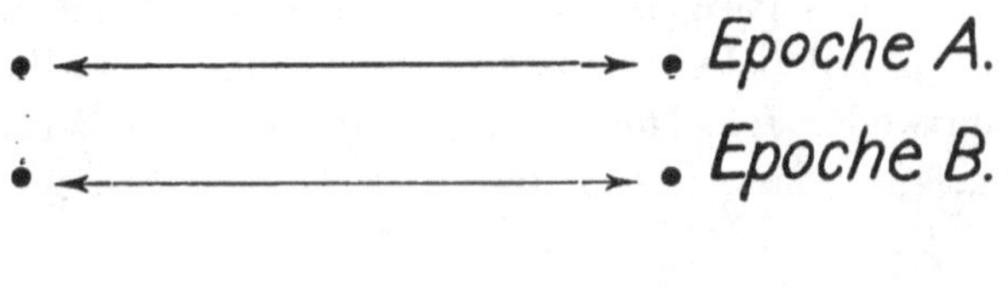

Die Vorgänge, gleichviel welcher Art, die den Übergang von einer Form zur andern hervorgebracht haben, sind im Gegensatz dazu auf einer vertikalen Achse gelagert, was folgendes Gesamtbild ergibt:

Unser typisches Beispiel führt auf eine ganze Anzahl von Überlegungen, die direkt zu unserm Gegenstand gehören:

1. Die diachronischen Erscheinungen zielen in keinem Fall darauf, einen Wert durch ein anderes Zeichen auszudrücken: die Tatsache, daß *gasti* zu *gesti*, *geste* (*Gäste*) geworden ist, betrifft keineswegs den Plural der Substantive; in *tragit* → *trägt* kommt derselbe Umlaut in der Verbalflexion zur Geltung; und so ist es auch in andern ähnlichen Fällen. Die diachronische Erscheinung ist ein Einzelereignis, das für sich allein steht; die besonderen synchronischen Folgen, die sich daraus ergeben können, sind ganz anderer Natur.

2. Die diachronischen Vorgänge wirken auch gar nicht in der Richtung auf eine Abänderung des Systems. Niemand hat dabei die Absicht, von einem System von Beziehungen zu einem andern überzugehen; die Veränderung bezieht sich nicht auf die Gruppierung, sondern auf die gruppierten Elemente.

Wir stoßen hier wieder auf den schon ausgesprochenen Grundsatz: niemals wird das System unmittelbar verändert; an sich selbst ist es unveränderlich; nur einzelne Bestandteile ändern sich ohne Rücksicht auf die gegenseitige Abhängigkeit zwischen ihnen und dem Ganzen. Es ist, als ob einer der Planeten, die rings um die Sonne kreisen, Dimension und Gewicht änderte: dieses Einzelereignis würde allgemeine Folgen haben und das Gleichgewicht des ganzen Sonnensystems beeinträchtigen. Um den Plural auszudrücken, bedarf es der Gegenüberstellung zweier Glieder: entweder *fōt* : **fōti* oder *fōt* : *fēt*; das eine Verfahren ist ebenso geeignet zum Ausdruck dieses Verhältnisses wie das andere; aber der Übergang von einem zum andern hat stattgefunden, ohne daß der Verhältnisausdruck als solcher angetastet wurde; nicht die Zusammenstellung selber wurde abgeändert, und nicht ein System hat das andere hervorgebracht, sondern ein einzelner Bestandteil des ersten wurde verändert, und das hat genügt, daß sich ein anderes System herausbildete.

3. Durch diese Beobachtung verstehen wir erst richtig, daß ein Zustand jeweils etwas Zufälliges ist. Im Gegensatz zu der falschen Vorstellung, die man sich leicht davon macht, ist die Sprache nicht ein Mechanismus, der im Hinblick auf auszudrückende Begriffe geschaffen und angeordnet ist. Wir sehen vielmehr, daß der aus der Veränderung hervorgegangene Zustand nicht im voraus dazu bestimmt war, die Bedeutungen zu bezeichnen, denen er fortan als Einkleidung dient. Ein zufälliger Zustand ist gegeben: *fōt : fēt*, und man bemächtigt sich seiner, um durch ihn die Unterscheidung von Singular und Plural tragen zu lassen; dazu ist *fōt : fēt* keineswegs besser geeignet als *fōt : *fōti*. Bei jedem Zustand wird der Geist in eine gegebene Materie eingehaucht und belebt sie. Diese Anschauungsweise, auf die uns die historische Grammatik geführt hat, ist der traditionellen Grammatik unbekannt, und sie hätte durch ihre eigenen Methoden niemals dazu gelangen können. Auch die Mehrzahl der Sprachphilosophen kennt diese Anschauung nicht, und doch ist sie in philosophischer Hinsicht von größter Wichtigkeit.

4. Sind nun die Tatsachen, die der diachronischen Reihe angehören, wenigstens gleicher Ordnung wie diejenigen der synchronischen Reihe? Keineswegs, denn wir haben festgestellt, daß die Veränderungen ohne jede Absicht vor sich gehen; eine synchronische Tatsache ist dagegen stets bedeutungsvoll; sie bezieht sich stets auf zwei gleichzeitige Glieder; nicht *Gäste* drückt den Plural aus, sondern die Gegenüberstellung *Gast : Gäste*. Bei der diachronischen Tatsache ist es genau umgekehrt: bei ihr handelt es sich nur um ein einziges Glied, und kein weiteres wird in Mitleidenschaft gezogen; wenn eine neue Form (*Gäste*) auftreten soll, so muß dazu die alte (*gasti*) ihr den Platz räumen.

Wollte man in einer und derselben Disziplin so verschiedenartige Tatsachen vereinigen, so wäre das ein verkehrtes Unternehmen. Bei der diachronischen Betrachtungsweise hat man es mit Erscheinungen zu tun, die keinerlei Zusammenhang mit Systemen haben, obwohl sie die Bedingungen zu solchen darstellen.

Im Folgenden weitere Beispiele, welche die Schlüsse, die aus dem oben Gesagten gezogen wurden, bestätigen und ergänzen.

Im Französischen ruht der Akzent immer auf der letzten Silbe, sofern diese nicht ein *e* muet ist. Das ist eine synchronische Erscheinung, ein Zusammenhang zwischen der Gesamtheit der französischen Wörter und dem Akzent. Sie hat sich aus einem früheren Zustand herausgebildet. Das Lateinische hatte ein anderes und komplizierteres Akzentsystem: der Akzent war auf der vorletzten Silbe, wenn diese lang war; war sie kurz, so wurde er auf die drittletzte Silbe zurückgezogen (vgl. *amīcus, ánĭma*). Dieses Gesetz ruft Beziehungen hervor, die nicht die mindeste Ähnlichkeit mit dem französischen Gesetz haben. Allerdings ist der Akzent der gleiche in dem Sinne, daß er auf derselben Stelle verblieben ist; im französischen Wort trifft er immer diejenige Silbe, die ihn im Lateinischen trägt: *amícum* → *ami, ánimam* → *âme*. Dennoch sind die beiden Regeln in beiden Zeiträumen verschieden, weil die Form der Wörter verändert ist. Bekanntlich ist alles, was hinter dem Akzent stand, entweder verschwunden oder zu einem *e* muet zusammengeschmolzen. Infolge dieser Umgestaltung des Wortes ist die in bezug auf die Silbe unveränderte Stellung des Akzents nicht mehr dieselbe in bezug auf das ganze Wort und in bezug auf die Gesamtheit der Wörter; von da an haben die Sprechenden im Bewußtsein dieses neuen Verhältnisses instinktiv den Akzent auf die letzte Silbe gesetzt, auch bei Lehnwörtern, die aus schriftlicher Überlieferung stammen (*facile, consul, ticket, burgrave* usw.). Es ist klar, daß man nicht die Absicht hatte, das System zu verändern, eine neue Regel in Anwendung zu bringen, denn in einem Wort wie *amícum* → *amí* ist ja der Akzent immer auf derselben Silbe geblieben; aber eine diachronische Tatsache ist dazwischengetreten: die Akzentstelle ist umgestaltet, ohne daß man sie angetastet hätte. Ein Akzentgesetz, wie alles, was das sprachliche System betrifft, ist eine geregelte Verteilung von Gliedern, ein zufälliges und ungewolltes Ergebnis der Entwicklung.

Nun einen noch merkwürdigeren Fall. Im Altslavischen bildet *slovo* „Wort" einen Instrumental Singular *slovemъ*, einen

Nominativ Plural *slova*, einen Genetiv Plural *slovъ* usw. In dieser Deklination hat jeder Kasus seine Endung. Heutzutage aber sind die sogenannten Halbvokale ь und ъ, die im Slavischen das idg. *ĭ* und *ŭ* wiedergeben, verschwunden; daher z. B. im Tschechischen *slovo, slovem, slova, slov,* ebenso *žena* „Frau", Akkusativ-Sing. *ženu,* Nominativ-Plur. *ženy,* Genitiv-Plur. *žen.* Hier hat der Genetiv (*slov, žen*) den Exponenten Null. Man sieht also, daß man keine materiellen Zeichen braucht, um eine Vorstellung auszudrücken. Die Sprache kann sich begnügen mit der Gegenüberstellung von Etwas mit Nichts; hier z. B. erkennt man den Genetiv Plural *žen* lediglich daran, daß er weder *žena* noch *ženu* lautet, noch irgendeine der andern Formen hat. Zunächst erscheint es als merkwürdig, daß eine so besondere Vorstellung wie diejenige des Genetiv Plural das Zeichen Null hat; aber das ist gerade der Beweis dafür, daß alles vom bloßen Zufall kommt. Die Sprache ist ein Mechanismus, der trotz des Verfalls, der stattfindet, nicht aufhört zu funktionieren.

Das alles bestätigen die schon ausgesprochenen Grundsätze, die wir folgendermaßen zusammenfassen: Die Sprache ist ein System, dessen Teile in ihrer synchronischen Wechselbeziehung betrachtet werden können und müssen.

Die Umgestaltungen vollziehen sich niemals am System als Ganzem, sondern an einem oder dem andern seiner Elemente, und können nur außerhalb desselben untersucht werden. Allerdings hat jede Umgestaltung ihre Rückwirkung auf das System; das Anfangsereignis aber wirkt nur auf einen Punkt, es hat keine innere Beziehung zu den Folgen, die sich daraus für die Zusammenhänge ergeben können. Diese verschiedenartige Natur der aufeinanderfolgenden Glieder und der gleichzeitigen Glieder, der Einzelereignisse und der auf das System bezüglichen Tatsachen verbietet es, die einen und die andern zum Gegenstand einer einzigen Wissenschaft zu machen.

§ 4. Vergleiche zur Veranschaulichung der Verschiedenheit zwischen beiden Arten sprachlicher Tatsachen.

Um gleichzeitig die Selbständigkeit und die gegenseitige Abhängigkeit des Synchronischen und des Diachronischen zu zeigen, kann man das erstere der Projektion eines Körpers auf eine Ebene vergleichen. Tatsächlich ist jede Projektion direkt abhängig von dem projizierten Körper, und gleichwohl ist sie von ihm verschieden; sie ist eine Sache für sich, sonst gäbe es nicht eine ganze Wissenschaft von den Projektionen, sondern es wäre genügend, die Körper selbst zu betrachten. In der Sprachwissenschaft besteht dieselbe Beziehung zwischen den historischen Tatsachen und einem Sprachzustand, welcher gleichsam die Projektion derselben auf einen bestimmten Augenblick ist. Durch Untersuchungen der Körper, d. h. der diachronischen Vorgänge, kann man die synchronischen Zustände nicht erkennen, so wenig man einen Begriff hat von den geometrischen Projektionen durch ein selbst sehr gründliches Studium der verschiedenen Arten von Körpern.

Ferner: wenn man den Querschnitt macht von dem Stamm eines Gewächses, bemerkt man auf der Schnittfläche eine mehr oder weniger komplizierte Zeichnung; diese ist nichts anderes als eine besondere Ansicht der Längsfasern, und diese selbst erkennt man, wenn man einen zu dem ersten Schnitt senkrecht gerichteten Schnitt vornimmt. Auch hier hängt die eine Ansicht von der andern ab: der Längsschnitt zeigt uns die Fasern selbst, welche die Pflanze bilden, und der Querschnitt ihre Gruppierung auf einer bestimmten Ebene; aber der Querschnitt ist von dem Längsschnitt insofern verschieden, als er gewisse Beziehungen zwischen den Fasern erkennen läßt, die man an der Längsseite nicht fassen könnte.

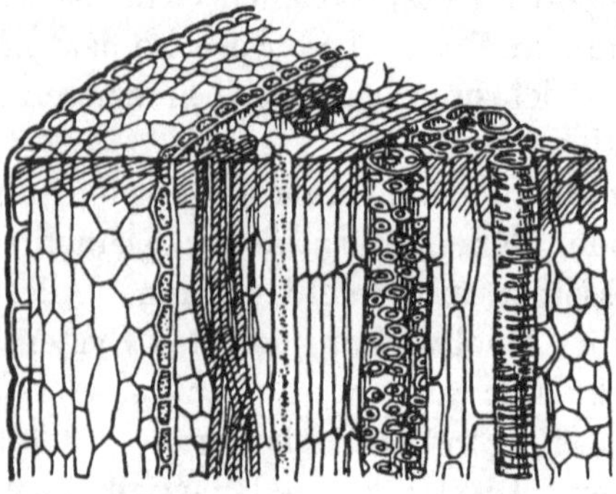

Unter allen Vergleichen, die sich ausdenken lassen, ist am schlagendsten der zwischen dem Zusammenspiel der sprachlichen Einzelheiten und einer Partie Schach. Hier sowohl als dort hat man vor sich ein System von Werten, und man ist bei ihren Modifikationen zugegen. Eine Partie Schach ist gleichsam die künstliche Verwirklichung dessen, was die Sprache in ihrer natürlichen Form darstellt.

Wir wollen das etwas näher betrachten. Zunächst entspricht ein Zustand beim Spiel sehr wohl einem Zustand der Sprache. Der Wert der einzelnen Figuren hängt von ihrer jeweiligen Stellung auf dem Schachbrett ab, ebenso wie in der Sprache jedes Glied seinen Wert durch sein Stellungsverhältnis zu den andern Gliedern hat.

Zweitens ist das System immer nur ein augenblickliches; es verändert sich von einer Stellung zur andern. Allerdings hängen die Werte auch und ganz besonders von einer unveränderlichen Übereinkunft ab: nämlich der Spielregel, welche vor Beginn der Partie besteht und nach jedem Zug bestehen bleibt. Diese ein- für allemal anerkannte Regel besteht auch in sprachlichen Dingen; es sind die feststehenden Grundsätze der Semeologie.

Endlich genügt für den Übergang von einem Gleichgewichtszustand zum andern oder, gemäß unserer Terminologie, von einer Synchronie zur andern die Versetzung einer einzigen Figur; es findet kein allgemeines Hinundherschieben statt. Hier haben wir das Gegenstück zum diachronischen Vorgang mit allen seinen Einzelheiten. Das stimmt genau, denn

a) jeder Schachzug setzt nur eine einzige Figur in Bewegung; ebenso beziehen sich in der Sprache die Veränderungen nur auf isolierte Elemente.

b) Gleichwohl wirkt sich der Zug auf das ganze System aus; der Spieler kann die Tragweite dieser Wirkung nicht im voraus genau überblicken. Die Veränderungen der Werte, die sich daraus ergeben, sind je nachdem entweder gleich Null oder sehr schwerwiegend oder von mittlerer Bedeutung. Irgendein Zug kann das ganze Spiel umgestalten und auch Folgen haben für die Figuren, die augenblicklich außer Betracht sind. Wir haben soeben gesehen, daß es bei der Sprache ganz genau so ist.

c) Die Versetzung einer Figur ist ein Vorgang, und schon als solcher völlig verschieden von dem vorausgehenden und von dem folgenden Gleichgewichtszustand. Die hervorgerufene Veränderung gehört keinem der beiden Zustände an: jedoch nur die Zustände sind von Wichtigkeit.

Bei einer Partie Schach hat jede beliebige Stellung die Besonderheit, daß sie von den vorausgehenden Stellungen völlig losgelöst ist; es ist ganz gleichgültig, ob man auf diesem oder jenem Wege zu ihr gelangt ist; derjenige, der die ganze Partie mit angesehen hat, hat nicht den leisesten Vorteil vor dem, der neugierig hinzukommt, um im kritischen Moment die Stellung auf dem Schachbrett zu überblicken; um diese Stellung zu beschreiben, ist es ganz unnütz, zu berichten, was auch nur zehn Sekunden vorher sich abgespielt hat. All das findet in genau gleicher Weise auf die Sprache Anwendung und bestätigt den tiefgehenden Unterschied zwischen dem Diachronischen und dem Synchronischen. Das Sprechen operiert immer nur mit einem Sprachzustand, und die Veränderungen, die zwischen diesen Zuständen eintreten, haben an sich keine Geltung beim Sprechen.

Nur an einem Punkt ist dieser Vergleich unrichtig: Der Schachspieler hat die Absicht, eine Umstellung vorzunehmen und auf das System einzuwirken, während dagegen die Sprache nichts voraus überlegt; die Figuren, die in ihr mitspielen, verändern ihre Stellung spontan und zufällig, oder vielmehr: sie verändern sich selbst; der Umlaut von *Hände* für *hanti*, von *Gäste* für *gasti* usw. (vgl. S. 99) hat eine neue Pluralbildung hervorgebracht, aber er hat auch eine Verbalform wie *trägt* für *tragit* entstehen lassen. Wenn das Schachspiel in jeder Hinsicht dem Spiel der Sprache entsprechen sollte, müßte man einen Spieler ohne Bewußtsein oder ohne Intelligenz annehmen. Übrigens macht dieser einzige Unterschied den Vergleich nur um so lehrreicher, indem er zeigt, wie durchaus notwendig es ist, in der Sprachwissenschaft die beiden Gattungen von Erscheinungen zu unterscheiden. Denn in der Tat, wenn diachronische Tatsachen auch da nicht in das synchronische System, das sie bestimmen, eingeordnet werden können, wo der Wille eine solche Veränderung bestimmt, so ist das um so weniger möglich, wenn bei diachronischen Vorgängen eine blinde Macht auf die Organisation eines Zeichensystems einwirkt.

§ 5. Gegensatz der beiden Arten von Sprachwissenschaft in ihrer Methode und ihren Prinzipien.

Der Gegensatz zwischen dem Diachronischen und dem Synchronischen zeigt sich auf Schritt und Tritt.

Ich beginne gleich mit dem Punkt, der am deutlichsten in

die Augen springt: beide sind nicht gleich wichtig. Es ist nämlich klar, daß die synchronische Betrachtungsweise der andern übergeordnet ist, weil sie für die Masse der Sprechenden die wahre und einzige Realität ist (vgl. S. 96). Ebenso ist es für den Sprachforscher: vom Gesichtspunkt der Diachronie aus kann er nicht mehr die Sprache selbst wahrnehmen, sondern nur eine Reihe von Ereignissen, welche sie umgestalten. Es wird oft versichert, daß nichts so wichtig sei, als die Entstehung eines gegebenen Zustandes zu kennen; das ist zwar in einem gewissen Sinn richtig: die Bedingungen, welche diesen Zustand gestaltet haben, klären uns über seine wahre Natur auf und bewahren uns vor gewissen Irrtümern (vgl. S. 101); aber das beweist gerade, daß die Diachronie ihren Zweck nicht in sich selbst trägt. Sie führt auf sehr vieles, ja geradezu auf alles, wenn man nur nicht bei ihr stehen bleibt, sondern darüber hinausgeht.

Die beiderseitigen Methoden sind gleichfalls verschieden, und zwar auf zweierlei Weise:

a) Für die Synchronie gibt es nur einen Gesichtspunkt, nämlich den der Sprechenden selber; deren Zeugnisse zu sammeln, ist ihre einzige Methode; um zu wissen, in welchem Grade irgend etwas eine Realität ist, ist es nötig und zugleich hinreichend, zu untersuchen, in welchem Grade es für das Bewußtsein der Individuen existiert. Die diachronische Sprachwissenschaft dagegen muß zwei Gesichtspunkte unterscheiden: ihr Verfahren ist daher ein doppeltes, wovon im 5. Teil die Rede sein wird.

b) Ein zweiter Unterschied kommt davon, daß jede von beiden ein verschieden begrenztes Gebiet umfaßt. Die synchronische Untersuchung hat als Gegenstand nicht alles, was überhaupt gleichzeitig ist, sondern nur die Gesamtheit von Tatsachen, die jede einzelne Sprache ausmachen; die Abgrenzung wird nötigenfalls bis zu Dialekten und Unterdialekten gehen. Im Grunde ist der Ausdruck Synchronie nicht scharf genug; er müßte durch den allerdings etwas langen Idiosynchronie ersetzt werden. Die diachronische Sprachwissenschaft dagegen erfordert eine solche Einschränkung nicht, sondern lehnt sie vielmehr ab; die Glieder, die sie in Betracht zieht, gehören nicht notwendigerweise einer und derselben Sprache an (vgl. idg. **esti*, griech. *ésti*, deutsch *ist*, franz. *est*). Gerade die Aufeinanderfolge der diachronischen Tatsachen und ihre räumliche Vielfältigkeit bringt die Verschiedenheit der Idiome hervor. Um einen Vergleich zwischen zwei Formen zu rechtfertigen, genügt es, daß unter ihnen irgendeine wenn auch ganz indirekte historische Beziehung besteht.

Das sind aber nicht die auffallendsten und auch nicht die tiefgehendsten Unterschiede. Der grundlegende Gegensatz zwischen dem Entwicklungsmäßigen und dem Zuständlichen hat zur Folge, daß alle auf das eine oder andere dieser beiden Gebiete bezüglichen Begriffe gleichfalls nicht einander gleichgesetzt und nicht auseinander abgeleitet werden können. Das läßt sich an jedem beliebigen Begriff beweisen. So kommt es, daß die synchronische „Erscheinung" nichts mit der diachronischen gemein hat (vgl. S. 101); das eine ist ein Verhältnis zwischen gleichzeitigen Elementen, das andere die Ersetzung eines Elementes durch ein anderes in der Zeit, ein Vorgang. Wir werden auch S. 128 sehen, daß die diachronischen und die synchronischen Gleichsetzungen zwei ganz verschiedene Dinge sind: historisch betrachtet ist die Negation *pas* identisch mit dem Substantiv *pas*, während in der heutigen Sprache diese beiden Elemente etwas ganz Verschiedenes sind. Diese Feststellungen genügen, um einzusehen, daß diese beiden Betrachtungsweisen nicht vermengt werden dürfen; aber nirgends zeigt sich dies so deutlich wie bei der Unterscheidung, die wir jetzt aufstellen wollen.

§ 6. Synchronisches Gesetz und diachronisches Gesetz.

Man spricht gemeiniglich in der Sprachwissenschaft von Gesetzen; sind aber die Sprachtatsachen wirklich von Gesetzen regiert, und welcher Art können diese sein? Da die Sprache eine soziale Institution ist, könnte man a priori denken, daß sie bestimmt ist durch Vorschriften, die denjenigen entsprechen, welche staatliche Gemeinschaften regieren. Jedes soziale Gesetz jedoch hat zwei grundlegende Eigenschaften: es ist befehlend und allgemein; es gilt für alle Fälle und erstreckt sich auf sie, allerdings innerhalb gewisser Grenzen der Zeit und des Ortes.

Entsprechen nun die Gesetze der Sprache dieser Definition? Um das zu entscheiden, gilt es, gemäß dem Vorausgegangenen, zunächst auch hier wiederum die Gebiete des Synchronischen und des Diachronischen zu scheiden. Hier liegen zwei verschiedene Probleme vor, die man nicht durcheinander bringen darf: von sprachlichen Gesetzen ganz allgemein zu sprechen, hieße ein Trugbild aufstellen.

Im Folgenden einige Beispiele aus dem Griechischen, wo „Gesetze" beider Art absichtlich durcheinander gemengt sind:

1. Die stimmhaften Aspiraten des Idg. sind stimmlose Aspiraten geworden: **dhūmos* → *thūmós* „Lebenshauch", **bherō* → *phérō* „ich trage" usw.

2. Der Akzent geht niemals über die drittletzte Silbe zurück.

3. Alle Worte endigen mit Vokalen oder mit *s*, *n*, *r*, alle anderen Konsonanten sind vom Wortende ausgeschlossen.

4. Anlautendes *s* vor Vokalen wird *h*: **septm* (lat. *septem*) → *heptá*.

5. Wortschließendes *m* wird zu *n* gewandelt: **jugom* → *zugón* (vgl. lat. *jugum*)[1]).

6. Verschlußlaute am Wortende fallen ab: **gunaik* → *gúnai*, **epheret* → *éphere*, **epheront* → *épheron*.

Das erste dieser Gesetze ist diachronisch: was *dh* war, ist *th* geworden usw.; das zweite drückt ein Verhältnis von Worteinheit und Akzent aus, eine Art Übereinkunft zwischen zwei gleichzeitigen Erscheinungen: es ist ein synchronisches Gesetz. Ebenso verhält es sich mit dem dritten, weil es die Worteinheit und deren Ende angeht. Die Gesetze 4, 5 und 6 sind diachronisch: was *s* war, ist *h* geworden; *-n* ist an die Stelle von *-m* getreten; *-t*, *-k* usw. sind ohne Spur verschwunden.

Außerdem ist zu bemerken, daß 3 das Ergebnis von 5 und 6 ist; zwei diachronische Tatsachen haben eine synchronische hervorgebracht.

---

[1]) Nach Meillet (MSL. IX, p. 365ff.) und Gauthiot (*La fin de mot en indo-européen*, p. 158ff.) kannte das Idg. nur schließendes *n* und nicht *m*; wenn man diese Theorie annimmt, würde es genügen, das Gesetz 5 folgendermaßen zu formulieren: Jedes idg. Schluß-*n* ist im Griechischen erhalten; seine Beweißkraft wäre dadurch nicht vermindert, weil eine lautliche Erscheinung, die zur Erhaltung eines ursprünglichen Zustandes führt, gleicher Natur ist mit derjenigen, welche eine Umgestaltung mit sich bringt (vgl. S. 173). (Die Herausgeber.)

Wenn man diese beiden Arten von Gesetzen einmal unterschieden hat, so erkennt man sogleich, daß 2 und 3 von anderer Natur sind als 1, 4, 5 und 6.

Das synchronische Gesetz gilt allgemein, aber es hat nicht befehlende Kraft. Es übt zwar über die sprechenden Personen eine Macht aus (s. S. 83), aber von befehlender Kraft ist hier nicht in diesem soziologischen Sinn die Rede, sondern es handelt sich darum, daß keine Macht, die in der Sprache selbst liegt, die Regelmäßigkeit gewährleistet. Das synchronische Gesetz ist lediglich Ausdruck einer bestehenden Ordnung und stellt einen vorhandenen Zustand fest; es ist gleicher Art mit einem Gesetz, das etwa feststellte, daß die Bäume eines Gartens in Quincunx angepflanzt sind. Die Ordnung, die das synchronische Gesetz ausspricht, ist in ihrem Bestand nicht gesichert, gerade deshalb, weil es keine befehlende Kraft hat. So ist das synchronische Gesetz, welches den lateinischen Akzent regiert (ein Gesetz, das dem obigen unter Nr. 2 vollkommen vergleichbar ist), durchaus regelmäßig; gleichwohl hat diese Akzentregelung nicht der Umgestaltung widerstanden, und an ihre Stelle ist ein neues Gesetz, dasjenige des Französischen getreten (vgl. S. 102). Kurz, wenn man in der Synchronie von Gesetzen spricht, so meint man damit eine innere Anordnung, das Prinzip der Regelmäßigkeit.

Die Diachronie setzt dagegen tätige Kräfte voraus, die eine Wirkung hervorrufen. Aber dieser befehlende Charakter genügt nicht zur Anwendung der Bezeichnung „Gesetz" auf die Entwicklungserscheinungen; man spricht von einem Gesetz nur, wenn eine Gruppe zusammengehöriger Tatsachen der gleichen Regel gehorcht; die diachronischen Vorgänge jedoch haben immer den Charakter des Zufälligen und Vereinzelten, auch wenn es sich in gewissen Fällen anders zu verhalten scheint.

Bezüglich der semasiologischen Tatsachen kann man sich das unmittelbar vergegenwärtigen. Wenn das französische Wort *poutre* „Stute" den Sinn von „Stück Holz, Balken" angenommen hat, so ist das durch besondere Gründe verursacht und hängt nicht ab von anderen Veränderungen, die während der gleichen Zeit eintreten konnten. Es ist nur einer der Zufälle, welche die Geschichte einer Sprache verzeichnet.

Bei den syntaktischen und morphologischen Umgestaltungen ist die Sache auf den ersten Blick nicht ebenso klar. So sind zu einer gewissen Zeit im Französischen fast alle Formen des Subjektskasus verschwunden; liegt hier nicht eine Gruppe zusammengehöriger Tatsachen vor, die dem gleichen Gesetz gehorchen? Nein, denn sie alle sind nur die vielfachen Auswirkungen einer und derselben Einzeltatsache. Hier ist die besondere Vorstellung des Subjektskasus betroffen worden, und deren Verschwinden hat natürlich das einer ganzen Reihe von Formen nach sich gezogen. Da dieselbe Tatsache in vielen Einzelfällen in Erscheinung tritt, so wird durch diese Vielheit verschleiert — wenigstens für eine bloß äußerliche Betrachtung —, daß es sich dabei nur um ein und dasselbe Phänomen handelt; dieses selbst ist seiner tieferen Natur nach einheitlich und stellt ein historisches Ereignis dar, das seiner Art nach ebenso isoliert ist wie der semasiologische Wandel bei *poutre*; es gewinnt den Anschein eines Gesetzes nur, weil es sich in einem System vollzieht: die strenge Anordnung des letzteren ist es, welche den Eindruck hervorbringt, als ob die diachronischen Tatsachen denselben Bedingungen gehorchten wie die synchronischen.

Bei den lautlichen Veränderungen endlich ist es genau ebenso; und gleichwohl spricht man immerzu von Lautgesetzen. In der Tat läßt sich feststellen, daß zu einer gewissen Zeit in einem gewissen Gebiet alle Wörter, die die gleiche lautliche Besonderheit haben, von der gleichen Veränderung betroffen werden; so trifft das Gesetz 1 von S. 109 (**dhūmos → thūmós*) alle griechischen Wörter, welche ehemals eine stimmhafte Aspirata enthielten (vgl. **nebhos → néphos*, **medhu → méthu*, **anghō → ánkhō* usw.); die Regel 4 (**septm → heptá*) findet Anwendung auf *serpō → hérpo*, **sūs → hûs* und auf alle Wörter, die mit *s* beginnen. Diese Regelmäßigkeit, welche man öfters bestritten hat, halte ich für einwandfrei feststehend. Trotz anscheinender Ausnahmen sind Veränderungen dieser Art doch unausweichlich, denn die Ausnahmen erklären sich entweder aus speziellen Lautgesetzen (vgl. das Beispiel *tríkhes: thriksi* S. 116) oder durch die Einwirkung von Erscheinungen anderer Art (Analogie usw.). Dies scheint also der oben gegebenen Definition des Wortes Gesetz durchaus zu entsprechen. Aber gleichwohl, wie zahlreich auch die Formen sein mögen, überall wo ein Lautgesetz in Kraft tritt, sind die Fälle, die es umfaßt, nur die Erscheinungsformen einer einzelnen Sondertatsache.

Die Hauptfrage ist, ob die Lautveränderungen die Wörter oder nur die Laute betreffen; die Antwort darauf ist nicht zweifelhaft: in *néphos*, *méthu*, *ánkhō* usw. ist es ein bestimmter Laut, eine idg. stimmhafte Aspirata, die zur stimmlosen Aspirata wird, oder urgriechisch anlautendes *s* wird zu *h* usw., und jede dieser Erscheinungen steht vereinzelt da, unabhängig von anderen Vorgängen gleicher Art, unabhängig auch von den Worten, in denen sie auftritt[1]). Natürlich werden alle diese Wörter in ihren Lautbestandteilen verändert, aber das darf uns nicht über die wirkliche Natur der Erscheinung täuschen.

Worauf können wir uns stützen bei der Behauptung, daß die Wörter selbst nicht direkt bei den Lautveränderungen in Betracht kommen? Auf diese einfache Feststellung, daß solche Umgestaltungen ihnen im Grunde fremd sind und sie in ihrem Wesen nicht berühren. Die Einheit des Wortes ist nicht einzig durch einen Lautkomplex gebildet; sie beruht auf anderen Eigenschaften als seiner materiellen Natur. Nehmen wir an, daß eine Klaviersaite verstimmt sei: jedesmal, wenn man sie beim Spiel einer Melodie anschlägt, wird es einen falschen Ton geben; aber wo? In der Melodie? Keineswegs; diese wird davon nicht betroffen; nur das Klavier ist schadhaft. Ganz genau so ist es in der Lautlehre. Unser Lautsystem ist das Instrument, das wir spielen, um die Wörter der Sprache zu artikulieren; wenn eines dieser Elemente sich ändert, dann können verschiedene Folgen eintreten, aber der Vorgang an sich betrifft nicht die Wörter, welche sozusagen die Melodien darstellen, die wir spielen können.

---

[1]) Selbstverständlich sind die oben genannten Beispiele lediglich schematischer Art; die gegenwärtige Sprachwissenschaft bemüht sich mit Grund, möglichst umfangreiche Reihen von Lautveränderungen auf die gleiche Grundursache zurückzuführen; so erklärt Meillet alle Umgestaltungen der griechischen Verschlußlaute durch eine fortschreitende Abschwächung ihrer Artikulation (MSL. IX, S. 163ff.). Natürlich finden die obigen Schlußfolgerungen über die Natur der Lautveränderungen auch Anwendung auf solche allgemeineren Erscheinungen, wo es solche gibt. (Die Herausgeber.)

Die diachronischen Erscheinungen sind also lauter Sonderfälle; die Umgestaltung eines Systems geschieht unter der Einwirkung von Ereignissen, welche nicht nur ihm fremd (vgl. S. 99f.), sondern welche auch isoliert sind und unter sich nicht ein System bilden.

Fassen wir zusammen: Die synchronischen Tatsachen haben stets eine gewisse Regelmäßigkeit, aber nicht den Charakter einer Vorschrift; die diachronischen Tatsachen schreiben der Sprache zwar etwas vor, sind aber nicht allgemeingültig.

Mit einem Wort, und darauf wollte ich hinauskommen: weder die einen noch die andern sind beherrscht von Gesetzen in dem oben definierten Sinne, und wenn man trotz allem von sprachlichen Gesetzen sprechen will, so hat dieser Ausdruck vollkommen verschiedene Bedeutungen, je nachdem man ihn anwendet auf die Dinge der einen oder der anderen Art.

§ 7. Gibt es eine panchronische Betrachtungsweise?

Bis jetzt haben wir den Ausdruck Gesetz in juristischem Sinn genommen. Aber gibt es vielleicht in der Sprache Gesetze im Sinne der Naturwissenschaften, d. h. Beziehungen, die überall und jederzeit eintreten? Mit einem Wort: kann die Sprache nicht unter dem panchronischen Gesichtspunkt betrachtet werden, kann man also Gesetze aufstellen, die zu jeder Zeit gelten?

Gewiß; so sind z. B. stets Lautveränderungen vor sich gegangen und werden stets solche eintreten; und man kann dies daher ganz allgemein als eine ständige Erscheinung bei der menschlichen Rede betrachten; das ist also eines ihrer Gesetze. In der Sprachwissenschaft gibt es wie beim Schachspiel (vgl. S. 104f.) Regeln, die alle Ereignisse überdauern. Aber das sind allgemeine Grundwahrheiten, die unabhängig von konkreten Tatsachen gelten; sowie man von besonderen und greifbaren Verhältnissen spricht, gibt es keine panchronische Betrachtungsweise. So ist jede Lautveränderung, auch wenn sie sehr ausgedehnt ist, auf eine bestimmte Zeit und ein bestimmtes Gebiet begrenzt; keine geht zu jeder Zeit und überall vor sich; sie existiert nur auf dem diachronischen Gebiet. Gerade das ist ein Kriterium, an welchem man erkennt, was der Sprache angehört und was nicht. Eine konkrete Tatsache, die einer panchronischen Erklärung fähig wäre, kann ihr nicht angehören. Nehmen wir etwa das Wort *chose*; unter dem diachronischen Gesichtspunkt steht es dem lat. *causa* gegenüber, von dem es abgeleitet ist; unter dem synchronischen Gesichtspunkt steht es allen den Ausdrücken gegenüber, die mit ihm im modernen Französisch assoziiert sein können. Nur die Laute des Wortes für sich genommen (*šọz*) geben Anlaß zu einer panchronischen Beobachtung; aber sie haben keine Geltung als „Wert“ in einer Sprache; und sogar in panchronischer Betrachtungsweise ist *šọz*, wenn man es betrachtet innerhalb einer Reihe wie *ün šọz admirablə* (*une chose admirable*), nicht eine Einheit, sondern eine formlose Masse, die durch nichts abgegrenzt ist; warum sollte man in derselben *šọz* abtrennen und nicht *ọza* und *nšọ*? Es ist kein sprachlicher Wert, weil es keinen Sinn hat. Der panchronische Gesichtspunkt findet niemals Anwendung auf bestimmte Tatsachen der Sprache.

§ 8. Folgen der Vermengung des Synchronischen und des Diachronischen.

Zwei Fälle sind möglich:

a) Etwas, das auf synchronischem Gebiet gilt, scheint die Aufhebung zu sein von dem, was auf diachronischem Gebiet Geltung hat, und bei oberflächlicher Betrachtungsweise könnte man meinen, daß man sich für das eine oder das andere entscheiden müßte; in Wirklichkeit ist das aber nicht nötig; die eine Wahrheit schließt die andere nicht aus. Wenn *schimpfen* im Mittelhochdeutschen „scherzen, spielen“ bedeutete und franz. *dépit* „Verdruß“ im Altfranz. „Verachtung“ bedeutete, so ist das kein Hindernis, daß sie jetzt einen ganz anderen Sinn haben; Etymologie und synchronischer Wert sind zwei verschiedene Dinge. Ferner lehrt die traditionelle Grammatik des modernen Französisch, daß in gewissen Fällen das Partizip Präsens veränderlich ist und mit dem Adjektiv übereinstimmt (*une eau courante*), und daß es in andern Fällen unveränderlich ist (vgl. *une personne courant dans la rue*). Aber die historische Grammatik zeigt, daß es sich gar nicht um eine und dieselbe Form handelt: die erste, welche veränderlich ist, ist die Fortsetzung des lateinischen Partizips (*currentem*), während die andere, unveränderliche von dem ablativischen Gerundiv kommt (*currendō*)[1]. Steht nun das, was in der Synchronie richtig ist, in Widerspruch mit dem, was in der Diachronie gilt, und muß man die traditionelle Grammatik namens der historischen Grammatik verurteilen? Nein, denn damit würde man nur die Hälfte von dem anerkennen, was in Wirklichkeit besteht; man muß nicht glauben, daß die historische Tatsache allein wichtig und zur Bildung einer Sprache hinreichend sei. Allerdings ist das Partizip *courant* zweierlei Ursprungs; aber das Sprachbewußtsein bringt sie zusammen und erkennt nur eines an: diese Wahrheit ist ebenso absolut und unwidersprechlich wie die andere.

b) Etwas, das auf synchronischem Gebiet gilt, stimmt so sehr mit dem überein, was auf diachronischem Gebiet richtig ist, daß man beides zusammenwirft oder doch es für überflüssig hält, beides auseinanderzuhalten. So glaubt man den gegenwärtigen Sinn des Wortes *père* zu erklären, indem man sagt, daß *pater* dieselbe Bedeutung hatte. Ein anderes Beispiel: lateinisches kurz *a* in offener, nicht erster Silbe wurde zu *i*: neben *faciō* hat man *conficiō*, neben *amīcus : inimīcus* usw. Man formuliert das Gesetz oft so, daß man sagt: das *a* in *faciō* wird in *conficiō* zu *i*, weil es nicht mehr in der ersten Silbe steht. Das ist nicht genau: niemals ist das *a* von *faciō* in *conficiō* zu *i* „geworden“. Den wahren Sachverhalt gewinnt man nur, wenn man zwei Epochen und vier Glieder unterscheidet: zunächst hat man gesagt: *faciō—confaciō*; dann hat sich *confaciō* zu *conficiō* umgestaltet, während *faciō* ohne Veränderung bestehen blieb, so daß man nun sagte *faciō—conficiō*. Also

faciō ←——→ *confaciō* Epoche A,
↓ ↓
faciō ←——→ *conficiō* Epoche B.

Wenn eine „Veränderung“ vor sich gegangen ist, so nur zwischen *confaciō* und *conficiō*; aber die schlecht formulierte Regel erwähnt das erstere nicht einmal! Ferner besteht neben dieser Ver-

[1]) Diese Theorie, die allgemein angenommen ist, ist neuerdings von E. Lerch, „*Das invariable Participium praesentis*“, Erlangen 1913, angefochten worden. Jedoch, wie uns scheint, ohne Erfolg; es besteht also kein Anlaß, ein Beispiel zu beseitigen, welches in jedem Falle seinen didaktischen Wert beibehielte. (Die Herausgeber.)

änderung, die natürlich diachronisch ist, eine zweite Tatsache, die von der ersten völlig verschieden ist, und welche die ausschließlich synchronische Gegenüberstellung von *faciō* und *conficiō* betrifft. Das ist aber kein Ereignis, sondern ein Ergebnis, und dies gilt von allen synchronischen Erscheinungen. Was einen hindert, den wirklichen Wert der Gegenüberstellung *faciō—conficiō* zu erkennen, ist der Umstand, daß sie nicht sehr bedeutungsvoll ist. Wenn man aber Paare wie *Gast—Gäste, gebe—gibt* berücksichtigt, sieht man, daß auch diese Gegenüberstellungen zufällige Ergebnisse der lautlichen Entwicklung sind, daß sie aber darum nicht minder in der synchronischen Anordnung wesentliche grammatische Erscheinungen darstellen. Da nun diese beiden Gattungen von Erscheinungen sehr eng miteinander verbunden sind, indem die eine die Bedingung der andern ist, so glaubt man schließlich, es sei nicht der Mühe wert, sie zu unterscheiden; und wirklich hat die Sprachwissenschaft sie viele Jahrzehnte lang durcheinander gebracht, ohne zu sehen, daß ihre Methode nichts wert war.

Dieser Irrtum tritt jedoch in gewissen Fällen mit völliger Deutlichkeit hervor. So könnte man etwa denken, um griechisch *phuktós* zu erklären, genüge es zu sagen: im Griechischen wird *g* oder *kh* zu *k* vor stimmlosen Konsonanten, indem man das Verhältnis durch synchronische Entsprechungen wie *phugeîn : phuktós, lékhos : léktron* usw. ausdrücken wollte. Man stößt aber dann auf Fälle wie *tríkhes : thriksí*, wo eine Komplikation festzustellen ist: der „Übergang" von *t* zu *th*. Die Formen dieses Wortes sind nur auf historischem Wege durch die relative Chronologie zu erklären. Der ursprüngliche Stamm **thrikh* hat, wenn die Endung *-si* folgte, *thriksí* ergeben, eine sehr alte Erscheinung, die identisch ist mit derjenigen, welche *léktron* von der Wurzel *lekh-* ergeben hat. Später erst wurde diese Aspirata, der eine andere Aspirata im selben Wort folgte, zum nicht aspirierten stimmlosen Laut, und **thríkhes* wurde zu *tríkhes*; *thriksí* entging natürlich diesem Gesetz.

§ 9. Folgerungen.

Hier steht also die Sprachwissenschaft vor ihrer zweiten Gabelung. Zunächst mußten wir uns entweder für die Sprache oder für das Sprechen (vgl. S. 23) entscheiden; jetzt sind wir an der Gabelung der Wege, von denen der eine zur Diachronie, der andere zur Synchronie führt.

Da wir nun dieses doppelte Einteilungsprinzip besitzen, können wir hinzufügen, daß alles Diachronische in der Sprache nur vermöge des Sprechens diachronisch ist. Im Sprechen nämlich ruht der Keim aller Veränderungen: Jede derselben ist zunächst von einer gewissen Anzahl von Individuen aufgebracht worden, ehe sie in Gebrauch kam. Das heutige Deutsch sagt: *ich war, wir waren,* während das ältere Deutsch bis zum 16. Jahrhundert konjugierte: *ich was, wir waren* (das Englische sagt noch *I was, we were*). Wie ist diese Ersetzung von *was* durch *war* zustande gekommen? Einige Leute haben unter dem Einfluß von *waren* durch Analogie *war* geschaffen; das war eine Angelegenheit des Sprechens. Diese Form, die oft wiederholt und dann durch die Sprachgemeinschaft angenommen wurde, ist zu einer Angelegenheit der Sprache geworden. Aber nicht alle Neuerungen des Sprechens haben den gleichen Erfolg, und wenn sie individuell bleiben, sind sie nicht zu berücksichtigen, weil wir die Sprache studieren; sie treten erst dann in unser Beobachtungsgebiet ein, wenn die Gesellschaft sie aufnimmt.

Einer Entwicklungstatsache geht immer eine ähnliche Tatsache oder vielmehr eine Anzahl von ähnlichen Tatsachen im Gebiet des Sprechens voraus; das schwächt die oben aufgestellte Zweiteilung nicht ab, diese wird dadurch vielmehr bestätigt, weil in der Geschichte jeder Neuerung man stets zwei verschiedene Momente findet: 1. denjenigen, wo sie beim Individuum auftaucht; 2. denjenigen, wo sie eine Tatsache der Sprache geworden ist, die damit äußerlich identisch ist, die aber jetzt von der Gemeinschaft aufgenommen ist.

Folgendes Schema zeigt die rationale Form an, welche das Studium der Sprachwissenschaft anzunehmen hat:

Menschliche Rede	Sprache	Synchronie Diachronie.
	Sprechen	

Es ist anzuerkennen, daß die theoretische und ideale Form der Wissenschaft nicht immer diejenige ist, welche die Anforderungen der praktischen Ausführung verlangen. In der Sprachwissenschaft sind diese Anforderungen gebieterischer als irgendwo sonst, sie entschuldigen in einem gewissen Grad die Verwirrungen, welche gegenwärtig auf diesem Wissensgebiet herrschen. Selbst wenn die hier aufgestellten Unterscheidungen ein- für allemal anerkannt wären, könnte man vielleicht nicht im Namen dieses Ideals verlangen, daß die Untersuchungen sich ganz genau danach richten.

So operiert der Sprachforscher beim synchronischen Studium des älteren Französisch mit Tatsachen und Grundsätzen, die nichts gemein haben mit denjenigen, welche ihn die Geschichte derselben Sprache vom 13. bis 20. Jahrhundert erkennen ließen; vielmehr entsprechen diese sehr nah den Tatsachen und Grundsätzen, welche die Beschreibung einer modernen Bantusprache, des attischen Griechisch um 400 v. Chr. oder endlich des heutigen Französisch ergäbe. Das kommt daher, daß diese verschiedenen Darstellungen in ähnlicher Weise auf Verhältnisbeziehungen beruhen; wenn jedes Idiom ein geschlossenes System bildet, so setzen alle gewisse dauernde Prinzipien voraus, die sich wieder zeigen, wenn man statt des einen Systems ein anderes untersucht, weil man innerhalb der gleichen Untersuchungsart verbleibt. Und nicht anders ist es bei der historischen Untersuchung: ob man einen bestimmten Zeitraum des Französischen (z. B. vom 13. bis 20. Jahrhundert) durchläuft oder einen Zeitraum des Javanischen oder irgendeiner sonstigen Sprache, überall hat man es mit Tatsachen ähnlicher Art zu tun, die man nur miteinander vergleichen müßte, um allgemeine Grundwahrheiten diachronischer Art festzustellen. Das Ideal wäre, daß jeder Gelehrte sich der einen oder der andern dieser Untersuchungsweisen widmete und möglichst viele Tatsachen der betreffenden Art zu umspannen suchte; aber es ist sehr schwer, so verschiedene Sprachen wissenschaftlich zu beherrschen. Andererseits bildet jede Sprache praktisch einen einheitlichen Untersuchungsgegenstand, und die Gewalt der Tatsachen zwingt, sie nacheinander in statischer und historischer Beziehung zu betrachten. Gleichwohl darf man nie vergessen, daß in theoretischer Beziehung diese Einheit oberflächlich ist, während die Verschiedenheit der Sprachen eine tief innere Einheit verbirgt.

Ob nun aber beim Sprachstudium die Beobachtung sich auf die eine oder die andere Seite bezieht, man muß in jedem Falle und um jeden Preis jede Tatsache in ihre eigene Sphäre stellen und darf die Methoden nicht durcheinander bringen.

Die zwei Teile der Sprachwissenschaft, die so abgegrenzt sind, werden nacheinander den Gegenstand unserer weiteren Untersuchungen bilden.

Die synchronische Sprachwissenschaft befaßt sich mit logischen und psychologischen Verhältnissen, welche zwischen gleichzeitigen Gliedern, die ein System bilden, bestehen, so wie sie von einem und demselben Kollektivbewußtsein wahrgenommen werden.

Die diachronische Sprachwissenschaft untersucht dagegen die Beziehungen, die zwischen aufeinanderfolgenden Gliedern obwalten, die von einem in sich gleichen Kollektivbewußtsein nicht wahrgenommen werden, und von denen die einen an die Stelle der andern treten, ohne daß sie unter sich ein System bilden.

Zweiter Teil.

Synchronische Sprachwissenschaft.

Kapitel I.

Allgemeines.

Die Aufgabe der allgemeinen synchronischen Sprachwissenschaft ist es, die Grundprinzipien eines jeden idiosynchronischen Systems, die gestaltenden Grundfaktoren eines jeden Sprachzustandes, festzustellen. Vieles, was im Vorausgehenden schon auseinandergesetzt worden ist, gehört eigentlich der Synchronie an; so können die allgemeinen Eigenschaften des Zeichens als wesentlicher Bestandteil der Synchronie gelten, obwohl sie uns dienlich waren bei dem Beweis dafür, daß es nötig ist, die beiden Arten von Sprachwissenschaft zu unterscheiden.

Der Synchronie gehört alles an, was man „allgemeine Grammatik" nennt; denn nur vermöge der Sprachzustände treten die verschiedenen Verhältnisse auf, welche das Gebiet der Grammatik bilden. Im Folgenden fassen wir nur gewisse wesentliche Grundwahrheiten ins Auge, ohne die man speziellere Probleme der Statik nicht in Angriff nehmen, noch einen Sprachzustand im einzelnen erklären könnte.

Ganz allgemein ist es viel schwerer, statische Sprachwissenschaft zu treiben als Sprachgeschichte. Die Entwicklungstatsachen sind etwas Faßbareres, sie regen die Phantasie stärker an; die Beziehungen, die man da beobachtet, verknüpfen aufeinanderfolgende Glieder, die man ohne Mühe fassen kann; es ist leicht, oft sogar unterhaltsam, eine Reihe von Umgestaltungen zu verfolgen. Dagegen bietet die Sprachwissenschaft, die sich mit Werten und gleichzeitigen Verhältnissen befaßt, viel größere Schwierigkeiten.

In praxi ist ein Sprachzustand nicht ein Punkt, sondern ein mehr oder weniger langer Zeitraum, währenddessen die Summe der eingetretenen Umgestaltungen äußerst gering ist. Das kann zehn Jahre sein, eine Generation, ein Jahrhundert, sogar noch mehr. Eine Sprache ändert sich etwa kaum während eines langen Zeitraums und erleidet dann in einigen Jahren beträchtliche Umgestaltungen. Von zwei Sprachen, die in einem gleichen Zeitraum nebeneinander bestehen, kann die eine sich sehr stark und die andere sich fast gar nicht entwickeln; im zweiten Fall muß die Untersuchung notwendigerweise synchronisch sein, im ersten diachronisch. Die reine Definition des Zustandes ist gegeben durch völligen Mangel an Veränderungen, und da trotzdem die Sprache sich umgestaltet, wenn auch vielleicht nur ganz wenig, so bedeutet die Untersuchung eines Sprachzustands praktisch ein Absehen von geringfügigen Veränderungen, ebenso wie Mathematiker bei gewissen Operationen, wie dem Logarithmieren, von infinitesimalen Größen absehen.

In der politischen Geschichte nennt man *Epoche*, was man als einen Zeitpunkt betrachtet, und *Periode*, was eine gewisse Dauer umfaßt. Gleichwohl spricht der Historiker von der Epoche der Antonine, der Epoche der Kreuzzüge, wenn er eine Gesamtheit von Besonderheiten betrachtet, die während dieser Zeit gleich geblieben sind. So müßte man auch sagen, daß die statische Sprachwissenschaft sich mit Epochen beschäftigt; aber das Wort „Zustand“ ist besser. Anfang und Ende einer Epoche sind im allgemeinen bezeichnet durch irgendeine mehr oder weniger entscheidende Revolution, die den bestehenden Zustand der Verhältnisse umzugestalten trachtet. Das Wort „Zustand“ erweckt nicht den Glauben, als ob in der Sprache etwas derartiges vorkäme. Außerdem läßt der Ausdruck „Epoche“, gerade weil er der Geschichte entlehnt ist, nicht so sehr an die Sprache selbst denken als an die Umstände, von denen sie umgeben und bedingt ist; mit einem Wort: sie ruft mehr die Vorstellung von dem hervor, was wir äußere Sprachwissenschaft genannt haben (vgl. S. 24).

Übrigens ist die Abgrenzung in der Zeit nicht die einzige Schwierigkeit, der wir bei der Definition des Sprachzustandes begegnen; das gleiche Problem besteht hinsichtlich der räumlichen Ausdehnung. Kurz, der Begriff des Sprachzustandes kann nur ein annähernder sein. In der statischen Sprachwissenschaft ist, wie bei den meisten Wissenschaften, kein Beweis möglich ohne eine konventionelle Vereinfachung der gegebenen Verhältnisse.

Kapitel II.

Die konkreten Tatsachen der Sprache.

§ 1. Definitionen.

Die Zeichen, aus denen die Sprache zusammengesetzt ist, sind keine Abstraktionen, sondern wirkliche Objekte (vgl. S. 18); die Sprachwissenschaft unterscheidet sie selbst und ihre Beziehungen; man kann sie die konkreten Tatsachen dieser Wissenschaft nennen.

Wir müssen uns zunächst an zwei Grundsätze erinnern, die die ganze Frage beherrschen:

1. Die sprachliche Tatsache besteht nur vermöge der Assoziation von Bezeichnendem und Bezeichnetem (vgl. S. 78); wenn man nur einen dieser Bestandteile ins Auge faßt, dann entschwindet einem dieses konkrete Objekt, und man hat statt dessen eine bloße Abstraktion vor sich. Man ist dann jeden Augenblick in Gefahr, nur einen Teil der Tatsache zu packen, während man glaubt, sie in ihrer Ganzheit zu umspannen. Das wäre z. B. der Fall, wenn man die gesprochene Reihe in Silben einteilte; die Silbe hat nur Wert in der Phonetik. Eine Folge von Lauten ist etwas Sprachliches nur, wenn sie Träger einer Vorstellung ist; für sich selbst genommen ist sie nur mehr Gegenstand einer physiologischen Untersuchung.

Ebenso ist es mit dem Bezeichneten, sowie man es von seinem Bezeichnenden trennt. Begriffe wie „Haus“, „weiß“, „sehen“ usw., an sich selbst betrachtet, gehören der Psychologie an. Sie werden sprachliche Tatsachen nur durch die Assoziation mit den Lautbildern. Denn im Bereich der Sprache ist die Vorstellung eine Begleiterscheinung der lautlichen Substanz, wie eine bestimmte Lauterscheinung mit der Vorstellung zusammen sich unmittelbar einstellt.

Man hat diese mit doppeltem Antlitz ausgestattete Einheit mit der Einheit des Menschen, die aus Körper und Seele zusammengesetzt ist, verglichen. Dieser Vergleich ist jedoch nicht befriedigend. Man könnte richtiger an einen chemischen Körper denken, das Wasser z. B.; es ist die Verbindung von Wasserstoff und Sauerstoff; jedes der Elemente hat, für sich genommen, keine der Eigenschaften des Wassers.

2. Die sprachliche Tatsache ist vollständig bestimmt nur, wenn sie abgegrenzt ist, losgetrennt von allem, was sie in der gesprochenen Reihe umgibt. Die konkreten sprachlichen Tatsachen stehen sich als abgegrenzt oder als Einheiten im Mechanismus der Sprache gegenüber.

Im ersten Augenblick ist man versucht, die sprachlichen Zeichen mit sichtbaren Zeichen zu vergleichen, welche im Raum nebeneinander bestehen können, ohne sich zu vermischen; und man bildet sich ein, daß die Abtrennung der bedeutungsvollen Elemente auf die gleiche Weise vorgenommen werden könne, ohne daß irgendeine geistige Tätigkeit dabei nötig sei. Das Wort „Form", dessen man sich oft bedient, um sie zu bezeichnen — vgl. Ausdrücke wie „Verbalform", „Nominalform" —, trägt dazu bei, uns in diesem Irrtum zu belassen. Aber bekanntlich ist die Haupteigenschaft der gesprochenen Kette, daß sie linear ist (vgl. S. 79). Für sich selbst betrachtet, ist sie nur eine Linie, ein fortlaufendes Band, in dem das Ohr keine hinlängliche und feststehende Einteilung vernimmt. Dazu ist es nötig, die Bedeutungen zu Rate zu ziehen. Wenn wir eine unbekannte Sprache hören, sind wir nicht imstande, zu sagen, wie die Folge der Laute analysiert werden müsse; das kommt daher, daß diese Analyse nicht möglich ist, wenn man nur die lautliche Seite der Sprache berücksichtigt. Wenn wir aber wissen, welchen Sinn und welche Rolle man jedem Teil dieser Sprache zuerkennen muß, dann sehen wir gewisse Teile sich voneinander ablösen und das gleichmäßig fortlaufende Band sich in Glieder abteilen; diese Analyse ist aber keineswegs materieller Natur.

Zusammenfassend kann man sagen, daß die Sprache sich nicht darstellt als ein Zusammenwirken von Zeichen, die von vornherein abgegrenzt sind, so daß man nur ihre Bedeutungen und ihre Anordnung zu untersuchen hätte; es ist eine unterschiedslose Masse, bei der nur Aufmerksamkeit und Gewöhnung uns die besonderen Elemente auffinden lassen. Die Einheit hat keinerlei besonderen lautlichen Charakter, und die einzige Definition, die man von ihr geben könnte, ist die folgende: *eine Lautfolge, welche mit Ausschluß des in der gesprochenen Reihe Vorausgehenden und Darauffolgenden das Bezeichnende für eine gewisse Vorstellung ist.*

§ 2. Methode der Abgrenzung.

Derjenige, welcher eine Sprache beherrscht, grenzt die Einheiten mittels einer Methode ab, die — wenigstens in der Theorie — sehr einfach ist. Sie besteht darin, daß man vom Sprechen ausgeht, das als Dokument der Sprache betrachtet wird, und das man durch zwei parallele Ketten darstellt, diejenige der Vorstellungen (a) und diejenige der Lautbilder (b).

Eine richtige Abgrenzung verlangt, daß die Einteilung auf der akustischen Kette (α, β, γ . . .) denjenigen auf der Kette der Vorstellungen (α', β', γ' . . .) entspricht:

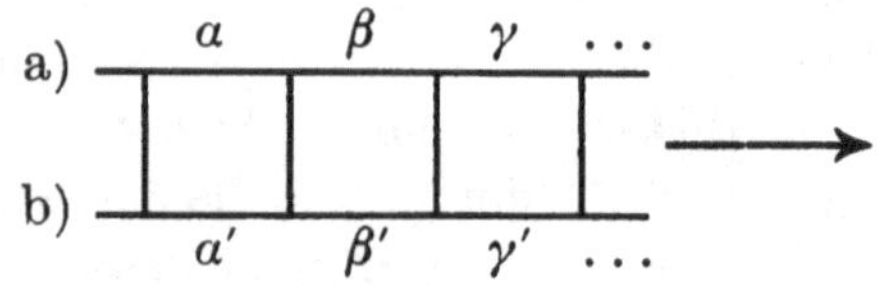

Sagen wir etwa im Französischen *sižlaprã*. Kann man diese Kette nach dem *l* abteilen und *sižl* als eine Einheit hinstellen? Nein: man braucht nur die Vorstellungen in Betracht zu ziehen, um zu erkennen, daß diese Einteilung falsch ist. Die Gliederung in Silben: *siž-la-prã* hat ebenfalls von vornherein nichts Sprachliches an sich. Die einzig möglichen Gliederungen sind: 1. *si-ž-la-prã* (*si je la prends*) und 2. *si-ž-l-aprã* (*si je l'apprends*), und diese sind bestimmt durch den Sinn, der an diese Wörter geknüpft ist.

Um das Ergebnis dieses Vorgangs zu bestätigen und sich zu vergewissern, daß man es wirklich mit einer Einheit zu tun hat, genügt es, daß man beim Vergleich einer Anzahl von Sätzen, in denen dieselbe Einheit angetroffen wird, in jedem Falle diese von dem übrigen Text lostrennen und feststellen kann, daß der Sinn diese Abgrenzung rechtfertigt. Nehmen wir also die zwei

Satzglieder: *lafǫrsdüvã* (*la force du vent* „die Kraft des Windes") und *abudfǫrs* (*à bout de force* „am Ende der Kraft"): bei dem einen wie bei dem andern fällt der gleiche Begriff zusammen mit der gleichen Lautreihe *fǫrs*; es ist also wirklich eine sprachliche Einheit. Aber in *ilməfǫrsaparlẹ* (*il me force à parler*) hat *fǫrs* einen ganz andern Sinn, es ist also eine andere Einheit.

§ 3. Praktische Schwierigkeiten der Abgrenzung.

Ist diese Methode, die theoretisch so einfach ist, auch leicht anzuwenden? Zunächst möchte man es glauben, wenn man nämlich von der Meinung ausgeht, daß die abzutrennenden Einheiten die Wörter seien; ein Satz ist nichts anderes als eine Verbindung von Wörtern; und ist das nicht ganz direkt faßbar? So wird man, um das obige Beispiel wieder aufzunehmen, sagen, daß die gesprochene Reihe *sižlaprã* in vier Einheiten zerfällt, welche unsere Analyse abzugrenzen gestattet, und welche ebensoviele Wörter sind: *si je l' apprends.* Doch kommen uns gleich Bedenken, wenn wir sehen, daß schon auf mancherlei Weise darüber gehandelt worden ist, was denn eigentlich ein Wort sei, und wenn man ein wenig darüber nachdenkt, so sieht man, daß das, was man darunter versteht, unvereinbar ist mit unserem Begriff der Einheit.

Um sich davon zu überzeugen, braucht man nur an *cheval* und seinen Plural *chevaux* zu denken. Man sagt gewöhnlich, daß das zwei Formen desselben Wortes seien. Nimmt man jedoch jedes als ein Ganzes, so sind es durchaus zwei verschiedene Dinge, und zwar sowohl hinsichtlich des Sinnes als hinsichtlich des Lautes. In *mwa* (*le mois de décembre*) und *mwaz* (*un mois après*) hat man auch dasselbe Wort unter zwei verschiedenen Erscheinungsformen, und es handelt sich dabei nicht um eine konkrete Einheit: der Sinn ist allerdings derselbe, aber die Abschnitte der Lautreihe sind verschieden. So steht man, wenn man die konkreten Einheiten den Wörtern gleichsetzen will, vor einem Dilemma: entweder muß man die doch einleuchtende Beziehung zwischen *cheval* und *chevaux*, zwischen *mwa* und *mwaz* usw. ignorieren und sagen, daß das verschiedene Wörter seien, oder an Stelle der konkreten Einheiten sich begnügen mit der Abstraktion, in der sich die verschiedenen Formen desselben Wortes vereinigen. Man muß also die konkrete Einheit in etwas anderem als in den Wörtern suchen. Übrigens sind viele Wörter zusammengesetzte Einheiten, in denen man leicht die Untereinheiten unterscheidet (Suffixe, Präfixe, Stämme); Ableitungen wie *schmerz-lich, lieb-lich, désir-eux, malheur-eux* gliedern sich in verschiedene Teile, von denen jeder nach Sinn und Rolle deutlich ist. Umgekehrt gibt es Einheiten, die umfangreicher sind als die Wörter: die Komposita (*Feder-halter, porte-plume*), Redensarten (*s'il vous plaît*), Flektionsformen (*er ist gewesen, il a été*) usw. Diese Einheiten stellen aber der Abgrenzung dieselben Schwierigkeiten entgegen wie die eigentlichen Wörter, und es ist außerordentlich schwer, in einer gesprochenen Reihe das Zusammenspiel der Einheiten, die darin zusammentreffen, zu entwirren und zu sagen, mit welchen konkreten Elementen eine Sprache operiert.

Allerdings wissen die sprechenden Personen von diesen Schwierigkeiten nichts; alles, was in irgendeinem Grade bedeutungsvoll ist, erscheint ihnen als konkretes Element, und sie unterscheiden es bei der Unterhaltung ganz unfehlbar. Es ist aber etwas ganz anderes, einerseits dieses schnelle und feine Zusammenspiel der Einheiten zu empfinden und andererseits davon durch eine methodische Analyse Rechenschaft zu geben.

Eine ziemlich verbreitete Theorie behauptet, daß die einzigen konkreten Einheiten die Sätze seien: wir sprechen nur in Sätzen, und erst nachträglich lösen wir aus ihnen die Wörter heraus. Zunächst aber fragt sich: in welchem Grade gehört denn der Satz der Sprache an (vgl. S. 16f. und 149)? Sofern er dem Sprechen angehört, kann er nicht wohl als sprachliche Einheit gelten. Nehmen wir jedoch an, diese Schwierigkeiten wären beseitigt. Wenn wir uns die Gesamtheit der Sätze, die ausgesprochen werden können, vorstellen, dann ist das Auffallendste an ihnen, daß sie sich untereinander ganz und gar nicht ähnlich sind. Im ersten Augenblick ist man versucht, die grenzenlose Verschiedenheit der Sätze in Vergleich zu stellen mit der nicht geringeren Verschiedenheit der Exemplare, welche eine zoologische Gattung ausmachen; das ist jedoch eine Täuschung: bei den Tieren einer und derselben Gattung sind die gemeinsamen Eigenschaften viel wesentlicher als die Verschiedenheiten, die zwischen ihnen bestehen; bei den Sätzen dagegen ist gerade die Verschiedenheit wichtig, und wenn man sich fragt, was sie trotz dieser wesentlichen Verschiedenheit untereinander gemein haben, so findet man doch wieder das Wort mit seinen grammatikalischen Bestimmungen, auch wenn man es dabei gar nicht auf das Wort abgesehen hatte, und man kommt wieder auf dieselben Schwierigkeiten zurück.

§ 4. Schlußfolgerung.

Bei der Mehrzahl der Wissensgebiete spielt die Frage nach den Einheiten überhaupt keine Rolle: sie sind von vornherein gegeben. So ist es in der Zoologie das Tier, was sich schon im ersten Augenblick darbietet. Auch die Astronomie hat es mit Einheiten, die getrennt im Raume sind, zu tun: den Sternen; in der Chemie kann man die Natur und die Zusammensetzung des doppeltchromsauren Salzes der Pottasche untersuchen, ohne einen Augenblick zu zweifeln, daß das ein genau definiertes Objekt sei.

Wenn eine Wissenschaft keine konkreten Einheiten darbietet, die unmittelbar zu erkennen sind, so kommt das sonst daher, daß sie daselbst nicht wesentlich sind. In der Geschichte z. B. weiß man nicht recht, ob das Individuum oder die Epoche oder das Volk diese Rolle hat; aber es liegt auch nichts daran. Man kann Geschichte treiben, ohne sich über diesen Punkt im klaren zu sein.

Aber ebenso wie das Schachspiel ganz auf der Kombination der verschiedenen Figuren beruht, ebenso hat die Sprache den Charakter eines Systems, das durchaus auf der Gegenüberstellung seiner konkreten Einheiten beruht. Man kann nicht auf ihre Kenntnis verzichten, noch auch nur einen Schritt machen, ohne auf sie zurückzukommen, und gleichwohl ist ihre Abgrenzung ein so heikles Problem, daß man sich fragen muß, ob sie wirklich gegeben sind.

Die Sprache hat also die merkwürdige und überraschende Eigenschaft, keine im ersten Augenblick greifbaren Tatsachen darzubieten, und doch kann man nicht daran zweifeln, daß solche bestehen, und daß es bei der Sprache gerade auf ihr Zusammenspiel ankommt. Das ist ohne Zweifel ein Zug, der sie von allen andern semeologischen Einrichtungen unterscheidet.

Kapitel III.

Gleichheiten, Realitäten, Werte.

Die soeben gemachte Feststellung wirft ein Problem auf, das um so wichtiger ist, als in der statischen Sprachwissenschaft jeder beliebige Grundbegriff unmittelbar von der Meinung abhängt, die man über die Einheit hat, ja sogar mit dieser zusammenfließt. Das wollen wir nacheinander beweisen an den Begriffen der synchronischen Gleichheit, Realität und des Wertes.

A. Was ist eine synchronische Gleichheit? Es handelt sich hier nicht um die Gleichheit zwischen der franz. Negation *pas* mit dem lateinischen *passum*; diese ist diachronischer Art — davon wird S. 217 die Rede sein —, sondern um diejenige Gleichheit, die nicht weniger bemerkenswert ist, und um derentwillen wir z. B. sagen, daß zwei Sätze wie *je ne sais pas* und *ne dîtes pas cela* dasselbe Element enthalten. Eine müßige Frage, wird man sagen: Gleichheit besteht, weil in den zwei Sätzen das gleiche Lautstück (*pas*) mit der gleichen Bedeutung ausgestattet ist. Diese Erklärung ist aber ungenügend, denn während die Entsprechung von Stücken der Lautreihen und Vorstellungen die Gleichheit beweist (vgl. weiter oben das Beispiel *la force du vent : à bout de force*), so ist die Umkehrung davon nicht wahr. Es kann auch Gleichheit ohne diese Entsprechungen bestehen. Wenn man bei einem Vortrag mehrmals das Wort *Messieurs!* wiederholen hört, hat man den Eindruck, daß es sich jedesmal um denselben Ausdruck handelt, und gleichwohl bieten die Verschiedenheiten in Betonung und Modulation sich an den verschiedenen Stellen mit sehr deutlichen lautlichen Verschiedenheiten dar — mit Verschiedenheiten, die ebenso deutlich sind wie diejenigen, welche sonst dazu dienen, verschiedene Wörter zu unterscheiden (vgl. *pomme* und *paume, goutte* und *je goûte, fuir* und *fouir* usw.); außerdem bleibt das Gefühl der Gleichheit bestehen, obwohl in semasiologischer Hinsicht keine vollkommene Identität zwischen dem einen *Messieurs!* und dem andern besteht. Ebenso wie ein Wort schließlich verschiedene Vorstellungen ausdrücken kann, ohne daß seine Gleichheit ernstlich in Frage gezogen würde (Schrift = Schriftstück, Schrift = Duktus;

Passanten [um Hilfe] anrufen, jemanden [telephonisch] anrufen; vgl. *adopter une mode, adopter un enfant*; *la fleur du pommier* und *la fleur de la noblesse* usw.).

Beim Mechanismus der Sprache dreht sich alles um Gleichheiten und Verschiedenheiten, wobei die letzteren nur das Gegenstück von den ersteren sind. Also stößt man überall wieder auf das Problem der Gleichheiten; andererseits aber fällt es zum Teil zusammen mit dem der konkreten Tatsachen und der Einheiten, und es ist nur eine, übrigens sehr fruchtbare Komplikation desselben. Diese Eigentümlichkeit erhellt sehr deutlich aus dem Vergleich mit einigen Tatsachen außerhalb der Sprache. So sprechen wir von Gleichheit bezüglich der beiden Schnellzüge „Genf—Paris 8.45 abends", die mit einem Abstand von 24 Stunden abgehen. In unsern Augen ist es derselbe Schnellzug, gleichwohl aber sind wahrscheinlich die Lokomotive, die Wagen, das Personal alles verschieden. Oder, wenn eine Straße zerstört wird, dann aber wieder aufgebaut ist, sagen wir, daß es dieselbe Straße ist, obwohl materiell vielleicht nichts von der alten Straße fortbesteht. Warum kann man eine Straße von Grund auf wieder aufbauen, ohne daß sie aufhört, dieselbe zu sein? Weil die Tatsache, die sie darstellt, nicht lediglich materiell ist; sie gründet sich auf gewisse Bedingungen, denen die zufällige Materie fremd ist, z. B. ihre Lage im Vergleich zu andern Straßen; ähnlich das, was den Schnellzug ausmacht: die Stunde seines Abgangs, seine Route und ganz allgemein die Umstände, die ihn von andern Schnellzügen unterscheiden. Jedesmal, wenn dieselben Bedingungen sich verwirklichen, erhält man dieselbe Tatsache, und gleichwohl sind diese nicht abstrakt, weil man sich eine Straße oder einen Schnellzug nicht außerhalb der materiellen Verwirklichung vorstellt.

Dem vorausgehenden Fall wollen wir den gänzlich verschiedenen eines Kleidungsstückes entgegensetzen, das mir etwa gestohlen wäre, und das ich in einem Trödlerladen wiederfände. Dabei handelt es sich um eine materielle Tatsache, welche einzig auf der toten Substanz beruht, dem Stoff, dem Futter, den Knöpfen usw. Ein anderes Kleidungsstück, so ähnlich es dem ersten auch sein möge, ist nicht das meinige. Aber die sprachliche Gleichheit ist nicht diejenige des Kleidungsstücks, sondern diejenige des Schnellzugs oder der Straße. Jedesmal, wenn ich das Wort *Messieurs!* anwende, so erneuere ich dessen Materie; es ist ein neuer Lautakt und ein neuer psychologischer Akt. Was die beiden Anwendungen desselben Wortes einander gleich macht, beruht nicht auf der materiellen Gleichheit, noch auf der genauen Ähnlichkeit des Sinns, sondern auf den Elementen, die man wiederfinden muß, und die einen sehr nahe an die wahre Natur der sprachlichen Einheiten heranführen.

B. Was ist eine synchronische Realität? Welche konkreten oder abstrakten Elemente kann man so nennen?

Nehmen wir z. B. die Unterscheidung der Redeteile: Worauf beruht die Klassifikation der Wörter in Substantive, Adjektive usw.? Geschieht sie auf Grund eines rein logischen, außersprachlichen Prinzips, das von außen her auf die Grammatik angewandt wird, wie die Längen- und Breitengrade auf den Erdglobus, oder entspricht ihnen irgend etwas, das seine Stellung im sprachlichen System hat und durch dieses bedingt ist? Mit einem Wort: Ist die Unterscheidung der Redeteile eine synchronische Realität? Die zweite Annahme erscheint als möglich, aber man könnte auch die erste verteidigen. Ist in dem Satz *les gants sont bon marché* (die Handschuhe sind billig) *bon marché* ein Adjektiv? In logischer Beziehung hat es den Sinn eines solchen, grammatisch betrachtet ist das weniger sicher, denn *bon marché* verhält sich nicht wie ein Adjektiv (es ist unveränderlich, tritt nie vor sein Substantiv usw.). Außerdem ist es aus zwei Wörtern zusammengesetzt; nun aber soll die Unterscheidung der Redeteile gerade zur Klassifizierung der Wörter der Sprache dienen; wie kann eine Gruppe von Worten einem dieser Redeteile zuerkannt werden? Umgekehrt aber wird man dieser Ausdrucksweise nicht gerecht, wenn man sagt, daß *bon* ein Adjektiv und *marché* ein Substantiv ist. Also haben wir es hier mit einer mangelhaften und unvollkommenen Klassifizierung zu tun; die Unterscheidung der Worte in Substantiva, Verba, Adjektiva usw. ist also keine unbestreitbare sprachliche Realität.

So arbeitet die Sprachwissenschaft immerzu mit Begriffen, die von Grammatikern gebildet sind und von denen man nicht weiß, ob sie wirklich den gestaltenden Faktoren des sprachlichen Systems entsprechen. Aber wie sollte man es wissen? Und wenn es nur Phantome sind, welche Realitäten soll man ihnen entgegenstellen?

Um Irrtümer zu vermeiden, muß man sich zunächst darüber klar sein, daß die konkreten Tatsachen der Sprache sich nicht von selbst unserer Beobachtung darbieten. Sowie man sie aber ernstlich zu fassen sucht, kommt man an die Wirklichkeit heran; von da ausgehend, kann man alle die Klassifizierungen aufstellen, welche die Sprachwissenschaft zur Ordnung der Tatsachen ihres Gebietes nötig hat. Andererseits, wenn man diese Klassifizierungen auf etwas anderes als die konkreten Tatsachen gründet — wenn man etwa sagt, daß die Redeteile Faktoren der Sprache seien, bloß weil sie logischen Kategorien entsprechen —, so vergißt man, daß es keine sprachlichen Tatsachen gibt, die unabhängig sind von einer lautlichen Masse, die in Bedeutungselemente abgeteilt ist.

C. Endlich unterscheiden sich die in diesem Abschnitt erwähnten Begriffe nicht wesentlich von dem, was wir an anderer Stelle Geltung oder Wert genannt haben. Ein neuer Vergleich mit dem Schachspiel wird uns das verständlich machen (vgl. S. 105). Nehmen wir einen Springer: Ist er, für sich betrachtet, ein Bestandteil des Spiels? Sicherlich nicht, weil er als Gegenstand schlechthin, außerhalb seines Feldes und ohne die sonstigen Bedingungen des Spiels nichts darstellt, sondern erst dann ein wirklicher und konkreter Bestandteil des Spiels wird, wenn er mit einer Geltung ausgestattet ist und diesen Wert verkörpert. Nehmen wir an, daß im Verlauf einer Partie diese Figur entzwei oder verloren gegangen wäre, dann könnte man irgendeinen andern Gegenstand als gleichwertig dafür einsetzen; man könnte nicht nur einen andern Springer, sondern auch irgendeine Figur, die gar nicht wie ein Springer aussieht, für einen solchen erklären, indem man ihr nur diese Geltung gibt und diesen Wert beilegt. Man sieht also, daß in semeologischen Systemen wie der Sprache, wo die Elemente sich nach bestimmten Regeln gegenseitig im Gleichgewicht halten, der Begriff der Gleichheit mit dem der Geltung oder des Wertes zusammenfließt und umgekehrt.

Deshalb umfaßt der Begriff des Wertes letzten Endes den der Einheit, der konkreten Tatsache und der Realität. Aber wenn kein grundsätzlicher Unterschied zwischen den verschiedenen Betrachtungsweisen besteht, so folgt daraus, daß man nacheinander von verschiedenen Seiten an das Problem herantreten kann. Gleichviel ob man die Einheit, die Realität, die konkrete Tatsache oder den Wert bestimmen will, man kommt immer wieder darauf, dieselbe entscheidende Frage zu stellen, welche die ganze statische Sprachwissenschaft beherrscht.

In praktischer Hinsicht wäre es interessant, mit den Einheiten zu beginnen, sie zu bestimmen und durch Klassifizierung ihre Verschiedenheit klarzustellen. Es wäre zu untersuchen, worauf die Einteilung in Wörter beruht — denn das Wort ist, trotz der Schwierigkeit, es zu definieren, eine Einheit, die sich dem Geist aufdrängt, etwas Zentrales im Mechanismus der Sprache —; aber das ist ein Gegenstand, der allein ein ganzes Buch füllen würde. Dann hätte man die Untereinheiten zu klassifizieren, die umfassenderen Einheiten usw. Wenn unsere Wissenschaft die Elemente, mit denen sie zu tun hat, so bestimmen würde, so würde sie ihre Aufgabe vollständig erfüllen, denn sie hätte alle Erscheinungen ihres Gebietes auf ihre letzte Grundlage zurückgeführt. Man kann nicht sagen, daß dieses Zentralproblem jemals aufgeworfen worden und daß seine weittragende Bedeutung und Schwierigkeit verstanden worden sei; auf sprachlichem Gebiet hat man sich immer mit ungenügend definierten Einheiten zufriedengegeben.

Jedoch ist es trotz der entscheidenden Wichtigkeit der Einheiten besser, das Problem von der Seite des Wertes aus anzupacken, weil damit, meiner Ansicht nach, der grundlegende Gesichtspunkt gegeben ist.

Kapitel IV.

Der sprachliche Wert.

§ 1. Die Sprache als in der lautlichen Materie organisiertes Denken.

Um sich zu vergegenwärtigen, daß die Sprache nichts anderes als ein System von bloßen Werten ist, genügt es, die beiden

Bestandteile zu berücksichtigen, welche beim Ablauf der Vorgänge im Spiele sind, nämlich die Vorstellungen und die Laute.

Psychologisch betrachtet ist unser Denken, wenn wir von seinem Ausdruck durch die Worte absehen, nur eine gestaltlose und unbestimmte Masse. Philosophen und Sprachforscher waren immer darüber einig, daß ohne die Hilfe der Zeichen wir außerstande wären, zwei Vorstellungen dauernd und klar auseinander zu halten. Das Denken, für sich allein genommen, ist wie eine Nebelwolke, in der nichts notwendigerweise begrenzt ist. Es gibt keine von vornherein feststehenden Vorstellungen, und nichts ist bestimmt, ehe die Sprache in Erscheinung tritt.

Gegenüber diesem verschwommenen Gebiet würden nun die Laute für sich selbst gleichfalls keine fest umschriebenen Gegenstände darbieten. Die lautliche Masse ist ebensowenig etwas fest Abgegrenztes und klar Bestimmtes; sie ist nicht eine Hohlform, in die sich das Denken einschmiegt, sondern ein plastischer Stoff, der seinerseits in gesonderte Teile zerlegt wird, um Bezeichnungen zu liefern, welche das Denken nötig hat. Wir können also die Sprache in ihrer Gesamtheit darstellen als eine Reihe aneinander grenzender Unterabteilungen, die gleichzeitig auf dem unbestimmten Feld der vagen Vorstellung (A) und auf dem ebenso unbestimmten Gebiet der Laute (B) eingezeichnet sind; das kann man in annähernder Weise durch folgendes Schema abbilden:

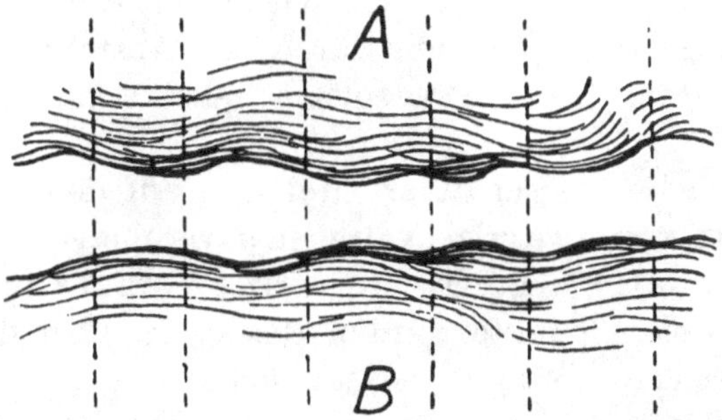

Die Sprache hat also dem Denken gegenüber nicht die Rolle, vermittelst der Laute ein materielles Mittel zum Ausdruck der Gedanken zu schaffen, sondern als Verbindungsglied zwischen dem Denken und dem Laut zu dienen, dergestalt, daß deren

Verbindung notwendigerweise zu einander entsprechenden Abgrenzungen von Einheiten führt. Das Denken, das seiner Natur nach chaotisch ist, wird gezwungen, durch Gliederung sich zu präzisieren; es findet also weder eine Verstofflichung der Gedanken noch eine Vergeistigung der Laute statt, sondern es handelt sich um die einigermaßen mysteriöse Tatsache, daß der „Laut-Gedanke" Einteilungen mit sich bringt, und die Sprache ihre Einheiten herausarbeitet, indem sie sich zwischen zwei gestaltlosen Massen bildet. Man stelle sich etwa vor: die Luft in Berührung mit einer Wasserfläche; wenn der atmosphärische Druck wechselt, dann löst sich die Oberfläche des Wassers in eine Anzahl von Einteilungen, die Wellen, auf; diese Wellenbildung könnte einen Begriff von der Verbindung des Denkens mit dem Stoff der Laute, von der gegenseitigen Zuordnung beider, geben.

Man könnte die Sprache das Gebiet der Artikulation nennen, indem man dieses Wort in dem S. 12 definierten Sinne nimmt: jeder Bestandteil der Sprache ist ein kleines Glied, ein *articulus*, wo ein Gedanke sich in dem Laut festsetzt, und wo ein Laut das Zeichen eines Gedankens wird.

Die Sprache ist ferner vergleichbar mit einem Blatt Papier: das Denken ist die Vorderseite und der Laut die Rückseite; man kann die Vorderseite nicht zerschneiden, ohne zugleich die Rückseite zu zerschneiden; ebenso könnte man in der Sprache weder den Laut vom Gedanken noch den Gedanken vom Laut trennen; oder es gelänge wenigstens nur durch eine Abstraktion, die dazu führte, entweder reine Psychologie oder reine Phonetik zu treiben.

Die Sprachwissenschaft arbeitet also auf dem Grenzgebiet, wo Elemente von zweierlei Natur sich verbinden; diese Verbindung schafft eine Form, keine Substanz.

Diese Gesichtspunkte werden das S. 79 über die Beliebigkeit des Zeichens Gesagte verständlicher machen. Nicht nur sind die beiden Gebiete, die durch die Tatsache der Sprache miteinander verbunden werden, unbestimmt und gestaltlos, sondern auch die Wahl, welche irgendeinen Abschnitt der Lautmasse irgendeiner Vorstellung entsprechen läßt, ist völlig beliebig. Wenn das nicht der Fall wäre, dann würde der Begriff des Wertes etwas von seiner Eigentümlichkeit verlieren, weil er einen von außen aufgenötigten Bestandteil enthielte. In Wirklichkeit aber sind die Werte etwas vollständig Relatives, und eben deshalb ist die Verbindung von Vorstellung und Laut ganz und gar beliebig.

Die Beliebigkeit des Zeichens läßt uns auch besser verstehen, warum nur der soziale Zustand ein sprachliches System zu schaffen vermag. Die Gesellschaft ist notwendig, um Werte aufzustellen, deren einziger Daseinsgrund auf dem Gebrauch und dem allgemeinen Einverständnis beruht. Das Individuum ist für sich allein außerstande, einen Wert festzusetzen.

Außerdem zeigt uns der so bestimmte Begriff des Wertes, daß es ganz irrig wäre, ein Glied schlechthin als die Einigung eines gewissen Lautes mit einer gewissen Vorstellung zu betrachten. Eine solche Definition würde bedeuten, daß man es von dem System, von dem es ein Teil ist, abtrennt und vereinzelt; würde bedeuten, daß man mit den Gliedern beginnen und durch ihre Summierung das System konstruieren kann, während man im Gegenteil von dem in sich zusammenhängenden Ganzen ausgehen muß, um durch Analyse die Bestandteile zu gewinnen, die es einschließt.

Um diese These zu entwickeln, gehen wir nacheinander aus vom Bezeichneten oder der Vorstellung (§ 2), vom Bezeichnenden (§ 3) und vom Zeichen (§ 4).

Da wir die konkreten Tatsachen oder Einheiten der Sprache nicht direkt fassen können, wollen wir von den Wörtern ausgehen; obwohl diese der Definition der sprachlichen Einheit nicht genau entsprechen (s. S. 125), geben sie davon doch wenigstens einen annähernden Begriff, der den Vorzug hat, konkret zu sein; daher wollen wir sie als Beispiele nehmen, die den wirklichen Gliedern eines synchronischen Systems entsprechen, und die von den Wörtern abgeleiteten Grundsätze werden für die Sprachtatsachen im allgemeinen gültig sein.

§ 2. Der sprachliche Wert, von der Seite der Vorstellung aus betrachtet.

Wenn man von der Geltung eines Wortes spricht, denkt man im allgemeinen und vor allem daran, daß es eine Vorstellung vergegenwärtigt, und das ist in der Tat eine der verschiedenen Seiten des sprachlichen Wertes. Wenn das aber der Fall ist, wodurch unterscheidet sich der Wert von dem, was man die Bedeutung nennt? Sind diese beiden Wörter synonym? Wohl kaum; obgleich beides leicht durcheinander gebracht werden könnte, nicht so sehr, weil Geltung und Bedeutung einander nahestehende Ausdrücke sind, sondern vielmehr deshalb, weil der Unterschied zwischen beiden gar nicht so leicht zu fassen ist.

Geltung oder Wert, von der Seite des Vorstellungsinhaltes genommen, ist ohne Zweifel ein Bestandteil der Bedeutung, und es ist schwer, anzugeben, wodurch sich beides unterscheidet, obwohl doch die Bedeutung vom Wert abhängig ist. Gleichwohl ist es notwendig, diese Frage ins reine zu bringen, wenn man nicht die Sprache auf eine bloße Nomenklatur zurückführen will (vgl. S. 77).

Nehmen wir zuerst die Bedeutung, so wie man sie sich vorstellt, und wie wir sie S. 78 dargestellt haben:

Sie ist, wie die Pfeile in der Figur zeigen, nur das Gegenstück zum Lautbild. Es dreht sich alles nur um die Beziehung zwischen Lautbild und Vorstellung innerhalb des Wortes selbst, das dabei als ein selbständiges, für sich bestehendes Ganzes betrachtet wird.

Nun zeigt sich aber noch eine ganz unvorhergesehene Seite der Sache: einerseits nämlich erscheint uns innerhalb des Zeichens die Vorstellung wie das Gegenstück des Lautbildes und andererseits ist das Zeichen selbst, d. h. die Beziehung, welche die beiden Bestandteile verbindet, ebenfalls und ebensosehr das Gegenstück der andern Zeichen der Sprache.

Da die Sprache ein System ist, dessen Glieder sich alle gegenseitig bedingen und in dem Geltung und Wert des einen nur aus dem gleichzeitigen Vorhandensein des andern sich ergeben, gemäß dem Schema:

wie kommt es da, daß der so definierte Wert sich mit der Bedeutung vermischt, d. h. also mit dem Gegenstück des Lautbildes? Es ist offenbar unmöglich, die Beziehungen, die hier durch wagrechte Pfeile dargestellt sind, denjenigen gleichzusetzen, die oben durch senkrechte Pfeile angedeutet sind. Mit andern Worten — um den Vergleich mit dem Blatt Papier, das zerschnitten wird, wieder aufzunehmen (vgl. S. 134) —: es ist nicht einzusehen, warum die Beziehung, die zwischen den verschiedenen Stücken A, B, C, D usw. festgestellt wird, nicht verschieden sein sollte von derjenigen, welche besteht zwischen der Vorderseite und der Rückseite eines und desselben Stückes, also A/A′, B/B′ usw.

Zur Antwort auf diese Frage wollen wir zunächst feststellen, daß auch außerhalb der Sprache alle Werte sich von diesem Grundsatz beherrscht zeigen. Sie sind immer gebildet:

1. durch etwas *Unähnliches*, das *ausgewechselt* werden kann gegen dasjenige, dessen Wert zu bestimmen ist;

2. durch *ähnliche* Dinge, die man *vergleichen* kann mit demjenigen, dessen Wert in Rede steht.

Diese beiden Faktoren sind notwendig für das Vorhandensein eines Wertes. So muß man zur Feststellung des Wertes von einem Fünfmarkstück wissen: 1. daß man es auswechseln kann gegen eine bestimmte Menge einer andern Sache, z. B. Brot; 2. daß man es vergleichen kann mit einem ähnlichen Wert des gleichen Systems, z. B. einem Einmarkstück, oder mit einer Münze eines andern Systems, z. B. einem Franc. Ebenso kann ein Wort ausgewechselt werden gegen etwas Unähnliches: eine Vorstellung; außerdem kann es verglichen werden mit einer Sache gleicher Natur: einem andern Wort. Sein Wert ist also nicht bestimmt, wenn man nur feststellt, daß es ausgewechselt werden kann gegen diese oder jene Vorstellung, d. h. daß es diese oder jene Bedeutung hat; man muß es auch noch vergleichen mit ähnlichen Werten, mit andern Wörtern, die man daneben setzen kann; sein Inhalt ist richtig bestimmt nur durch die Mitwirkung dessen, was außerhalb seiner vorhanden ist. Da es Teil eines Systems ist, hat es nicht nur eine Bedeutung, sondern zugleich und hauptsächlich einen Wert, und das ist etwas ganz anderes.

Einige Beispiele mögen zeigen, daß es so ist: das franz. *mouton* kann dieselbe Bedeutung haben wie das engl. *sheep*, aber nicht denselben Wert, und das aus mancherlei Gründen, besonders deshalb, weil, wenn von einem Stück Fleisch die Rede ist, das zubereitet und auf den Tisch gebracht wird, das Englische *mutton* und nicht *sheep* sagt. Der Unterschied des Wertes zwischen *sheep* und *mouton* kommt daher, weil das erstere neben sich ein zweites Glied hat, was bei dem franz. Wort nicht der Fall ist.

Innerhalb einer und derselben Sprache begrenzen sich gegenseitig alle Worte, welche verwandte Vorstellungen ausdrücken: Synonyma wie *denken, meinen, glauben* haben ihren besonderen Wert nur durch ihre Gegenüberstellung; wenn *meinen* nicht vorhanden wäre, würde sein ganzer Inhalt seinen Konkurrenten zufallen. Umgekehrt gibt es Glieder, die sich durch Berührung mit andern bereichern; z. B. rührt der neue Bestandteil, der bei *décrépit* hinzugetreten ist (*un vieillard décrépit*, vgl. S. 98), von dem danebenstehenden *décrépi* her (*un mur décrépi*). So ist der Wert von jedem beliebigen Glied begrenzt durch das, was es umgibt; das ist sogar bei einem Wort wie „Sonne“ der Fall, dessen Wert erst dann ganz bestimmt ist, wenn man berücksichtigt, was es umgibt; es gibt Sprachen, in denen es unmöglich wäre zu sagen: *s'asseoir au soleil* „sich in die Sonne setzen“.

Was von den Wörtern gesagt wurde, findet Anwendung auf jedes beliebige Glied der Sprache, z. B. auf die grammatikalischen Erscheinungen. So deckt sich z. B. der Wert eines deutschen Plurals nicht mit dem eines Plurals im Sanskrit, obwohl die Bedeutung meistens gleich sein wird: das kommt daher, weil das Sanskrit drei Numeri an Stelle von zweien besitzt (*meine Augen, meine Ohren, meine Arme, meine Beine* usw. würde dort im Dual stehen). Es wäre ungenau, dem Plural im Sanskrit und im Deutschen den gleichen Wert zuzuerkennen, weil das Sanskrit den Plural nicht in allen Fällen anwenden kann, wo es im Deutschen die Regel ist; sein Wert hängt also sehr wohl von dem ab, was außerhalb desselben und rings um ihn herum ist.

Wenn die Wörter die Aufgabe hätten, von vornherein gegebene Vorstellungen darzustellen, hätte jedes hinsichtlich seines Sinnes in einer Sprache wie in allen andern ganz genaue Entsprechungen; das ist aber nicht der Fall. Das Französische sagt ohne Unterschied *louer* (*une maison*) da, wo das Deutsche die zwei Ausdrücke „mieten“ und „vermieten“ gebraucht, also besteht keine genaue Entsprechung der Werte. Die Verba *schätzen* und *urteilen* bieten einen Komplex von Bedeutungen dar, der im großen und ganzen dem von franz. *estimer* und *juger* entspricht; jedoch stimmt diese Entsprechung nicht in jeder Hinsicht ganz genau.

Die Flexion bietet besonders in die Augen springende Beispiele dar. Die Unterscheidung der Zeiten, die uns so geläufig ist, ist gewissen Sprachen fremd; das Hebräische kennt nicht einmal die doch so grundlegende zwischen Vergangenheit, Gegenwart und Zukunft; das Urgermanische hat keine eigene Form für das Futur; wenn man sagt, es gäbe dieses durch das Präsens wieder, dann drückt man sich ungenau aus; denn der Wert eines Präsens ist im Urgermanischen ein anderer als in Sprachen, die ein Futur neben dem Präsens haben. Die slavischen Sprachen unterscheiden regelmäßig zwei Aspekte des Verbums: das Perfektiv stellt eine Handlung in ihrer Gesamtheit wie einen Punkt dar, außerhalb des Werdens; das Imperfektiv zeigt sie im Verlauf des Geschehens auf einer Linie der Zeit. Diese Kategorien bereiten Deutschen und Franzosen Schwierigkeiten, weil ihre Sprache sie nicht kennt: wenn sie im voraus bestimmt wären, wäre das nicht der Fall. In allen diesen Fällen stoßen wir also statt auf von vornherein gegebene Vorstellungen auf Werte, die sich aus dem System ergeben. Wenn man sagt, daß sie Begriffen entsprechen, so deutet man damit zugleich an, daß diese selbst lediglich durch Unterscheidungen bestehen, die nicht positiv durch ihren Inhalt, sondern negativ durch ihre Beziehungen zu den andern Gliedern des Systems definiert sind. Ihr bestimmtestes Kennzeichen ist, daß sie etwas sind, was die andern nicht sind. Daraus läßt sich die wirkliche Geltung des Schemas für das Zeichen erkennen. So besagt:

daß im Deutschen eine Vorstellung „urteilen" mit einem Lautbild *urteilen* verbunden ist, mit einem Wort: es stellt die Bedeutung dar; aber diese Vorstellung ist, wohlverstanden, nichts Primäres, sondern nur ein Wert, der durch seine Verhältnisse zu andern ähnlichen Werten bestimmt ist, und ohne diese Verhältnisse würde die Bedeutung nicht existieren. Wenn ich schlechthin aussage, daß ein Wort irgend etwas bedeutet, wenn ich mich an die Assoziation von Lautbild und Vorstellung halte, dann vollziehe ich eine Operation, die in einem gewissen Maße richtig sein und eine Vorstellung der Wirklichkeit geben kann, aber keinesfalls drücke ich dann den sprachlichen Sachverhalt seinem ganzen Wesen und Umfang nach aus.

§ 3. Der sprachliche Wert, von der materiellen Seite aus betrachtet.

Wenn beim Wert die Seite der Bedeutung einzig und allein durch seine Beziehungen und Verschiedenheiten mit andern Gliedern der Sprache gebildet wird, so kann man dasselbe von seiner materiellen Seite sagen. Was bei einem Wort in Betracht kommt, das ist nicht der Laut selbst, sondern die lautlichen Verschiedenheiten, welche dieses Wort von allen andern zu unterscheiden gestatten, denn diese Verschiedenheiten sind die Träger der Bedeutung.

Das könnte vielleicht überraschen; aber wie könnte es in Wahrheit anders sein? Da es kein Lautbild gibt, das besser als ein anderes dem entspricht, was es auszusagen bestimmt ist, so leuchtet ein, und zwar selbst a priori, daß niemals ein Bruchstück der Sprache letzten Endes auf etwas anderes begründet sein kann als auf sein Nichtzusammenfallen mit allem übrigen. Beliebigkeit und Verschiedenheit sind zwei korrelative Eigenschaften.

Deutlich zeigt sich diese Zusammengehörigkeit von Beliebigkeit und Verschiedenheit bei der Umgestaltung der sprachlichen Zeichen. Gerade weil die Glieder a und b als solche unmöglich bis in das Gebiet des Bewußtseins gelangen können — denn dieses nimmt stets nur die Verschiedenheit a/b wahr —, besteht für jedes dieser Glieder die Freiheit, sich umzugestalten nach Gesetzen, die ihrer Bedeutungsfunktion fremd sind. Der tschechische Genetiv Plural *žen* ist durch kein positives Zeichen charakterisiert (vgl. S. 103); gleichwohl leistet die Formengruppe *žena : žen* ebenso gute Dienste wie die: *žena : ženъ*, die vorher bestand; das kommt daher, weil einzig und allein die Verschiedenheit der Zeichen im Spiele ist; *žena* hat einen Wert nur, weil es verschieden ist.

Ein weiteres Beispiel, das noch deutlicher zeigt, inwiefern dieses Zusammenspiel der Verschiedenheiten etwas Systematisches ist: im Griechischen ist *éphēn* ein Imperfekt und *éstēn* ein Aorist, obwohl beide ganz gleich gebildet sind; das kommt daher, daß das erstere dem System des Indikativ-Präsens *phēmí* „ich sage" angehört, während es kein Präsens **stēmí* gibt; aber gerade die Beziehung *phēmí—éphēn* entspricht der Beziehung zwischen dem Präsens und dem Imperfekt (vgl. *deíknūmi* und *edeíknūn* usw.). Diese Zeichen wirken und gelten also nicht vermöge eines in ihnen selbst enthaltenen Wertes, sondern ihre Geltung beruht auf ihrer gegenseitigen Stellung.

Übrigens ist es unmöglich, daß der Laut an sich, der nur ein materielles Element ist, der Sprache angehören könnte. Er ist für sie nur etwas Sekundäres, ein Stoff, mit dem sie umgeht. Die konventionellen Werte haben es alle an sich, daß sie nicht zusammenfallen mit dem greifbaren Gegenstand, der ihnen als Stütze dient. So ist es nicht das Metall eines Geldstücks, das seinen Wert bestimmt; es ist mehr oder weniger wert in der oder jener Prägung, mehr oder weniger diesseits oder jenseits einer politischen Grenze, und das gilt erst recht von dem bezeichnenden Element in der Sprache; seinem Wesen nach ist es keineswegs lautlich, es ist unkörperlich, es ist gebildet nicht durch seine stoffliche Substanz, sondern einzig durch die Verschiedenheiten, welche sein Lautbild von allen andern trennen.

Dieser Grundsatz ist so wesentlich, daß er auf alle materiellen Bestandteile der Sprache Anwendung findet; auch auf die Phoneme selbst. Jedes Idiom setzt seine Wörter auf Grund eines Systems von Lautelementen zusammen, deren jedes eine klar abgegrenzte Einheit darstellt und deren Zahl völlig bestimmt ist. Was diese charakterisiert, ist also nicht, wie man glauben könnte, die ihnen eigentümliche positive Qualität, sondern schlechthin die Tatsache, daß sie unter sich nicht zusammenfließen. Die Phoneme sind in erster Linie Dinge, die einander entgegengesetzt, relativ und negativ sind.

Der Beweis dafür ist der Umstand, daß die Individuen bei der Aussprache der Laute einen gewissen Spielraum haben, wobei aber innerhalb der Grenzen dieses Spielraumes die Laute doch voneinander unterschieden bleiben. Daß z. B. im Französischen nach allgemeinem Brauch das *r* mit dem Zäpfchen gesprochen wird, hindert nicht, daß viele Leute es doch rollen; die Sprache gerät dadurch nicht in Verwirrung; sie erfordert nur Verschiedenheit und verlangt nicht, wie man es sich vorstellen könnte, daß der Laut eine unveränderliche Qualität habe. Ich kann sogar das französische *r* wie deutsches *ch* in *Bach, doch* usw. aussprechen, während ich im Deutschen nicht *r* für *ch* anwenden könnte, weil diese Sprache beide als Elemente anerkennt und sie unterscheiden muß. Ebenso gibt es im Russischen keinen Spielraum von *t* zu *t'* hin (palatalisiertes *t*), weil das Ergebnis wäre, daß zwei durch die Sprache differenzierte Laute zusammengeworfen würden (vgl. *govorít'* „sprechen" und *govorít* „er spricht"). Dagegen kann es dort einen größeren Spielraum von *t* zu *th* hin (aspiriertes *t*) geben, weil dieser Laut nicht im Lautsystem des Russischen vorgesehen ist.

Da man die gleichen Verhältnisse in einem andern Zeichensystem, nämlich dem der Schrift, feststellen kann, nehmen wir dieses als Vergleichspunkt zur Aufklärung dieser Frage. In der Tat sind

1. die Schriftzeichen beliebig; keinerlei innere Beziehung besteht z. B. zwischen dem Buchstaben *t* und dem Laut, den er bezeichnet.

2. Der Wert der Buchstaben ist lediglich negativ und differentiell; so kann ein und derselbe Mensch das *t* mit Abweichungen schreiben, wie die folgenden

Das einzig Wesentliche ist, daß dieses Zeichen in seiner Handschrift nicht mit denjenigen von *l*, *d* usw. zusammenfließt.

3. In der Schrift hat etwas Geltung — also Wert — nur dadurch, daß es andern Werten innerhalb eines bestimmten Systems gegenübersteht, das durch eine bestimmte Anzahl von Buchstaben gebildet wird. Dieser Umstand ist mit dem zweiten nicht gleicher Art, aber eng mit ihm verbunden, weil beide vom ersten abhängen. Da das graphische Zeichen beliebig ist, so liegt nicht viel an seiner Form, oder vielmehr ist diese nur innerhalb der von dem System gezogenen Grenzen von Bedeutung.

4. Das Material, mit dem die Zeichen hervorgebracht werden, ist gänzlich gleichgültig, denn es berührt das System nicht (auch das ergibt sich aus Punkt 1); ob ich die Buchstaben weiß oder schwarz schreibe, vertieft oder erhöht, mit einer Feder oder einem Meißel, das ist für ihre Bedeutung gleichgültig.

§ 4. Das Zeichen als Ganzes betrachtet.

Alles Vorausgehende läuft darauf hinaus, *daß es in der Sprache nur Verschiedenheiten gibt.* Mehr noch: eine Verschiedenheit setzt im allgemeinen positive Einzelglieder voraus, zwischen denen sie besteht; in der Sprache aber gibt es nur Verschiedenheiten *ohne positive Einzelglieder.* Ob man Bezeichnetes oder Bezeichnendes nimmt, die Sprache enthält weder Vorstellungen noch Laute, die gegenüber dem sprachlichen System präexistent wären, sondern nur begriffliche und lautliche Verschiedenheiten, die sich aus dem System ergeben. Was ein Zeichen an Vorstellung oder Lautmaterial enthält, ist weniger wichtig als das, was in Gestalt der andern Zeichen um dieses herum gelagert ist. Der Beweis dafür ist, daß der Wert eines Gliedes verändert werden kann, ohne daß sein Sinn oder seine Laute in Mitleidenschaft gezogen würden, einzig und allein durch den Umstand, daß irgendein benachbartes Glied eine Umgestaltung erfahren hat (vgl. S. 138).

Aber der Satz, daß in der Sprache alles negativ sei, gilt nur vom Bezeichneten und der Bezeichnung, wenn man diese gesondert betrachtet: sowie man das Zeichen als Ganzes in Betracht zieht, hat man etwas vor sich, das in seiner Art positiv ist. Ein sprachliches System ist eine Reihe von Verschiedenheiten des Lautlichen, die verbunden sind mit einer Reihe von Verschiedenheiten der Vorstellungen; aber dieses In-Beziehungsetzen einer gewissen Zahl von lautlichen Zeichen mit der entsprechenden Anzahl von Abschnitten in der Masse des Denkens erzeugt ein System von Werten. Nur dieses System stellt die im Innern jedes Zeichens zwischen den lautlichen und psychischen Elementen bestehende Verbindung her. Obgleich Bezeichnetes und Bezeichnung, jedes für sich genommen, lediglich differentiell und negativ sind, ist ihre Verbindung ein positives Faktum. Und zwar ist das sogar die einzige Art von Tatsachen, die in der Sprache möglich sind, weil gerade dies das besondere Wesen der Sprache ist, daß sie den Parallelismus zwischen diesen beiden Arten von Verschiedenheiten aufrecht erhält.

Gewisse diachronische Tatsachen sind in dieser Hinsicht sehr bezeichnend: es sind die zahllosen Fälle, wo die Veränderung der Bezeichnung eine Veränderung der Vorstellung mit sich bringt, und wo man sieht, daß im Grunde die unterschiedenen Vorstellungen der Summe der unterscheidenden Zeichen entsprechen. Wenn zwei Glieder infolge lautlicher Veränderung zusammenfließen (z. B. *décrépit* = lat. *dēcrepitus* und *décrépi* von lat. *crispus*), dann neigen auch die Vorstellungen dazu, ineinander zu fließen, wenigstens sofern sie Gelegenheit dazu geben. Gibt es nun auch Differenzierung bei einem einzigen Glied (z. B. *chaise* und *chaire*)? Eine Verschiedenheit neigt, sowie sie entstanden, auch sogleich und natürlicherweise dazu, bedeutungsvoll zu werden, ohne jedoch immer und im ersten Augenblick mit dieser Tendenz Erfolg zu haben. Umgekehrt sucht jede Verschiedenheit der Vorstellung, die der Geist wahrnimmt, in unterschiedenen Bezeichnungen zum Ausdruck zu kommen, und zwei Vorstellungen, die der Geist nicht mehr unterscheidet, trachten, in der gleichen Bezeichnung zusammenzufließen.

Sobald man die Zeichen, als positive Glieder, miteinander vergleicht, handelt es sich um eine Verschiedenheit ganz anderer Art, bei der es nicht auf die Andersartigkeit ankommt, wie bei dem Unterschied von zwei Lautbildern, etwa *père* und *mère*, oder auch von zwei Vorstellungen, wie „Vater" und „Mutter"; sondern bei den sprachlichen Zeichen, die aus Bezeichnetem und Bezeichnung bestehen, kommt es auf ihre gegenseitige Sonderung und Abgrenzung an. Nicht daß eines anders ist als das andere, ist wesentlich, sondern daß es neben allen andern und ihnen gegenüber steht. Und der ganze Mechanismus der Sprache, von dem weiter unten die Rede sein wird, beruht auf Gegenüberstellungen dieser Art und auf den Laut- und Vorstellungsverschiedenheiten, welche diese in sich schließen.

Was vom Wert gilt, gilt auch von der Einheit (vgl. S. 131). Diese ist ein Bruchstück der gesprochenen Reihe, das einer gewissen Vorstellung entspricht; das eine und das andere ist lediglich differentieller Natur.

Mit Anwendung auf die Einheit kann man den Grundsatz der Differenzierung folgendermaßen formulieren: Die charakteristischen Eigenheiten der Einheit fließen mit der Einheit selbst zusammen. In der Sprache wird, wie in jedem semeologischen System, ein Zeichen nur durch das gebildet, was es Unterscheidendes an sich hat. Nur die Besonderheit gibt das Merkmal ab, wie sie auch den Wert und die Einheit bildet.

Eine andere überraschende Folgerung dieses Grundsatzes ist die: Was man im allgemeinen eine „grammatische Tatsache" nennt, entspricht letzten Endes der Definition der Einheit, denn es drückt immer eine Gegenüberstellung von Gliedern aus; nur ist diese Art der Gegenüberstellung besonders bedeutungsvoll, z. B. die Bildung des Plurals im Deutschen vom Typus

Nacht : Nächte. Jedes der in dem grammatischen Faktum gegenwärtigen Glieder (der Singular ohne Umlaut und ohne Schluß-*e*, gegenübergestellt dem Plural mit Umlaut und -*e*) kommt seinerseits zustande durch ein ganzes Spiel von Entgegensetzungen innerhalb des Systems; für sich allein genommen ist weder *Nacht* noch *Nächte* irgend etwas: also ist die Gegenüberstellung alles. Mit andern Worten: man kann das Verhältnis von *Nacht* zu *Nächte* durch eine algebraische Formel ausdrücken: a/b, wobei a und b keine einfachen Glieder sind, sondern jedes derselben durch ein Ineinandergreifen von Beziehungen entsteht. Die Sprache ist sozusagen eine Algebra, die nur komplexe Termini enthält. Unter den Gegenüberstellungen, die sie umfaßt, gibt es solche, die bedeutungsvoller sind als andere; aber Einheit und grammatische Tatsache sind nur verschiedene Ausdrücke, um verschiedene Ansichten der gleichen allgemeinen Erscheinung zu bezeichnen, nämlich des Zusammenspiels der sprachlichen Gegenüberstellungen. Das ist so richtig, daß man sehr wohl das Problem der Einheiten behandeln könnte, indem man mit den grammatischen Kategorien begänne. Ausgehend von einer Gegenüberstellung wie *Nacht : Nächte* würde man sich fragen: Welches sind die Einheiten, die bei dieser Gegenüberstellung im Spiele sind? Sind es nur diese beiden Wörter oder die ganze Reihe ähnlicher Wörter? oder etwa *a* und *ä*? oder alle Singulare und alle Plurale? usw.

Einheit und grammatische Erscheinung würden nicht zusammenfließen, wenn die sprachlichen Zeichen durch etwas anderes als durch Verschiedenheiten gebildet wären. Wie die Sprache nun aber einmal ist, kann es in ihr, von welcher Seite man auch an sie herantritt, nichts Einfaches geben; überall und immer dieses selbe beziehungsreiche Gleichgewicht von Gliedern, die sich gegenseitig bedingen. Mit andern Worten: die Sprache ist eine Form und nicht eine Substanz (vgl. S. 134). Man kann sich diese Wahrheit nicht genug vergegenwärtigen, denn alle Irrtümer unserer Terminologie, alle Unrichtigkeiten der Bezeichnung in sprachlichen Dingen kommen von der unwillkürlichen Annahme, daß bei dem Phänomen der Sprache eine Substanz vorhanden wäre.

Kapitel V.

Syntagmatische und assoziative Beziehungen.

§ 1. Definitionen.

So beruht denn bei einem Sprachzustand alles auf Beziehungen. Wie funktionieren diese?

Die Beziehungen und die Verschiedenheiten zwischen sprachlichen Gliedern gehen in zwei verschiedenen Sphären vor sich, deren jede eine bestimmte Art von Werten hervorbringt: es wird die Natur dieser beiden Arten besser verständlich machen, wenn wir sie einander gegenüberstellen. Sie entsprechen zwei Arten unserer geistigen Tätigkeit, die beide für das Leben der Sprache unentbehrlich sind.

Einerseits gehen die Worte infolge ihrer Verkettung beim Ablauf irgendwelcher Aussagen Beziehungen unter sich ein, die auf dem linearen Charakter der Sprache beruhen, der es unmöglich macht, zwei Elemente zu gleicher Zeit auszusprechen (vgl. S. 82). Sie reihen sich eins nach dem andern in der Kette des Sprechens an, und diese Kombinationen, deren Grundlage die Ausdehnung ist, können Anreihungen oder Syntagmen genannt werden. Die Anreihung besteht also immer aus zwei oder mehr aufeinanderfolgenden Einheiten (z. B. *ab-reißen*; *für uns*; *ein langes Leben*; *Gott ist gut*; *wenn das Wetter schön ist, wollen wir ausgehen* usw.). In eine Anreihung hineingestellt, erhält ein Glied seinen Wert nur, weil es dem vorausgehenden oder dem folgenden oder beiden gegenübersteht.

Andererseits aber assoziieren sich außerhalb des gesprochenen Satzes die Wörter, die irgend etwas unter sich gemein haben, im Gedächtnis, und so bilden sich Gruppen, innerhalb deren sehr verschiedene Beziehungen herrschen. So läßt das Wort *Belehrung* unbewußt vor dem Geist eine Menge anderer Wörter auftauchen (*lehren, belehren* usw., oder auch *Bekehrung, Begleitung, Erschaffung* usw., oder ferner *Unterricht, Ausbildung, Erziehung* usw.). Auf der einen oder andern Seite haben alle diese Wörter irgend etwas unter sich gemein.

Man sieht, daß diese Zusammenordnungen von ganz anderer Art sind als die ersteren; sie sind nicht von der Zeiterstreckung getragen; ihr Sitz ist im Gehirn; sie sind Teile jenes inneren Schatzes, der bei jedem Individuum die Sprache bildet. Wir wollen sie assoziative Beziehungen nennen.

Die syntagmatische oder Anreihungsbeziehung besteht *in praesentia*: sie beruht auf zwei oder mehreren in einer bestehenden Reihe neben einander vorhandenen Gliedern. Im Gegensatz dazu verbindet die assoziative Beziehung Glieder *in absentia* in einer möglichen Gedächtnisreihe.

Unter dieser doppelten Betrachtungsweise ist eine sprachliche Einheit vergleichbar mit einem bestimmten Teil eines Gebäudes, z. B. einer Säule; diese steht einerseits in einer gewissen Beziehung mit dem Architrav, den sie trägt. Diese Gruppierung zweier gleichermaßen gegenwärtigen Einheiten im Raum erinnert an die syntagmatische Beziehung; andererseits, wenn eine Säule von dorischer Ordnung ist, dann ruft sie im Geist einen Vergleich mit andern Stilarten (jonisch, korinthisch usw.) hervor, welche im Raume nicht vorhandene Bestandteile sind: die Beziehung ist assoziativ.

Jede dieser beiden Arten von Zuordnung erfordert einige besondere Bemerkungen.

§ 2. Die Anreihungsbeziehungen.

Unsere Beispiele auf S. 147 geben schon zu verstehen, daß der Begriff der Anreihung nicht nur auf Wörter Anwendung findet, sondern auch auf Gruppen von Wörtern, auf zusammengesetzte Einheiten von jedem Ausmaß und jeder Art (zusammengesetzte Wörter, Ableitungen, Satzglieder, ganze Sätze).

Es genügt nicht, die Beziehung zu berücksichtigen, die die verschiedenen Teile einer Anreihung unter sich verbindet (z. B. *für* und *uns* in *für uns*; *für* und *Bitte* in *Fürbitte*); man muß auch diejenige Beziehung berücksichtigen, welche das Ganze mit seinen Teilen verbindet (z. B. *für uns* gegenüber *für* einerseits und gegenüber *uns* andererseits, oder *Fürbitte* gegenüber *für* und *Bitte*).

Man könnte hier einen Einwand machen. Der Satz ist der Haupttypus der Anreihung, aber er gehört dem Sprechen an und nicht der Sprache (siehe S. 16); folgt daraus nicht, daß das Syntagma dem Sprechen angehört? Ich denke nicht. Die Besonderheit des Sprechens ist die Freiheit der Zusammenstellungen; man muß sich also fragen, ob alle Anreihungen gleichermaßen frei sind.

Dabei findet man zunächst eine große Anzahl von Ausdrücken vor, die der Sprache angehören. Das sind die fertigen Redensarten, bei denen der Brauch keine Änderung zuläßt, auch dann nicht, wenn man beim Nachdenken bedeutungsvolle Teile in ihnen unterscheiden kann (vgl. „*mir nichts, dir nichts*", „*wart mal!*", „*was ist denn los?*"). Ebenso, z. T. vielleicht in geringerem Grad, ist es mit Redensarten wie: *einen Floh ins Ohr setzen, aufs Korn nehmen, mit der Tür ins Haus fallen,* und Fügungen wie: *aus etwas nicht klug werden, Kopf- (Zahn-, Leib-)weh haben, einen wehen Fuß (Finger) haben, von Sinnen kommen, zu guter Letzt,* bei denen es sich aus den Besonderheiten ihrer Bedeutung, Form oder Zusammenfügung ergibt, daß es sich um feststehende Gebrauchsweisen handelt. Solche Wendungen kann man nicht improvisieren, sie sind durch die Tradition dargeboten. Man kann hier auch solche Wörter anführen, die zwar ohne weiteres zu analysieren sind, aber eine gewisse formale Besonderheit an sich haben und sich lediglich vermöge des Gebrauchs aufrecht erhalten (vgl. *difficulté* neben *facilité, mourrai* neben *dormirai, Urlaub* neben *erlauben* usw.).

Aber das ist nicht alles; der Sprache und nicht dem Sprechen sind alle diejenigen Anreihungen zuzuerkennen, die nach feststehenden Regeln gebildet sind. Denn da es in der Sprache nichts Abstraktes gibt, so existieren diese Typen in der Tat nur, wenn die Sprache eine genügende Anzahl von Beispielen davon aufgespeichert hat. Wenn ein Wort wie *indécorable* „unverzierbar" im Sprechen auftaucht (vgl. S. 198), so setzt es einen bestimmten Typus voraus, und dieser ist seinerseits nur möglich durch die Erinnerung an eine hinreichend große Anzahl von ähnlichen Wörtern, die der Sprache angehören (*impardonnable, intolérable, infatigable* usw.). Ebenso ist es mit Sätzen und Wortgruppen, die auf regelmäßigen Mustern beruhen; Verbindungen wie: *die Erde dreht sich; was hat er zu dir gesagt?* entsprechen allgemeinen Typen, die in der Sprache ihrerseits durch konkrete Erinnerungen gestützt sind.

Man muß jedoch zugeben, daß auf dem Gebiet der Anreihungen es keine vorgezeichneten Grenzen zwischen sprachlichen Tatsachen, deren Kennzeichen der allgemeine Gebrauch ist, und Erscheinungen des Sprechens gibt, die von der individuellen Freiheit abhängen. In vielen Fällen ist es schwer, eine Anreihung der Sprache oder dem Sprechen zuzuordnen, weil sowohl der eine als der andere Faktor mitgewirkt hat, sie hervorzubringen, und zwar in einem Verhältnis, das man unmöglich näher bestimmen kann.

§ 3. Die assoziativen Beziehungen.

Gruppen, die durch Assoziation im Geist gebildet sind, stellen Verbindungen her nicht nur zwischen Gliedern, die irgend etwas Gemeinsames an sich haben, sondern der Geist faßt auch Beziehungen auf, die sich in jedem einzelnen Fall zwischen ihnen bilden, und schafft auf diese Weise ebenso viele Assoziationsreihen, als es verschiedene Beziehungen gibt. So besteht bei *enseignement, enseigner, enseignons* usw., „*Belehrung, belehren, er belehrt*" ein allen Gliedern gemeinsames Element, der Stamm; aber dasselbe Wort *enseignement, Belehrung* kann auch in einer andern Reihe enthalten sein, die auf einem andern gemeinsamen Element beruht, dem Suffix (vgl. *enseignement, armement, changement, Belehr-ung, Begleit-ung, Erklär-ung* usw.); die Assoziation kann auch auf der bloßen Analogie des Bezeichneten beruhen (vgl. *enseignement, instruction, éducation, apprentissage, Belehrung, Unterricht, Erziehung, Ausbildung* usw.) oder sogar auf der bloßen Gemeinsamkeit der Lautbilder (z. B. *enseignement* und *justement, Unterricht* und *Kehricht*)[1]. Es gibt also bald die

[1]) Dieser letzte Fall ist selten und kann als anormal gelten, denn der Geist schaltet von selbst solche Assoziationen aus, die geeignet sind, das Verstehen zu stören; aber ihr Vorkommen wird bewiesen durch Wortspiele, die auf lächerlichen Verwechslungen beruhen und sich aus dem bloßen Gleichklang ergeben können, wie wenn es etwa heißt: „Der Bauersmann haut seine Gattin; / die Magd sieht ihnen spöttisch zu. / Es haut der Neger die Mulattin; / in meinem Herzen, da hausst Du." Dieser Fall muß unterschieden werden von demjenigen, wo eine Assoziation, obwohl sie zufällig ist, sich auf einen Vergleich von Vorstellungen stützen kann (vgl. franz. *ergot : ergoter*, deutsch *blau : durchbläuen*); es handelt sich um eine neue Interpretation eines der

doppelte Gemeinsamkeit von Sinn und Form, bald die Gemeinsamkeit bloß in der Form oder bloß im Sinn. Jedes beliebige Wort kann jederzeit alles, was ihm auf die eine oder andere Weise assoziierbar ist, anklingen lassen.

Während ein Syntagma sofort die Vorstellung einer Anordnung in der Aufeinanderfolge und einer bestimmten Anzahl von Bestandteilen hervorruft, bieten sich die Glieder assoziativer Art weder in bestimmter Zahl noch in bestimmter Ordnung dar. Wenn man *schmerz-lich, lieb-lich, fried-lich* usw. assoziiert, so kann man nicht von vornherein sagen, wie groß die Anzahl der Wörter sein wird, die das Gedächtnis darbietet, noch in welcher Ordnung sie auftreten. Ein gegebenes Glied ist wie der Mittelpunkt einer Zusammenstellung, der Punkt, an dem andere, damit zusammengeordnete Glieder zusammentreffen, deren Summe unbestimmt ist.

Jedoch besteht von diesen beiden Eigentümlichkeiten der assoziativen Reihe nur die erste, die unbestimmte Anordnung, immer, die zweite, die unbegrenzte Anzahl, kann fehlen. Das ist der Fall bei einem charakteristischen Typus dieser Art von Gruppierungen, bei den Flexionsparadigmen. Im Lateinischen haben wir bei *dominus, dominī, dominō* usw. eine assoziative Gruppe, die gebildet ist durch ein gemeinsames Element, dem Nominalstamm *domin-*; aber die Reihe ist nicht unbegrenzt, wie diejenige von *Belehrung, Erklärung* usw.; die Zahl der Kasus ist bestimmt; jedoch ist ihre Aufeinanderfolge nicht nach Abständen angeordnet, und nur durch einen rein willkürlichen Akt

Glieder der Verbindung; es sind Fälle von Volksetymologie (s. S. 207); der Fall ist interessant für die Bedeutungsentwicklung, aber für die synchronische Betrachtung fällt er ganz einfach unter die oben erwähnte Kategorie: *enseigner : enseignement.* (Hrsg.)

gruppiert der Grammatiker sie lieber auf die eine als auf die andere Weise; für das Bewußtsein der sprechenden Personen ist der Nominativ keineswegs der erste Fall der Deklination und die Glieder können je nach der Sachlage in dieser oder jener Reihenfolge sich einstellen.

Kapitel VI.

Mechanismus der Sprache.

§ 1. Syntagmatische Abhängigkeitsverhältnisse.

Die Gesamtheit der lautlichen und begrifflichen Verschiedenheiten, welche die Sprache bilden, ergibt sich also aus zweierlei Arten von Vergleichungen; die Beziehungen sind bald assoziativ, bald syntagmatisch. Die Gruppierungen der einen und der andern Art sind in weitgehendem Maße von vornherein feststehend, von der Sprache vorausgesehen; sie ist gebildet durch das Zusammenwirken der üblichen Beziehungen beider Art und alle Vorgänge in ihr sind davon beherrscht.

Bei dieser Organisation fallen uns zunächst syntagmatische Abhängigkeitsverhältnisse auf: fast alle Einheiten der Sprache hängen ab entweder von dem, was sie in der gesprochenen Reihe umgibt, oder von den aufeinanderfolgenden Teilen, aus denen sie selbst zusammengesetzt sind.

Das läßt sich schon an der Wortbildung zeigen. Eine Einheit wie *schmerzlich* läßt sich zerlegen in zwei Untereinheiten (*schmerz-lich*), aber diese sind keine unabhängigen Teile, die bloß aneinandergehängt sind (*schmerz* + *lich*), sondern die Einheit ist ein Produkt, eine Verbindung zweier voneinander abhängiger Bestandteile, die nur einen Wert haben vermöge ihrer gegenseitigen Wirkung in einer übergeordneten Einheit (*schmerz* × *lich*). Das Suffix für sich allein genommen hat keine Existenz; das, was ihm seinen Platz innerhalb der Sprache anweist, ist eine Reihe gebräuchlicher Ausdrücke wie *lieb-lich, pein-lich, herz-lich* usw.). Der Stammbestandteil andererseits ist auch nichts für sich Bestehendes; er besteht nur vermöge seiner Verbindung mit einem Suffix; in *scheuß-lich* ist das Element *scheuß-* ohne das darauffolgende Suffix nichts. Das Ganze hat einen Wert vermöge seiner Teile. Die Teile haben ebenfalls einen Wert kraft ihres Platzes im Ganzen, und deshalb ist die Anreihungsbeziehung des Teils zum Ganzen ebenso wichtig wie die der Teile unter sich (vgl. S. 148).

Das ist ein allgemeiner Grundsatz, der in allen S. 148 genannten Typen von Anreihungen seine Geltung behauptet; es handelt sich immer um umfänglichere Einheiten, die ihrerseits aus kleineren Einheiten zusammengesetzt sind, wobei sowohl die einen als die andern in einem Verhältnis gegenseitiger Abhängigkeit stehen.

Die Sprache bietet allerdings auch unabhängige Einheiten dar, die keine Anreihungsbeziehungen, weder mit ihren Teilen noch mit andern Einheiten, haben. Ausdrücke, die gleichwertig mit Sätzen sind, wie: *ja, nein, danke,* sind Beispiele dafür. Aber dieser Umstand, der übrigens eine Ausnahme darstellt, reicht nicht hin, um den allgemeinen Grundsatz in Frage zu stellen. In der Regel sprechen wir nicht in isolierten Zeichen, sondern in Gruppen von Zeichen, in Zusammenstellungen, die ihrerseits auch Zeichen sind. In der Sprache kommt alles auf Verschiedenheiten an, ebenso aber auch alles auf Gruppierungen. Dieser Mechanismus, der in einem Zusammenspiel aufeinander folgender Glieder beruht, ist dem Gang einer Maschine vergleichbar, deren Teile ineinandergreifen, obwohl sie in einer einzigen Dimension angeordnet sind.

§ 2. Gleichzeitige Wirksamkeit der beiden Arten von Gruppierungen.

Bei den syntagmatischen Gruppierungen, die auf diese Weise gebildet sind, besteht gegenseitige Abhängigkeit; jeder Teil bedingt die andern. Denn die Zusammenordnung im Raum wirkt an der Schaffung assoziativer Zuordnungen mit, und diese ihrerseits sind nötig für die Analyse der Teile der Anreihung.

Nehmen wir das Kompositum *ab-reißen.* Wir können es darstellen auf einem horizontalen Band, das der gesprochenen Reihe entspricht:

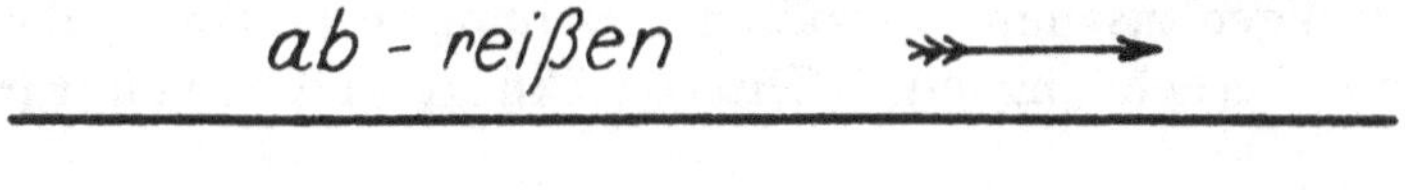

Aber gleichzeitig und auf einer andern Achse existiert im Unterbewußtsein eine oder mehrere assoziative Reihen, deren Einheiten ein Element mit der Anreihung gemeinsam haben, z. B.:

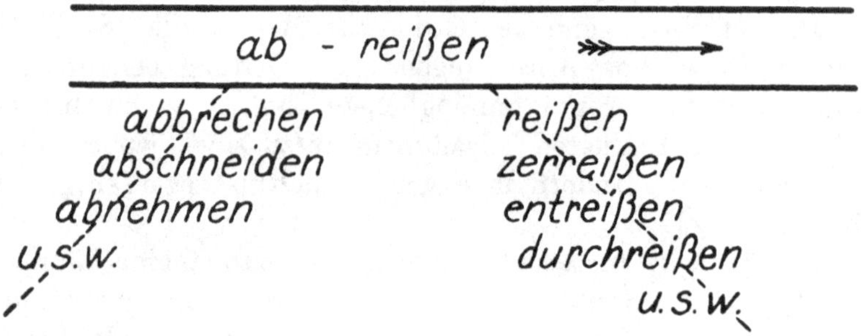

Ebenso wird lat. *quadruplex* als Anreihung von zwei assoziativen Reihen gestützt:

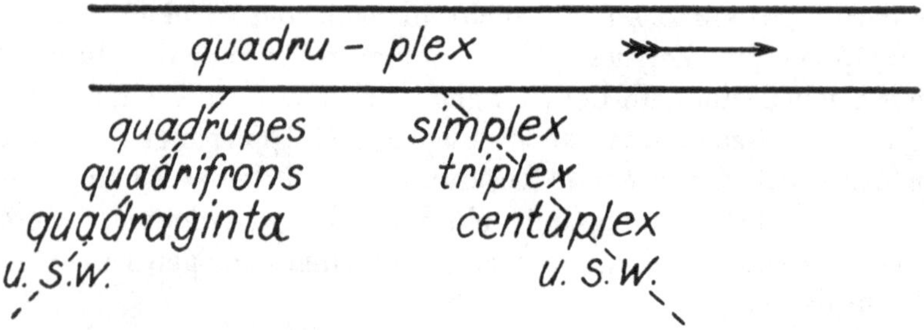

In dem Maße, wie diese andern Formen rings um *abreißen* und *quadruplex* gelagert sind, können diese beiden Wörter in Untereinheiten zerlegt werden, mit andern Worten: sind sie Anreihungen. So wäre *abreißen* nicht mehr zu analysieren, wenn die andern Formen, welche *ab* oder *reißen* enthalten, aus der Sprache verschwinden würden; es wäre nur mehr eine einfache Einheit, und ihre beiden Teile könnten nicht mehr gesondert und einander gegenüber gestellt werden.

Somit versteht man das Ineinanderspielen dieses doppelten Systems im gesprochenen Satz.

Unser Gedächtnis hat einen Vorrat aller Typen von mehr oder weniger zusammengesetzten Anreihungen größerer oder geringerer Ausdehnung oder Zeiterstreckung, und sobald wir sie anwenden, spielen die assoziativen Gruppen mit hinein, um unsere Wahl zu bestimmen. Wenn jemand sagt: *schneller!* denkt er unbewußt an verschiedene Assoziationsgruppen, in deren Kreuzungspunkt sich das Syntagma *schneller* befindet. Dieses steht einerseits in der Reihe *schnell, schnellen, schnelleren, am schnellsten,* und die Gegenüberstellung von *schneller* mit diesen Formen entscheidet über die Wahl. Andererseits entspricht *schneller* einer Reihe wie *rascher, weiter* usw., unter denen es durch denselben Vorgang ausgewählt wird; innerhalb jeder Reihe weiß man, was umgeändert werden muß, um die Differenzierung zu finden, die für die gesuchte Einheit paßt. Ist eine andere Vorstellung auszudrücken, so sind andere Gegenüberstellungen notwendig, um einen andern Wert in Erscheinung treten zu lassen; man wird z. B. sagen *schnell!* oder *langsamer!*

Es genügt also nicht, daß man vom positiven Standpunkt aus *schneller* wählt, weil es das bedeutet, was man ausdrücken will. In Wirklichkeit ruft eine Vorstellung nicht eine Form hervor, sondern ein ganzes latentes System, vermöge dessen man die zur Bildung des Zeichens notwendigen Anhaltspunkte erhält. Dieses hätte von sich aus gar keine eigene Bedeutung. In dem Augenblick, wo es kein *schnell, am schnellsten* neben *schneller* mehr gäbe, würden gewisse Vergleichsmöglichkeiten in Wegfall kommen und der Wert von *schneller* ipso facto verändert.

Dieses Prinzip läßt sich anwenden auf Syntagmen und Sätze aller Typen, sogar auf die kompliziertesten. In dem Augenblick, wo wir den Satz: *was hat er zu dir gesagt?* aussprechen, ändern wir einen Bestandteil in einem latenten syntagmatischen Typus *was hat er zu euch gesagt?* usw., und so kommt es, daß unsere Wahl auf das Pronomen *dir* trifft. Bei dieser Tätigkeit, die darin besteht, im Geiste all das zu beseitigen, was die gewollte Differenzierung nicht auf den gewollten Punkt hinleitet, sind also sowohl die assoziativen Gruppen als die syntagmatischen Typen im Spiel.

Umgekehrt beherrscht dieses Verfahren der Festsetzung und Wahl auch die allerkleinsten Einheiten bis zu den lautlichen Elementen, wenn diese mit irgendeinem Werte ausgestattet sind. Ich denke dabei nicht nur an Fälle wie *schneller* neben *schnell* oder lat. *dominī* gegenüber *dominō* usw., wo die Verschiedenheit zufällig auf einem einfachen Phonem beruht, sondern an den charakteristischeren, aber auch feineren und schwierigeren Umstand, daß ein Laut für sich allein eine Rolle im System eines Sprachzustandes spielt. Wenn z. B. im Griechischen *m, p, t* usw. niemals am Wortende auftreten können, so heißt das, daß ihr Vorhandensein oder ihr Fehlen an einem bestimmten Platz eine Rolle in der Struktur des Wortes und der Struktur des Satzes hat. In allen Fällen dieser Art nämlich wählt man den Einzellaut wie alle andern Einheiten aus zwei im Geist verschieden angeordneten Reihen aus; wenn wir uns also irgendeine Gruppe *anma* vorstellen, so befindet sich der Laut *m* in syntagmatischer Hinsicht den ihn umgebenden Lauten, und in assoziativer allen andern Lauten gegenübergestellt, an die man sonst noch denken könnte, also

a n m a
v
d

§ 3. Völlige und relative Beliebigkeit.

Der Mechanismus der Sprache kann auch unter einem andern besonders wichtigen Gesichtswinkel betrachtet werden.

Der Grundsatz der Beliebigkeit des Zeichens gestattet doch, in jeder Sprache das völlig Beliebige, d. h. das Unmotivierte, von dem nur relativ Beliebigen zu unterscheiden. Nur ein Teil der Zeichen ist völlig beliebig; bei andern kommt eine Erscheinung hinzu, die es möglich macht, Grade der Beliebigkeit zu unterscheiden, wodurch diese doch nicht aufgehoben wird: das Zeichen kann relativ motiviert sein.

So ist *elf* unmotiviert, aber *drei-zehn* ist es nicht im selben Grade, weil es an die Glieder denken läßt, aus denen es zusammengesetzt ist, und an andere, die mit ihm assoziiert sind, z. B. *drei, zehn, vier-zehn, drei-und-zwanzig* usw.; *drei* und *zehn*, für sich genommen, stehen auf der gleichen Stufe wie *elf*, aber *drei-zehn* bietet einen Fall relativer Motivierung dar. Ebenso ist es mit *Schäfer, Dichter*, die die einfachen Wörter *Schaf, dichten* ins Gedächtnis rufen und deren Suffix *-er* an *Töpfer, Schlosser,*

Führer, Räuber usw. denken läßt. Für *Käfer, Trichter* usw. gilt das nicht. Man vergleiche noch *Docht* als völlig unmotiviert und *Licht* als relativ motiviert; dasselbe gilt für Paare wie: *Knabe* und *Junge, Lenz* und *Frühling, Hügel* und *Anhöhe, Enkel* und *Großvater, keusch* und *sittsam, tapfer* und *mutig, dumm* und *töricht, aber* und *dagegen, oft* und *häufig,* und beim Vergleich verschiedener Sprachen: *Laub* und *feuillage, métier* und *Handwerk.* Der engl. Plural *ships* (Schiffe) erinnert durch seine Bildung an die ganze Reihe *flags, birds, books* usw., während *men* und *sheep* nichts derartiges ins Gedächtnis rufen. Im Griechischen drückt *dṓsō* (ich werde geben) die Vorstellung des Futurs aus durch ein Zeichen, das die Assoziation mit *lū́sō, stḗsō, túpsō* usw. hervorruft, während *eîmi* (ich werde gehen) völlig isoliert ist.

Es ist hier nicht der Ort, die Faktoren aufzusuchen, die in jedem Fall die Motivierung verursachen; sie ist aber jedesmal um so vollständiger, je leichter sich die Anreihung zerlegen läßt und je deutlicher der Sinn der Untereinheiten ist. Allerdings gibt es außer durchsichtigen Formelementen wie *-er* in *Schäfer* neben *Töpfer* und *Schlosser* auch andere, deren Bedeutung unklar ist oder die überhaupt keine Bedeutung haben. Inwiefern entspricht etwa das Suffix *-isse* in *Hornisse* einem Bedeutungselement? Wenn man Wörter wie *Nagel, Sattel, Schnabel, Achsel* nebeneinander stellt, dann hat man das unbestimmte Gefühl, daß *-el* ein Bildungselement sei, das Substantiven eigen ist, ohne daß man es genauer definieren könnte. Übrigens ist sogar im günstigsten Falle die Motivierung niemals eine vollständige, denn es sind nicht nur die Bestandteile eines motivierten Zeichens einerseits selbst beliebig (vgl. *herz* und *lich* von *herz-lich*), sondern der Wert des Gesamtausdrucks ist niemals gleich der Summe der Werte seiner Teile: *Schäfer* ist nicht gleich *Schaf-* (oder *Schäf-*) + *er* (vgl. S. 152).

Was die Erscheinung selbst betrifft, so erklärt sie sich aus dem im vorigen Paragraphen gegebenen Grundsatz: der Begriff des relativ Motivierten enthält: 1. die Analyse des gegebenen Ausdrucks, also eine Anreihungsbeziehung; 2. den Hinweis auf einen oder mehrere andere Ausdrücke, also eine assoziative Beziehung. Nur vermöge dieses Mechanismus ist ein Bestandteil zum Ausdruck einer Vorstellung geeignet. Bisher sind uns die Einheiten als Werte erschienen, d. h. als Elemente eines Systems, und wir haben an ihnen in erster Linie ihre gegenseitigen Verschiedenheiten betrachtet; jetzt erkennen wir die Abhängigkeiten, welche sie untereinander verknüpfen; diese sind sowohl assoziativ als syntagmatisch, und durch sie wird die Beliebigkeit eingeschränkt. *Drei-zehn* steht in assoziativer Abhängigkeitsbeziehung mit *vier-zehn, drei-und-zwanzig* usw. und in Anreihungsbeziehung mit seinen Elementen *drei* und *zehn* (vgl. S. 153). Dieses doppelte Verhältnis verleiht ihm einen Teil seiner Geltung.

Alles, was auf die Sprache als System Bezug hat, muß meiner Überzeugung nach von diesem Gesichtspunkt aus behandelt werden, um den die Sprachforscher sich fast gar nicht kümmern: die Einschränkung der Beliebigkeit. Das ist die denkbar beste Grundlage. In der Tat beruht das ganze System der Sprache auf dem irrationalen Prinzip der Beliebigkeit des Zeichens, das, ohne Einschränkung angewendet, zur äußersten Kompliziertheit führen würde; aber der Geist bringt ein Prinzip der Ordnung und Regelmäßigkeit in einen Teil der Zeichen, und das ist die Rolle des relativ Motivierten. Wenn der Mechanismus der Sprache vollständig rational wäre, so könnte man das Motivierte an sich untersuchen; aber da es bloß teilweise eine Korrektur eines von Natur chaotischen Systems ist, so wählt man nur den in der Natur der Sache selbst liegenden Gesichtspunkt, wenn man den Mechanismus als eine Einschränkung des Beliebigen untersucht.

Es gibt keine Sprache, in der nichts motiviert ist; sich eine Sprache vorzustellen, in der alles motiviert wäre, ist unmöglich gemäß der Definition. Zwischen diesen beiden äußersten Grenzen — Minimum von Organisation und Minimum von Beliebigkeit — findet man alle möglichen Verschiedenheiten. Die verschiedenen Idiome enthalten immer Elemente beider Art — völlig beliebige und relativ motivierte —, aber in sehr verschiedenen Verhältnissen, und das ist ein wichtiges Charakteristikum, das bei der Klassifizierung der Sprachen berücksichtigt werden könnte.

In einem gewissen Sinn — den man nicht zu genau nehmen muß, der aber doch eine Seite dieses Gegensatzes erkennbar macht — könnte man sagen, daß die Sprachen, wo die Unmotiviertheit ihr Maximum erreicht, sehr lexikologisch sind, und diejenigen, wo sie sich auf ein Minimum beschränkt, sehr grammatikalisch. Nicht als ob Lexikon und Beliebigkeit einerseits, Grammatik und relative Motiviertheit andererseits immer synonym wären, aber doch besteht da im Grunde eine gewisse Gemeinsamkeit. Das sind gewissermaßen die zwei Pole, zwischen denen sich das ganze System bewegt, die zwei entgegengesetzten Ströme, auf die sich die Bewegung der Sprache verteilt: die Neigung, lexikalische Mittel, das unmotivierte Zeichen, anzuwenden, und andererseits der Vorzug, der grammatikalischen Mitteln, d. h. den Konstruktionsregeln, eingeräumt wird.

Man kann z. B. erkennen, daß das Englische dem Unmotivierten einen größeren Platz einräumt als das Deutsche, aber den im höchsten Grade lexikologischen Typus stellt das Chinesische dar, während das Indogermanische und das Sanskrit Muster des äußerst grammatikalischen sind. Innerhalb einer und derselben Sprache kann die ganze Entwicklung gekennzeichnet sein durch den dauernden Übergang vom Motivierten zum Beliebigen und vom Beliebigen zum Motivierten. Dieses Hin und Her führt häufig dazu, daß das Verhältnis dieser beiden Kategorien von Zeichen in merklicher Weise verändert wird. So ist das Französische im Vergleich zum Lateinischen unter anderem auch durch eine außerordentliche Zunahme des Beliebigen charakterisiert: während im Lateinischen *inimicus* mit *in-* und *amicus* zusammenhängt und durch sie motiviert ist, ist *ennemi* durch nichts motiviert; es ist zum völlig Beliebigen übergegangen, das ja übrigens zum Wesen des sprachlichen Zeichens gehört. Man könnte diese Umgestaltung in Hunderten von Beispielen feststellen: vgl. *constāre (stāre): coûter, fabrica (faber): forge, magister (magis): maître, berbicārius (berbix): berger* usw. Diese Umgestaltungen geben dem Französischen ein ganz besonderes Aussehen.

Kapitel VII.

Die Grammatik und ihre Unterabteilungen.

§ 1. Definition; traditionelle Einteilung.

Die statische Sprachwissenschaft oder Beschreibung eines Sprachzustandes kann Grammatik genannt werden in dem ganz bestimmten und übrigens gebräuchlichen Sinn, wie man ihn findet in Ausdrücken wie „Grammatik des Schachspiels“, „Grammatik der Börse“ usw., wo es sich um einen komplexen und systematischen Gegenstand handelt, bei dem gleichzeitige Werte im Spiele sind.

Die Grammatik untersucht die Sprache in ihrer Eigenschaft als System von Ausdrucksmitteln; mit dem Wort grammatikalisch sagt man zugleich synchronisch und bedeutungsvoll, und da kein System zu gleicher Zeit in verschiedenen Epochen gilt, so gibt es meiner Ansicht nach keine historische Grammatik; was man so nennt, ist in Wirklichkeit nur diachronische Sprachwissenschaft.

Diese Definition stimmt nicht mit der überein, die man gewöhnlich gibt und die enger ist. Was man im allgemeinen Grammatik nennt, ist in Wirklichkeit die Verbindung von Formenlehre und Syntax, während die Lexikologie oder Wissenschaft von den Worten davon ausgeschlossen ist.

Zunächst aber ist zu fragen, ob diese Einteilungen der Wirklichkeit entsprechen; stehen sie in Übereinstimmung mit den Grundsätzen, die wir soeben aufgestellt haben?

Die Formenlehre handelt von verschiedenen Wortarten (Verba, Adjektiva usw.) und verschiedenen Flexionsformen (Konjugation, Deklination). Um diese Gebiete von der Syntax abzusondern, sagt man, daß letztere die Funktionen zum Gegenstand hat, die an die sprachlichen Einheiten geknüpft sind, während die Formenlehre nur deren Form in Betracht zieht; sie begnügt sich z. B. damit, zu sagen, daß der Genetiv von griech. *phúlax* (der Wächter) *phúlakos* ist, und die Syntax unterrichtet über den Gebrauch dieser beiden Formen.

Aber diese Einteilung ist illusorisch: die Reihe der Formen des Substantivs *phúlax* wird zum Flexionsparadigma nur durch den Vergleich der Funktionen, die an die verschiedenen Formen geknüpft sind; diese Funktionen hinwiederum fallen nicht in das Bereich der Formenlehre, außer insofern jeder derselben ein bestimmtes lautliches Zeichen entspricht. Eine Deklination ist weder eine Liste von Formen noch eine Reihe von logischen Abstraktionen, sondern die Kombination von beiden (vgl. S. 122): Formen und Funktionen stehen in gegenseitiger Abhängigkeit, und es ist sehr schwer, um nicht zu sagen unmöglich, sie voneinander zu trennen. Streng wissenschaftlich genommen hat die Formenlehre kein wirkliches und selbständiges Objekt; sie kann keine von der Syntax verschiedene Disziplin bilden.

Ist es andererseits logisch, die Lexikologie von der Grammatik auszuschließen? Auf den ersten Blick scheinen die Wörter, so wie sie im Wörterbuch aufgeführt werden, keinen Gegenstand grammatikalischer Untersuchung zu bilden, die man im allgemeinen auf die zwischen den Einheiten bestehenden Beziehungen einschränkt. Aber sofort läßt sich feststellen, daß eine Menge solcher Beziehungen ebensowohl durch Wörter als durch grammatikalische Mittel ausgedrückt werden kann. So stehen im Lateinischen *fīō* und *faciō* sich geradeso gegenüber wie *dīcor* und *dīcō*, welche grammatikalische Formen desselben Wortes sind; im Russischen ist der Unterschied zwischen Perfektiv und Imperfektiv grammatikalisch wiedergegeben in *sprosít'* und *sprášivat'* (fragen) und lexikalisch in *skazát'* und *govorít'* (sprechen). Die Präpositionen weist man im allgemeinen der Grammatik zu; jedoch ist die präpositionelle Redensart *en considération de* im wesentlichen lexikalisch, weil das Wort *considération* darin in seinem eigentlichen Sinne steht. Wenn ich griech. *peíthō* und *peíthomai* mit deutsch *ich überrede, ich gehorche* vergleiche, dann sieht man, daß der Gegensatz im ersten grammatikalisch und im zweiten lexikalisch gegeben ist. Eine Menge von Beziehungen, die in gewissen Sprachen durch Kasus oder Präpositionen ausgedrückt sind, wird in anderen durch Komposita wiedergegeben, die den eigentlichen Wörtern schon näher stehen (frz. *royaume des cieux*, deutsch *Himmelreich*), oder durch Ableitungen (frz. *moulin à vent* und polnisch *wiatr-ak*) oder endlich durch einfache Wörter (frz. *bois de chauffage* [Brennholz] und russisch *drová*, frz. *bois de construction* [Bauholz] und russisch *lěs*). Der Wechsel von einfachen Wörtern zu zusammengesetzten Redensarten innerhalb einer und derselben Sprache (vgl. *considérer* und *prendre en considération, se venger de* und *tirer vengeance de*) ist gleichfalls sehr häufig.

Man sieht also, daß hinsichtlich der Funktion eine lexikalische Tatsache mit einer syntaktischen zusammenfließen kann. Andererseits unterscheiden sich alle Wörter, die nicht eine einfache und unauflösbare Einheit sind, nicht wesentlich von einem Satzglied, einer syntaktischen Verbindung; die Anordnung der Untereinheiten, aus denen sie zusammengesetzt sind, gehorcht denselben Grundprinzipien wie die Bildung der Wortgruppen. Zusammenfassend gilt: Die traditionellen Einteilungen der Grammatik können praktisch nützlich sein, entsprechen aber nicht natürlichen Unterscheidungen und haben keinen eigentlichen logischen Zusammenhang. Die Grammatik kann sich nur auf ein anderes und übergeordnetes Prinzip aufbauen.

§ 2. Rationale Einteilung.

Die gegenseitige Durchdringung der Formenlehre, der Syntax und der Lexikologie erklärt sich aus der im Grunde gleichartigen Natur aller synchronischen Erscheinungen. Es kann zwischen ihnen keine von vornherein gezogene Grenze geben. Nur die oben aufgestellte Unterscheidung zwischen syntagmatischen und assoziativen Beziehungen liefert eine Einteilung, die sich von selbst aufdrängt, die einzige, die man zur Grundlage des grammatischen Systems machen kann.

Alles, was einen Sprachzustand bildet, muß auf eine Theorie der Anreihungen und auf eine Theorie der Assoziationen zurückgeführt werden können. Dann scheinen sich gewisse Teile der traditionellen Grammatik mühelos einem dieser beiden Gesichtspunkte unterzuordnen: die Flexion ist offensichtlich eine typische Art der Assoziation von Formen im Geist der sprechenden Individuen; andererseits fällt die Syntax, d. h. gemäß der geläufigsten Definition, die Theorie der Wortanordnung, in das Gebiet der Anreihungen, weil diese Anordnung immer mindestens zwei im Raum verteilte Einheiten voraussetzt. Nicht alle Anreihungen gehören zur Syntax, aber alle syntaktischen Tatsachen sind Erscheinungen der Anreihung.

An jeder beliebigen grammatischen Einzelheit kann man darlegen, wie wichtig es ist, jede Frage unter diesem doppelten Gesichtspunkt zu untersuchen. So gibt die Wortbedeutung zwei verschiedene Probleme auf, je nachdem man sie in assoziativer oder syntagmatischer Hinsicht betrachtet: das Adjektiv *grand* bietet in der Anreihung zwei Formen (*õ grã garsõ* „*un grand garçon*“ und *õ grãt ãfã* „*un grand enfant*“) und in assoziativer Beziehung eine andere Zweiheit (masc. *grã* „*grand*“, fem. *grãd* „*grande*“).

Man müßte so jede Tatsache einordnen können, syntagmatisch oder assoziativ, und den ganzen grammatischen Stoff auf seinen beiden natürlichen Achsen zusammenstellen; nur diese Verteilung könnte zeigen, was an den üblichen Rubriken der synchronischen Sprachwissenschaft zu ändern ist. Diese Aufgabe kann hier natürlich nicht unternommen werden, wo wir uns auf die Aufstellung der allgemeinsten Prinzipien beschränken.

Kapitel VIII.

Rolle der abstrakten Tatsachen in der Grammatik.

Ein wichtiger Gegenstand ist bis jetzt noch nicht berührt worden, der besonders deutlich zeigt, wie notwendig es ist, jede grammatische Frage unter den zwei oben unterschiedenen Gesichtspunkten zu untersuchen, nämlich die abstrakten Tatsachen in der Grammatik. Wir wollen sie zunächst unter dem assoziativen Gesichtspunkt betrachten.

Wenn man zwei Formen assoziiert, so empfindet man nicht nur, daß sie irgend etwas Gemeinsames haben, sondern unterscheidet auch die Natur der Beziehungen, welche die Assoziationen beherrschen. So sind sich die Sprechenden bewußt, daß die Beziehung zwischen *belehren* und *Belehrung* oder *beurteilen* und *Beurteilung* nicht dieselbe ist wie die zwischen *Belehrung* und *Beurteilung* (vgl. S. 150). Dadurch ist das System der Assoziationen mit dem der Grammatik verbunden. Man kann sagen, daß die Summe der Klassifizierungen, die ein Grammatiker bewußt und methodisch aufstellt, der ohne Rücksicht auf die Geschichte den Zustand einer Sprache untersucht, zusammenfallen muß mit der Summe der bewußten oder unbewußten Assoziationen, die beim Sprechen im Spiele sind. Sie legen in unserem Geist die Wortfamilien, die Flexionsparadigmen und die Formelemente (Stämme, Suffixe, Endungen usw.) fest (vgl. S. 220f.).

Man wird aber fragen, ob nicht die Assoziation nur materielle Elemente heraushebt. Das ist nicht der Fall; wir wissen schon, daß sie auch Wörter, die nur durch den Sinn verbunden sind, in Beziehung setzt (vgl. *Belehrung, Unterricht, Erziehung* usw.). Ebenso muß es in der Grammatik sein: nehmen wir die drei lateinischen Genetive *domin-ī, rēg-is* und *ros-ārum*; die Laute dieser drei Endungen bieten keine Analogie dar, die Anlaß zur Assoziation geben könnte; aber sie sind doch miteinander verbunden durch das Gefühl einer gemeinsamen Geltung, welches die gleiche Verwendung derselben mit sich bringt; das genügt, um ohne jeden materiellen Anhalt eine Assoziation hervorzubringen, und auf diese Weise hat der Begriff des Genetivs an sich eine Stellung in der Sprache. In ganz ähnlicher Weise sind die Flexionsendungen *-us, -ī, -ō* usw. (in *dominus, dominī, dominō* usw.) im Bewußtsein verknüpft und bringen die allgemeineren Begriffe der Kasus und der Kasusendungen zum Ausdruck. Assoziationen gleicher Art, die aber noch weiter reichen, verbinden alle Substantive, alle Adjektive usw. untereinander und bestimmen die Bedeutung der Redeteile.

Alle diese Dinge existieren in der Sprache aber als abstrakte Tatsachen; ihre Untersuchung ist schwierig, weil man nicht genau wissen kann, ob das Bewußtsein der Sprechenden immer ebenso weit geht wie die Analysen des Grammatikers. Aber das Wesentliche ist, daß die abstrakten Tatsachen immer letzten Endes auf konkreten Tatsachen beruhen. Keine grammatische Abstraktion ist möglich ohne eine Reihe von materiellen Elementen, die ihr als Grundlage dienen, und man muß schließlich immer auf diese Elemente zurückkommen.

Betrachten wir nun irgendwelche Gruppen als Anreihungen, so sehen wir, daß ihr Wert oft von der Anordnung ihrer Elemente abhängt. Bei der Analyse einer Anreihung unterscheidet der

Sprechende nicht nur die Teile, sondern stellt auch eine gewisse unter ihnen bestehende Reihenfolge fest. Der Sinn des deutschen *schmerz-lich* oder des lat. *signi-fer* hängt von der gegenseitigen Stellung der Untereinheiten ab: man könnte nicht *lich-schmerz* sagen oder *fer-signum*. Ein Wert braucht nicht einmal ein konkretes Element (wie *-lich* oder *-fer*) als Grundlage zu haben und kann sich aus der bloßen Reihenfolge der Glieder ergeben; wenn z. B. im Deutschen die beiden Gruppen *eine Flasche Wein* und *eine Wein-flasche* verschiedene Bedeutung haben, so kommt das nur von der Anordnung der Wörter. Eine Sprache drückt manchmal durch die Reihenfolge der Glieder einen Gedanken aus, den eine andere durch ein oder mehrere konkrete Glieder wiedergibt. Das moderne Französisch drückt in dem syntagmatischen Typus *vin de groseilles* (Johannisbeerwein), *moulin à vent* (Windmühle) durch die Präpositionen Beziehungen aus, die das Deutsche durch die bloße Ordnung der Glieder bezeichnet; das Französische seinerseits drückt die Bedeutung des direkten Objektes einzig durch die Stellung des Substantivs nach dem transitiven Verbum aus (*je cueille une fleur*), während das Lateinische und andere Sprachen es durch den Gebrauch des Akkusativs tun, der durch besondere Endungen bezeichnet ist.

Aber obwohl die Anordnung der Wörter unzweifelhaft eine abstrakte Tatsache ist, so gilt darum nicht minder, daß sie ihre Existenz nur den konkreten Einheiten verdankt, in denen die Reihenfolge enthalten ist und die immer in einer einzigen Dimension verlaufen. Es wäre irrig, zu glauben, daß es eine unkörperliche Syntax außerhalb dieser im Raum verteilten materiellen Einheiten gäbe. Im Englischen finden wir in *the man I have seen* („der Mann, den ich gesehen habe") etwas Syntaktisches, das durch Null dargestellt zu sein scheint, während das Deutsche dasselbe durch *den* wiedergibt. Aber es ist nur der Vergleich mit der deutschen Syntax, was den Eindruck erweckt, daß ein Nichts etwas ausdrücken könne; in Wirklichkeit bringen nur die materiellen Einheiten, die in einer gewissen Ordnung aufgereiht sind, diesen Wert hervor. Mangels einer Summe konkreter Glieder könnte man nichts über eine syntaktische Erscheinung aussagen. Übrigens ist durch die bloße Tatsache, daß man einen sprachlichen Komplex versteht (z. B.

die oben genannten englischen Wörter), diese Folge von Gliedern der angemessene Ausdruck des Gedankens.

Eine materielle Einheit besteht nur durch den Sinn, durch die Funktionen, die sie auf sich nimmt; dieser Grundsatz ist besonders wichtig für die Kenntnis der engeren Einheiten, weil man versucht sein könnte, zu glauben, daß sie vermöge ihrer bloßen Körperlichkeit existieren, daß z. B. *lieben* seine Existenz nur den Lauten, aus denen es zusammengesetzt ist, verdanke. Umgekehrt existiert, wie wir soeben gesehen haben, ein Sinn, eine Funktion nur vermöge der Stütze irgendeiner materiellen Form; wenn dieser Grundsatz in bezug auf ausgedehntere Anreihungen oder syntaktische Typen formuliert worden ist, so geschah das, weil man geneigt ist, darin immaterielle Abstraktionen zu sehen, die über den Gliedern des Satzes schweben. Diese beiden Grundsätze stehen, indem sie sich ergänzen, im Einklang mit unseren Aufstellungen über die Abgrenzung der Einheiten (vgl. S. 124).

Dritter Teil.

Diachronische Sprachwissenschaft.

Kapitel I.

Allgemeines.

Die diachronische Sprachwissenschaft untersucht nicht mehr die Beziehungen zwischen gleichzeitigen Gliedern eines Sprachzustandes, sondern diejenigen zwischen aufeinander folgenden Gliedern, von denen eines im Laufe der Zeit an die Stelle des andern tritt.

Es gibt keine völlige Unbeweglichkeit (vgl. S. 88f.); alle Teile der Sprache unterliegen dem Wechsel; jedem Zeitraum entspricht eine mehr oder weniger beträchtliche Entwicklung. Diese selbst kann verschieden schnell und eingreifend sein, ohne daß dadurch die grundlegende Tatsache selbst beeinträchtigt würde; der Strom der Sprache fließt ununterbrochen dahin; ob sein Lauf sanft oder reißend ist, das ist Nebensache.

Allerdings ist diese ununterbrochene Entwicklung uns oft dadurch verschleiert, daß die Aufmerksamkeit speziell der Schriftsprache gewidmet wird; diese legt sich, wie man S. 267f. sehen wird, über die Volkssprache, d. h. über die natürliche Sprache, und unterliegt andern Existenzbedingungen. Wenn sie sich einmal gebildet hat, bleibt sie im allgemeinen ziemlich feststehend und hat das Bestreben, sich selbst gleich zu bleiben; ihre Abhängigkeit von der Schrift trägt ganz besonders zu ihrer Bewahrung bei. Daher kann die Schriftsprache uns nicht zeigen, bis zu welchem Grade die natürlichen Sprachen, die einer schriftlichen Regelung entbehren, veränderlich sind.

Die Lautlehre, und zwar die gesamte Lautlehre, ist der erste Gegenstand der diachronischen Sprachwissenschaft; in der Tat ist der Lautwandel unvereinbar mit dem Begriff des Zustandes; Laute oder Lautgruppen mit ihren vorangegangenen Erscheinungsformen zu vergleichen, bedeutet soviel wie eine Diachronie aufstellen. Die vorausgegangene Epoche kann zeitlich mehr oder weniger nahe gelegen sein; aber wenn die eine oder die andere zusammenfließen, dann spielt die Lautlehre nicht mehr herein; dann handelt es sich nur mehr um die Beschreibung der Laute eines Sprachzustandes, und das obliegt der Phonetik („Phonologie", vgl. Anmerkung S. 38).

Der diachronische Charakter der Lautlehre stimmt zu dem Grundsatz, daß nichts von dem, was der Lautgeschichte angehört, bedeutsam oder grammatikalisch im weiteren Sinne dieses Ausdrucks ist (vgl. S. 21). Um die Geschichte der Laute eines Wortes zu verfolgen, braucht man seine Bedeutung nicht zu wissen, sondern nur seine materielle Hülle zu berücksichtigen, und man kann Lautstücke davon lostrennen, ohne sich zu fragen, ob sie eine Bedeutung haben; man kann z. B. untersuchen, was im attischen Griechisch aus einer Gruppe *-ewo-* wird, die für sich nichts bedeutet. Wenn die Entwicklung der Sprache sich ganz auf die Entwicklung der Laute zurückführen ließe, dann würde der Gegensatz zwischen den verschiedenen Objekten der beiden Teile der Sprachwissenschaft sofort deutlich werden: man würde klar erkennen, daß diachronisch soviel wie nichtgrammatikalisch bedeutet, ebenso wie synchronisch dasselbe wie grammatikalisch ist.

Aber es sind nicht nur die Laute, die sich mit der Zeit umgestalten; die Wörter verändern ihre Bedeutung, die grammatikalischen Kategorien entwickeln sich; man kann beobachten, daß manche Kategorien zugleich mit den Formen, die ihnen zum Ausdruck dienten, verschwinden (z. B. der Dual im Lateinischen). Und wenn alle Tatsachen der assoziativen und syntagmatischen Synchronie ihre Geschichte haben, wie kann man dann die vollständige Scheidung zwischen Diachronie und Synchronie aufrecht erhalten? Diese Scheidung wird also sehr schwierig, sowie man von der bloßen Lautlehre sich entfernt.

Es ist jedoch festzustellen, daß viele Veränderungen, die für grammatikalisch gehalten werden, sich in lautliche Veränderungen auflösen. Die Schaffung des grammatikalischen Typus in deutsch *Hand : Hände*, der an Stelle von *hant : hanti* getreten ist (vgl. S. 99), erklärt sich vollständig aus einer lautgeschichtlichen Tatsache. Ebenso liegt dem Typus der Komposita *Springbrunnen, Reitschule* usw. etwas Lautgeschichtliches zugrunde; im Ahd. war das erste Element nicht verbal, sondern ein Substantiv; *beta-hūs* bedeutete „Haus des Gebetes". Da jedoch der Schlußvokal infolge der Lautentwicklung fallen mußte (*beta-* → *bet-* usw.), so bildete sich eine Bedeutungsbeziehung mit dem Verbum (*beten* usw.) und *Bethaus* bedeutete schließlich „Haus zum Beten".

Etwas ganz Ähnliches ist vorgegangen bei den Komposita, welche das Altgermanische mit dem Wort *līch* („äußere Erscheinung") bildete (vgl. *mannolīch* „der die Erscheinung eines Mannes hat"; *redolīch* „der den Anschein der Vernunft hat"). Heute ist in einer großen Zahl von Adjektiven (vgl. *verzeihlich, glaublich* usw.) *-lich* ein Suffix geworden, das dem von *pardon-able, croy-able* usw. vergleichbar ist, und zugleich hat sich die Interpretation des ersten Bestandteiles geändert: man sieht darin nicht mehr ein Substantiv, sondern eine Verbalwurzel; das kommt daher, daß in einer gewissen Anzahl von Fällen durch den Abfall des Schlußvokals des ersten Bestandteils (z. B. *redo-* → *red-*) dieser einer Verbalwurzel gleichgesetzt wurde (*red-* von *reden*). So steht *glaub-* in *glaublich* eher zu *glauben* als zu *Glaube* in Beziehung, und trotz der Verschiedenheit des Stammbestandteils ist *sichtlich* mit *sehen* assoziiert und nicht mehr mit *Sicht.*

In allen diesen Fällen und vielen andern ähnlichen bleibt die Unterscheidung der zwei Arten von Sprachwissenschaft klar; das muß man sich gegenwärtig halten, um nicht leichthin zu behaupten, daß man historische Grammatik treibe, während man in Wirklichkeit sich nacheinander erst auf dem diachronischen Gebiet bewegt, indem man die lautlichen Veränderungen untersucht, und dann auf dem synchronischen Gebiet, indem man die Folgen, die sich daraus ergeben, berücksichtigt.

Aber diese Einschränkung behebt nicht alle Schwierigkeiten. Die Entwicklung irgendeiner grammatikalischen Tatsache, sei es einer assoziativen Gruppe oder eines Typus der Anreihung, steht der eines Lautes nicht gleich. Sie ist nicht einfach; sie zerlegt sich in eine Menge von Sondertatsachen, und nur ein Teil von diesen fällt unter die Lautlehre. Bei der Entstehung eines Anreihungstypus wie das franz. Futur *prendre-ai*, woraus *prendrai* „ich werde nehmen" wurde, kann man mindestens zwei Tatsachen unterscheiden, eine psychologische: die Synthese der beiden Vorstellungsbestandteile, und eine lautliche, die von der ersten abhängt: daß die Gruppe statt zweier Akzente nur einen erhält (*préndre-aí* → *prendraí*).

Die Flexion des starken germanischen Verbums (nhd. Typus *geben, gab, gegeben* usw., vgl. griech. *leípō, élipon, léloipa* usw.) beruht großenteils auf dem Ablaut der Wurzelvokale. Diese Alternationen (s. S. 187), deren System ursprünglich ziemlich einfach ist, ergeben sich allerdings aus einer rein lautlichen Tatsache; daß aber diese Vokalverschiedenheiten funktionell so wichtig werden konnten, war nur möglich, weil das ursprüngliche Flexionssystem durch eine Reihe verschiedener Vorgänge vereinfacht wurde: Verschwinden der vielen Varietäten des Präsens und der Bedeutungsschattierungen, die sich daran knüpften, Verschwinden des Imperfekts, des Futurs und des Aoristes, Beseitigung der Perfektreduplikation usw. Diese Veränderungen, die nicht wesentlich lautlicher Art sind, haben die Verbalflexion auf eine begrenzte Gruppe von Formen reduziert, in denen der Wurzelablaut einen großen Bedeutungswert erhielt. Man kann z. B. sagen, daß in *geben : gab* die Gegenüberstellung *e : a* in höherem Grad bedeutungsvoll ist als der Wechsel *e : o* in griech. *leípō : léloipa*, und zwar wegen des Fehlens der Reduplikation im deutschen Perfekt.

Die Lautveränderung ist also zwar meistens irgendwie an der Entwicklung beteiligt, kann sie aber doch nicht ganz erklären; wenn man den lautlichen Faktor einmal ausgeschaltet hat, dann findet man einen Restbestand, der den Gedanken an eine historische Grammatik zu rechtfertigen scheint; hier liegt die wahre Schwierigkeit; die Unterscheidung zwischen Diachronie und Synchronie — die gleichwohl aufrecht erhalten werden muß — würde sehr schwierige Erklärungen erfordern, die mit dem Rahmen dieser Vorlesungen unvereinbar sind[1]).

---

[1]) Zu diesem didaktischen und äußeren Grunde kommt vielleicht noch ein anderer: F. de S. hat in seinen Vorlesungen niemals die Sprachwissenschaft des Sprechens (vgl. S. 21 f.) berührt. Man erinnere sich, daß ein neuer Sprachgebrauch immer mit einer Reihe von individuellen Tatsachen beginnt (s. S. 117).

Im Folgenden untersuchen wir nacheinander die lautlichen Veränderungen, die Alternation und die Analogie, um zum Schluß noch einige Bemerkungen über die Volksetymologie und Agglutination zu bringen.

Kapitel II.

Die lautlichen Veränderungen.

§ 1. Ihre absolute Regelmäßigkeit.

Wir haben S. 112 gesehen, daß die lautliche Veränderung nicht die Wörter, sondern die Laute betrifft. Da eben nur ein Laut umgestaltet wird, handelt es sich um ein isoliertes Ereignis wie bei allen diachronischen Vorgängen; aber es hat die Folge, daß in gleicher Weise alle Wörter verändert werden, in denen der betreffende Laut vorkommt; in diesem Sinne sind die lautlichen Veränderungen vollkommen regelmäßig.

Im Nhd. ist jedes *ī* zu *ei* geworden; *wīn, trīben, līhen, zīt* haben ergeben *Wein, treiben, leihen, Zeit*; jedes *ū* ist *au* geworden: *hūs, zūn, rūch* wurden zu *Haus, Zaun, Rauch*; ebenso ist *ǖ* zu *eu* geworden: *hǖsir* zu *Häuser* usw. Umgekehrt ist der Diphthong *ie* zu *ī* geworden, wofür man noch *ie* schreibt: vgl. *biegen, lieb, Tier*. In entsprechender Weise sind alle *uo* zu *ū* geworden: *muot* zu *Mut* usw.; jedes *z* (vgl. S. 42) hat *s* (geschrieben *ss*) ergeben: *wazer* → *Wasser, fliezen* → *fliessen* usw.; jedes *h* zwischen

---

Man könnte annehmen, daß der Verfasser diesen nicht die Eigenschaft grammatikalischer Tatsachen zugestand, in dem Sinne, daß ein isolierter Akt notwendig der Sprache und ihrem System fremd sei, welches nur von dem Komplex von Kollektivgewohnheiten abhängt. Insofern diese Tatsachen nur dem Sprechen angehören, sind sie nur besondere und ganz zufällige Arten der Anwendung des bestehenden Systems. Erst in dem Augenblick, wo eine oft wiederholte Neuerung sich in das Gedächtnis einprägt und in das System eintritt, hat es zur Folge die Verschiebung des Gleichgewichts der Werte, so daß die Sprache ipso facto und spontan verändert ist. Man könnte auf die grammatikalische Entwicklung anwenden, was S. 21 und 100 von der lautlichen Entwicklung gesagt ist: ihr Verlauf steht außerhalb des Systems, denn dieses kann niemals in seiner Entwicklung wahrgenommen werden; wir sehen es von Augenblick zu Augenblick anders. — Diese Erklärung ist übrigens bloß ein Versuch von uns. (Die Herausgeber.)

Vokalen im Wortinnern ist geschwunden: *līhen, sehen* → *leien, seen* (geschrieben *leihen, sehen*); jedes *w* ist zu labiodentalem *v* geworden (geschrieben *w*): *wazer* → *vasr* (geschrieben *Wasser*).

Im modernen Französisch ist jedes *l mouillé* zu *y* (*jod*) geworden: *piller, bouillir* werden *piye, buyir* ausgesprochen usw.

Im Lateinischen erscheint intervokalisches *s* in einem andern Zeitraum als *r*: **genesis*, **asēna* → *generis, arēna* usw.

Jede beliebige lautliche Veränderung, im rechten Licht gesehen, könnte die völlige Regelmäßigkeit dieser Umgestaltungen bestätigen.

§ 2. Bedingungen der lautlichen Veränderungen.

Die vorausgehenden Beispiele zeigen schon, daß die lautlichen Erscheinungen keineswegs immer unabhängig, sondern meistens an bestimmte Bedingungen geknüpft sind, mit andern Worten: es ist nicht die lautliche Einzelerscheinung, was verändert wird, sondern das Phonem, so wie es sich unter gewissen Bedingungen der Umgebung, der Akzentuierung usw. darstellt. So ist *s* im Lateinischen nur zwischen Vokalen und in gewissen andern Stellungen zu *r* geworden; im übrigen blieb es bestehen (vgl. *est, senex, equos* usw.).

Nur ganz selten sind Veränderungen nicht von besonderen Bedingungen abhängig; häufig jedoch scheint es so, weil die Bedingung verschleiert oder ganz allgemeiner Art ist; so wird deutsch *i* zu *eī*, aber nur in den betonten Silben; das k_1 des Idg. wird im Germanischen zu *h* (vgl. idg. *$k_1$olsom*, lat. *collum*, deutsch *Hals*); aber diese Veränderung findet nicht statt nach *s* (vgl. griech. *skótos*, got. *skadus* „Schatten").

Übrigens beruht die Einteilung der Lautveränderungen in unabhängige und bedingte auf oberflächlicher Betrachtung der Dinge; es ist richtiger — wie es auch mehr und mehr geschieht —, von spontanen und kombinatorischen Lautveränderungen zu sprechen. Sie sind spontan, wenn sie durch eine innere Ursache hervorgebracht werden, und kombinatorisch, wenn sie aus dem Vorhandensein eines oder mehrerer anderer Phoneme hervorgehen. So ist der Übergang von idg. *o* in germanisch *a* (vgl. got. *skadus*, deutsch *Hals*) ein spontaner Vorgang. Die konsonantischen Lautverschiebungen des Germanischen gehören ebenfalls zum Typus spontaner Veränderungen: so wird idg. k_1 im Urgerm. zu *h* (vgl. lat. *collum* und got. *hals*); das urgermanische *t*, das im Englischen erhalten ist, wird im Hd. *z* (vgl. got. *taihun*, engl. *ten* und deutsch *zehn*). Umgekehrt ist der Übergang von lateinisch *ct*, *pt* zu italienisch *tt* (vgl. *factum* → *fatto*, *captīvum* → *cattivo*) ein kombinatorischer Wandel, weil das erste Element dem zweiten assimiliert ist. Der deutsche Umlaut kommt ebenfalls von einer äußeren Ursache, dem Vorhandensein eines *i* in der folgenden Silbe: während *gast* unverändert bleibt, ergibt *gasti : gesti, Gäste.*

Zu bemerken ist, daß es in beiden Fällen nicht auf das Ergebnis ankommt und auch nicht darauf, ob eine Veränderung stattfindet oder nicht. Wenn man z. B. got. *fisks* mit lat. *piscis* und got. *skadus* mit griech. *skotos* vergleicht, dann läßt sich im ersten Fall feststellen, daß das *i* bestehen blieb, im andern das *o* zu *a* wurde; von diesen beiden Lauten ist der erstere als solcher erhalten geblieben, der andere verändert; das Wesentliche aber ist, daß ihre Entwicklung unbeeinflußt vor sich gegangen ist.

Wenn eine Lautveränderung kombinatorischer Art ist, so ist sie immer bedingt; aber wenn sie spontan ist, so ist sie nicht notwendigerweise unabhängig, denn sie kann in negativer Hinsicht bedingt sein durch die Abwesenheit gewisser Faktoren der Umgestaltung; so wird idg. k_2 im Lateinischen spontan zu *qu* (vgl. *quattuor*, *inquilīna* „Insasse" usw.), aber nur wenn nicht z. B. *o* oder *u* darauf folgt (vgl. *cottīdie*, *colō*, *secundus* usw.). Ebenso ist das Fortbestehen von idg. *i* in gotisch *fisks* usw. an eine Bedingung geknüpft: diejenige, daß nicht *r* oder *h* folgt, in welchem Falle es zu *e* wird, das *ai* geschrieben wird (vgl. *wair* = lat. *vir* und *maihstus* = deutsch *Mist*).

§ 3. Methodisches.

Die Formeln, welche die Phänomene ausdrücken, müssen die vorausgehenden Unterscheidungen berücksichtigen, wenn sie die Vorgänge nicht in einem falschen Licht zeigen sollen.

Hier einige Beispiele solcher Ungenauigkeiten. Das Vernersche Gesetz wurde früher folgendermaßen formuliert: „Im Germanischen wurde jedes anlautende *þ* zu *đ* verändert, wenn der

Akzent folgte"; vgl. einerseits **faþer* → **faðer* (deutsch *Vater*), **liþumé* → **liðumé* (deutsch *litten*), andererseits **þrīs* (deutsch *drei*), **brōþer* (deutsch *Bruder*), **liþo* (deutsch *leide*), wo *þ* bestehen blieb. Diese Formel schreibt dem Akzent die aktive Rolle zu und enthält eine Einschränkung bezüglich des anlautenden *þ*. In Wirklichkeit ist der Vorgang ganz anders: im Germanischen hatte *þ*, wie im Lateinischen, die Tendenz, im Innern des Wortes spontan stimmhaft zu werden; nur ein auf dem vorausgehenden Vokal stehender Akzent konnte das verhindern. Damit ist das Gesetz umgedreht: der Vorgang ist spontan, nicht kombinatorisch, und der Akzent ist ein Hindernis und nicht die Ursache, die die Erscheinung hervorruft. Man muß also sagen: „Jedes innere *þ* ist zu *ð* geworden, außer wenn der auf dem vorausgehenden Vokal stehende Akzent dem entgegenstand."

Um spontane und kombinatorische Erscheinungen richtig zu unterscheiden, muß man die Phasen der Umgestaltung analysieren und das mittelbare Ergebnis nicht für das unmittelbare halten. So ist es nicht genau, wenn man zur Erklärung des Rhotazismus (vgl. lat. **genesis* → *generis*) sagt, daß *s* zwischen Vokalen zu *r* geworden ist, denn *s*, das nicht vom Stimmton begleitet ist, kann nicht sofort *r* ergeben. In Wirklichkeit sind zwei Akte zu unterscheiden: *s* wird zu *z* durch kombinatorischen Wandel; aber *z*, das im lateinischen Lautsystem nicht beibehalten wurde, ist durch den ihm sehr nahestehenden Laut *r* ersetzt worden, und dieser Wandel ist spontaner Art. Auf diese Weise hat man ganz irrtümlich zwei verschiedenartige Tatsachen zu einer einzigen Erscheinung vereinigt; der Fehler besteht einerseits darin, daß das mittelbare Ergebnis für das unmittelbare genommen wurde (*s* → *r* anstatt *z* → *r*), und andererseits, daß man die Gesamterscheinung als kombinatorisch betrachtete, während sie es nur in ihrem ersten Abschnitt ist. Das ist so, als ob man sagte, daß im Französischen *e* vor Nasalen zu *a* geworden sei. In Wirklichkeit hat man da nacheinander eine kombinatorische Veränderung: Nasalierung des *e* durch *n* (vgl. lat. *ventum* → frz. *vent* → *vẽnt*, lat. *fēmina* → frz. *fẽme*), dann eine spontane Veränderung: *ẽ* zu *ã* (vgl. *vãnt*, *fãme*, jetzt *vã*, *fam*). Man kann nicht einwenden, daß das nur vor nasalen Konsonanten möglich war: es handelt sich nicht darum, weshalb nasaliert wurde, sondern nur darum, ob die Umgestaltung von *ẽ* zu *ã* spontan oder kombinatorisch ist.

Der schwerste methodische Irrtum, den ich hier erwähne, obwohl er nicht mit den oben aufgestellten Grundsätzen zusammenhängt, besteht darin, ein Lautgesetz im Präsens zu formulieren, als ob die Erscheinungen, die es umspannt, ein- für allemal beständen, während sie in einem Zeitabschnitt entstehen und absterben. Aus diesem Fehler ergibt sich ein Chaos, denn man unterdrückt damit gänzlich die chronologische Aufeinanderfolge der Vorgänge. Ich habe diesen Punkt schon S. 116 hervorgehoben bei der Analyse der aufeinander folgenden Erscheinungen, welche die Doppelheit *tríkhes—thriksí* erklären. Wenn man sagt, *s* wird im Lateinischen zu *r*, so stellt man es so dar, als ob der Rhotazismus der Natur dieser Sprache anhafte, und man wäre in Verlegenheit gegenüber Ausnahmen wie *causa, rīsus* usw. Nur die Formel: „intervokalisches *s* ist im Lateinischen zu einer gewissen Zeit zu *r* geworden" läßt die richtige Auffassung zu, daß zu der Zeit, wo *s* zu *r* wurde, *causa* und *rīsus* kein intervokalisches *s* hatten und vor dem Wandel bewahrt blieben; und in der Tat sagte man damals *caussa* und *rīssus*. Aus dem gleichen Grund muß man sagen: „*ā* ist im jonischen Dialekt zu *ē* geworden (vgl. *mā́tēr* → *mḗtēr* usw.)", denn ohne das wüßte man nicht, was man mit Formen wie *pâsa, phāsí* usw. anfangen sollte (die zur Zeit jenes Übergangs noch *pansa, phansi* usw. lauteten).

§ 4. Ursachen der Lautveränderungen.

Die Frage nach diesen Ursachen ist eines der schwierigsten Probleme der Sprachwissenschaft. Man hat verschiedene Erklärungen vorgeschlagen, von denen jedoch keine eine vollständige Aufklärung gibt.

I. Man hat gesagt, die Sprachgenossen hätten gewisse rassenmäßige Anlagen, welche von vornherein die Richtung der Lautveränderungen bestimmen. Danach ist es ein Problem der vergleichenden Anatomie: aber die Unterschiede der Sprechwerkzeuge sind zwischen verschiedenen Rassen kaum größer als zwischen verschiedenen Individuen; wenn man einen Neger als kleines Kind nach Frankreich bringt, so spricht er ebensogut französisch wie die Einheimischen. Mit solchen Redensarten ferner, daß etwa ein italienischer Mund dieses meidet oder eine deutsche Zunge jenes nicht aussprechen könne, drückt man sich so aus, als ob es sich um dauernde Eigenschaften, nicht um historische Vorgänge handle. Das ist ein ähnlicher Irrtum wie die Formulierung eines Lautwandels im Präsens; zu behaupten, daß das jonische Organ sich dem *ā* widersetzt und es in *ē* verwandelt, ist ebenso falsch wie zu sagen: *ā* „wird" im Jonischen zu *ē*.

Das jonische Organ hatte keineswegs eine Abneigung gegen die Aussprache von *ā*, denn es läßt dieses in gewissen Fällen zu. Es handelt sich dabei also nicht um eine anthropologische Unmöglichkeit der Aussprache, sondern um einen Wandel der Gewöhnung. Ebenso hat das Lateinische, das das intervokalische *s* nicht beibehielt (vgl. **genesis* → *generis*), es sehr bald danach wieder eingeführt (vgl. **rīssus* → *rīsus*); diese Veränderungen sind also keine Anzeichen einer dauernden Disposition des lateinischen Organs.

Allerdings gibt es eine allgemeine Richtung der lautlichen Erscheinungen in einem gegebenen Zeitraum bei einem bestimmten Volk; die Monophthongisierungen der Diphthonge im modernen Französisch sind die Auswirkungen einer und derselben Tendenz; aber man könnte entsprechende allgemeine Strömungen in der politischen Geschichte wiederfinden, ohne daß ihr lediglich historischer Charakter in Zweifel gezogen würde und man darin einen direkten Einfluß der Rasse sehen könnte.

II. Man hat die lautlichen Veränderungen oft als Anpassung an die Bedingungen von Land und Klima betrachtet. Gewisse nordische Sprachen haben besonders zahlreiche Konsonanten, gewisse Sprachen des Südens verwenden sehr viele Vokale und sind deshalb wohllautend. Das Klima und die Lebensbedingungen können sehr wohl Einfluß auf die Sprache haben, aber das Problem wird schwierig, sobald man auf Einzelheiten eingeht: so sind neben den skandinavischen Sprachen, die sehr viel Konsonanten haben, diejenigen der Lappen und Finnen noch vokalreicher als sogar das Italienische. Außerdem ist zu beachten, daß die Konsonantenhäufungen im modernen Deutsch in sehr vielen Fällen eine ganz junge Erscheinung sind, hervorgerufen durch Ausfall von Vokalen, die hinter dem Hauptakzent standen, daß gewisse Dialekte Südfrankreichs weniger Abneigung gegen Konsonantengruppen haben als das Nordfranzösische, daß das Serbische ebenso viele Konsonantengruppen wie das Nordrussische bietet usw.

III. Man hat das Gesetz des geringsten Kraftaufwandes geltend gemacht, wonach zwei Artikulationen durch eine einzige ersetzt würden oder eine schwierige Artikulation durch eine andere, bequemere. Dieser Gedanke verdient immerhin eine Prüfung: er kann die Ursachen der Erscheinungen in einem gewissen Maße aufklären oder wenigstens die Richtung, in der man diese zu suchen hat, angeben.

Das Gesetz des geringsten Kraftaufwandes scheint eine gewisse Zahl von Fällen aufzuklären: so den Übergang vom Verschlußlaut zum Reibelaut (*habēre* → *avoir*), den Abfall von sehr umfänglichen Endsilben in vielen Sprachen, Assimilationserscheinungen (z. B. *ly* → *ll*, **alyos* → gr. *állos*, *tn* → *nn*, **atnos* → lat. *annus*), die Monophthongisierung von Diphthongen, die nur ein Sonderfall der Assimilation ist (*ai* → *e*, franz. *maizõn* → *mẹzõ* „*maison*“ usw.).

Jedoch könnte man ebenso viele Fälle namhaft machen, wo genau das Gegenteil stattfindet. Der Monophthongisierung könnte man z. B. den Übergang von *ī*, *ū ǖ* im Deutschen zu *ei*, *au*, *eu* gegenüberstellen. Wenn man behauptet, daß die Kürzung von *ā* und *ē* zu *ă* und *ĕ* im Slavischen dem geringeren Kraftaufwand verdankt werde, so muß man auch daran denken, daß die umgekehrte Erscheinung, die das Deutsche darbietet (vgl. *făter* → *Vāter*, *gĕben* → *gēben* usw.), einen größeren Kraftaufwand erfordert. Wenn man den stimmhaften Laut für leichter aussprechbar hält als den stimmlosen (vgl. *opera* → prov. *obra*), so muß das Umgekehrte einen größeren Kraftaufwand erfordern, und gleichwohl hat das Spanische *ž* in *χ* übergehen lassen (vgl. *hiχo* „Sohn“, geschrieben: *hijo*), und das Deutsche hat *b*, *d*, *g* in *p*, *t*, *k* gewandelt. Wenn der Verlust der Aspiration (vgl. idg. **bherō* → germ. *beran*) als eine Verringerung des Kraftaufwandes betrachtet wird, was soll man dann davon sagen, daß das Deutsche da aspiriert, wo das ursprünglich nicht der Fall war (*Tanne*, *Pute* usw., ausgesprochen *Thanne*, *Phute* usw.)?

Diese Bemerkungen beanspruchen nicht eine Widerlegung der vorgeschlagenen Erklärung zu sein. In Wirklichkeit kann man kaum für jede Sprache festsetzen, was in ihr leichter oder schwerer auszusprechen ist. Wenn es einerseits richtig ist, daß eine Verkürzung einem geringeren Kraftaufwand im Sinne der Dauer entspricht, so ist es andererseits ebenso richtig, daß achtlose Aussprache leicht zu Längen führt, und daß die Kürze mehr Achtsamkeit erfordert. So kann man mit Annahme verschiedener Veranlagungen zwei entgegengesetzte Tatsachen im gleichen Licht erscheinen lassen. Ebenso scheint es, daß bei Übergang von *k* zu *tš* (vgl. lat. *cēdere* → ital. *cedere*), wenn man nur Anfangs- und Schlußglied der Veränderung berücksichtigt, eine Steigerung des Kraftaufwandes stattgefunden habe; aber der Eindruck wäre vielleicht ein anderer, wenn man die Entwicklungsreihe aufstellen würde: *k* wird zu palatalem *k'* durch Assimilation an den folgenden Vokal, dann wird *k'* zu *ky*, wodurch die Aussprache nicht schwieriger wird: zwei in *k'* enthaltene Elemente sind deutlicher differenziert worden; dann ist man von *ky* nacheinander zu *ty*, *t'*, *tš* übergegangen, überall mit geringerem Kraftaufwand.

Es müßten also endlose Untersuchungen darüber angestellt werden, und wenn sie vollständig sein sollten, müßte man dabei zugleich den psychologischen Gesichtspunkt (die Aufmerksamkeit) und den physiologischen (die Artikulation) berücksichtigen.

IV. Eine seit einigen Jahren bevorzugte Erklärung schreibt die Veränderungen der Aussprache unserer lautlichen Heranbildung in der Kindheit zu. Erst nach vielem Tasten, nach Versuchen und Richtigstellungen gelangt das Kind dazu, das, was es um sich herum hört, auszusprechen; dies wäre der Keim der Veränderungen; gewisse nicht korrigierte Ungenauigkeiten gewännen beim Individuum die Oberhand und würden in der aufwachsenden Generation zum feststehenden Gebrauch. Unsere Kinder sprechen oft *t* für *k*, ohne daß unsere Sprachen in ihrer Geschichte einen derartigen Lautwandel aufweisen. Bezüglich anderer Wandlungen verhält es sich aber anders; so sprechen in Paris viele Kinder *fl'eur* und *bl'anc* mit *l* mouillé; nun ist aber im Italienischen durch einen entsprechenden Vorgang *florem* zu *fl'ore* und dann zu *fiore* geworden.

Diese Feststellungen verdienen volle Aufmerksamkeit, aber sie lassen das Problem selbst noch unberührt; denn man sieht nicht ein, wie sich in einer Generation die Übereinkunft bilden könnte, gewisse Ungenauigkeiten festzuhalten, andere aber nicht, während doch alle gleichermaßen natürlich sind; in der Tat erscheint die Auswahl unter den fehlerhaften Aussprachen als rein willkürlich, und es lassen sich keine Gründe dafür erkennen. Warum übrigens hätte eine Erscheinung das eine Mal durchdringen können, das andere Mal aber nicht?

Diese Bemerkung gilt außerdem auch für alle im Vorhergehenden angegebenen Ursachen, insoweit als ihre Gültigkeit zuzulassen ist; der Einfluß des Klimas, die Veranlagung der Rasse, die Tendenz zum geringsten Kraftaufwand bestehen dauernd; warum wirken sie mit Zwischenräumen bald in bezug auf diesen, bald in bezug auf jenen Punkt des Lautsystems? Ein historisches Ereignis muß einen bestimmten Grund haben; und es wird nicht gesagt, was in jedem einzelnen Falle eine Veränderung auslöst, deren allgemeine Ursache schon seit langer Zeit bestand. Das müßte erklärt werden, und eben hierin liegt die Schwierigkeit.

V. Manchmal sucht man eine dieser bestimmenden Ursachen in dem allgemeinen Zustand des Volkes zu einer gewissen Zeit. Es gibt in den Sprachen Zeiträume, in denen stärkere Bewegung herrscht als in andern: man will diese mit den bewegten Perioden der äußeren Geschichte in Zusammenhang bringen und so eine Verbindung zwischen politischer und sprachlicher Unbeständigkeit entdecken; dabei glaubt man, Anschauungen, die sich auf die Sprache im allgemeinen beziehen, auf die lautlichen Veränderungen anwenden zu können. Man bemerkt z. B., daß die schwerstwiegenden Umgestaltungen des Lateinischen bei seinem Übergang zu den romanischen Sprachen zusammenfallen mit der erschütterungsreichen Epoche der Völkerwanderung. Um nicht in die Irre zu gehen, muß man zweierlei unterscheiden:

a) Der Einfluß gefestigter politischer Zustände auf die Sprache ist anderer Art als der von unbeständigen Verhältnissen.

Wenn das politische Gleichgewicht die Entwicklung der Sprache verlangsamt, dann handelt es sich um eine zwar äußerliche, aber doch positive Ursache, während die Unbeständigkeit, deren Ergebnis das Umgekehrte ist, nur von negativer Bedeutung ist, indem sie keine verlangsamende Wirkung ausübt. Die Unbeweglichkeit, die verhältnismäßige Beständigkeit eines Idioms kann von Umständen, die außerhalb der Sprache liegen können (Einfluß eines Hofes, der Schule, einer Akademie, der Schrift usw.), beeinflußt werden, die ihrerseits in positiver Weise durch das soziale und politische Gleichgewicht begünstigt sind. Wenn dagegen eine äußere Umwälzung im Zustand der Nation die sprachliche Entwicklung beschleunigt, so kommt das daher, daß die Sprache ganz einfach wieder in ihren Zustand der Freiheit gerät, wo sie ihrem regelmäßigen Entwicklungsgang folgt. Die Unbeweglichkeit des Lateins im klassischen Zeitalter ist verursacht durch äußere Umstände und kann nicht mit den Veränderungen verglichen werden, die es später erfahren hat, weil diese bei dem Fehlen gewisser äußerer Bedingungen sich von selbst ergeben.

b) Hier ist die Rede nur vom lautlichen Wandel und nicht von jeder Art von Umgestaltung der Sprache. Man würde verstehen, daß grammatische Veränderungen von Ursachen dieser Art abhängen; die grammatischen Erscheinungen hängen immer in irgendeiner Beziehung mit der Gedankenwelt zusammen und erleiden leichter eine Rückwirkung von seiten äußerer Umwälzungen, da diese unmittelbar auf den Geist einwirken. Aber nichts berechtigt zu der Annahme, daß unruhigen Zeitläuften in der Geschichte einer Nation auch eine beschleunigte Entwicklung der Sprachlaute entspreche.

Außerdem kann man auch in Zeiten, wo die Sprache in einer künstlichen Unbeweglichkeit verweilt, keine Epoche namhaft machen, die gar keinen Lautwandel gekannt hätte.

VI. Man hat es auch versucht mit der Hypothese des Substrats einer früheren, andersartigen Sprache: gewisse Wandlungen kämen danach von einer eingeborenen Bevölkerung, die durch die später eingewanderte aufgesogen wäre. So entspräche der Unterschied zwischen der *langue d'oc* und *langue d'oïl* einem verschiedenen Prozentsatz des ursprünglichen keltischen Elements in den beiden Teilen Galliens; man hat diese Theorie auch auf die dialektischen Verschiedenheiten des Italienischen angewandt, die man je nach den Gegenden auf ligurische, etruskische usw. Einflüsse zurückführt. Zunächst aber setzt diese Hypothese Umstände voraus, die man selten antrifft; außerdem muß man klar scheiden: will man sagen, daß bei Annahme der neuen Sprache die ursprüngliche Bevölkerung etwas von ihren Lautgewohnheiten in diese eingeführt habe? Das ist annehmbar und ganz natürlich. Aber wenn man sich von neuem auf unbestimmbare Faktoren der Rasse usw. beruft, so kommen wir wieder zu den oben angegebenen Unklarheiten.

VII. Eine letzte Erklärung, die diesen Namen eigentlich gar nicht verdient, setzt den Lautwandel dem Wandel der Mode gleich. Diesen letzteren hat aber noch niemand erklärt: man weiß nur, daß er von Gesetzen der Nachahmung abhängt, mit denen sich die Psychologen sehr viel beschäftigen. Gleichwohl, wenn diese Erklärung das Problem auch nicht löst, so hat sie den Vorzug, es einem viel umfänglicheren einzugliedern: die Art der Lautveränderungen wäre rein psychologischer Natur. Nur — wo ist der Ausgangspunkt der Nachahmung? Das ist das Rätsel sowohl für den Lautwandel als für den Wandel der Mode.

§ 5. Unbegrenzte Wirksamkeit des Lautwandels.

Wenn man abzuschätzen sucht, wie weit sich die Wirkung von Lautveränderungen erstreckt, so erkennt man bald, daß sie unbegrenzt und unberechenbar ist, d. h. daß man nicht voraussehen kann, wo der Lautwandel Halt machen wird. Es ist kindlich, zu glauben, daß das Wort sich nur bis zu einem gewissen Grade verändern kann, als ob es irgend etwas in sich enthielte, wodurch es erhalten würde. Die lautliche Wandelbarkeit hängt von der Beliebigkeit des sprachlichen Zeichens ab, das nicht fest an die Bedeutung geknüpft ist.

Allerdings kann man zu einem gewissen Zeitpunkt feststellen, daß die Laute eines Wortes verändert sind und in welchem Maße das der Fall ist, aber man könnte nicht im voraus sagen, bis zu welchem Grade es unkenntlich werden kann.

Das Germanische hat das idg. **aiwom* (vgl. lat. *aevum*) zu **aiwan*, **aiwa*, **aiw* werden lassen, wie alle Wörter, die die gleiche Endung aufwiesen; dann ist **aiw* zu ahd. *ēw* geworden, wie alle Wörter, die die Gruppe *aiw* enthielten; da jedes wortschließende *w* zu *o* wird, erhielt man *ēo*; *ēo* seinerseits ist in *eo*, *iǫ* übergegangen nach andern Regeln, die ebenso allgemeingültig sind; *io* hat dann *ie*, *je* ergeben und wurde endlich im modernen Deutsch zu *jē* (z. B. „das Schönste, was ich *je* gesehen habe").

Wenn man nur den Anfangs- und den Endpunkt der Entwicklung betrachtet, so muß man sagen, daß das Wort in seiner heutigen Gestalt keinen einzigen der ursprünglichen Bestandteile mehr enthält; jedoch ist jede Stufe, für sich genommen, vollkommen sicher und regelmäßig; außerdem hat der Lautwandel auf jeder dieser Stufen seine bestimmte Grenze, aber alle zusammen machen den Eindruck einer unbegrenzten Menge von Umgestaltungen. Dieselbe Feststellung könnte man bezüglich lateinisch *calidum* machen, wenn man es mit dem vergleicht, was es im modernen Französisch geworden ist (*šọ*, geschrieben *chaud*), und sodann die einzelnen Stufen wieder herstellt: *calidum*, *calidu*, *caldu*, *cald*, *calt*, *tšalt*, *tšaut*, *šaut*, *šọt*, *šọ*. Vgl. ferner noch vulg.-lat. **waidanju*→ *gẽ* (geschrieben *gain* „Gewinn"), *minus* → *mwẽ* (geschrieben *moins*), *hoc illī* → *wi* (geschrieben *oui*).

Die lautlichen Vorgänge sind ferner auch unbegrenzt und unberechenbar in dem Sinne, daß sie an jeder beliebigen Art von Zeichen vor sich gehen, ohne einen Unterschied zu machen zwischen einem Adjektiv, einem Substantiv usw., einem Stammbestandteil, einem Suffix, einer Endung usw.; und zwar muß es a priori so sein, denn wenn die Grammatik dabei im Spiele wäre, dann würden Lautwandel und synchronische Tatsache zusammenfließen, und das ist ganz ausgeschlossen. Man kann also sagen: die lautliche Entwicklung geht blind vor sich.

So ist im Griechischen *s* nach *n* ausgefallen nicht nur in **khănses* „Gänse", **mēnses* „Monate" (woraus *khênes* und *mênes* wurde), wo *s* keinen grammatikalischen Wert hatte, sondern auch in Verbalformen des Typus **etensa*, **ephansa* usw. (woraus *éteina*, *éphēna* usw. wurde), wo es als Zeichen des Aoristes diente. Im Mhd. haben die nachtonigen Vokale *i*, *e*, *a*, *o* die einheitliche Färbung *e* angenommen (*gibil* → *Giebel*, *meistar* → *Meister*), obwohl die Verschiedenheit der Färbung eine ganze Anzahl von Endungen charakterisierte. So haben der Akkusativ Singular *boton* und der Genetiv und Dativ Singular *boten* sich zu *boten* vermischt.

Wenn also die Lauterscheinungen durch keine Grenze aufgehalten werden, so müssen sie eine tiefgreifende Verwirrung im grammatischen Organismus hervorbringen. Das ist der Gesichtspunkt, unter dem wir sie nun betrachten wollen.

Kapitel III.

Grammatikalische Folgen der Lautentwicklung.

§ 1. Lockerung und Aufhebung der grammatischen Beziehungen.

Eine erste Folgeerscheinung des Lautwandels ist, daß der grammatische Zusammenhang, der zwei oder mehrere Glieder verbindet, gelöst wird. So kommt es vor, daß ein Wort nicht mehr als Ableitung eines anderen empfunden wird. Beispiel:

mansio	—	**mansiōnāticus*
maison „*Haus*“	/ /	*ménage* „*Haushalt, Hausrat*“

Das Sprachbewußtsein erblickte ehemals in **mansiōnāticus* die Ableitung von *mansiō*, dann aber haben die lautlichen Umgestaltungen die beiden Wörter getrennt.

Ebenso:	(*vervēx*	—	*vervēcārius*)
vulg.-lat.	*berbīx*	—	*berbīcārius*
	brebis „*Schaf*“	/ /	*berger* „*Schäfer, Hirt*“

Diese Trennung hat natürlich ihre Rückwirkung auf die Geltung; so ist *berger* in verschiedenen Lokalmundarten dazu gekommen, speziell den „Rinderhirten“ zu bezeichnen.

Ebenso:	*decem*	—	*undecim*
	dix	—	*onze*

Ein entsprechender Fall ist derjenige von gotisch *bītan* „beißen“, *bitum* „wir bissen“ — *bitr* „beißend, bitter“; infolge des Übergangs von *t* zu *ts* (*z*) einerseits und der Erhaltung der Gruppe *tr* andererseits hat das Westgermanische daraus gemacht: *bīȝan*, *biȝum* / / *bitr*.

Die Lautentwicklung zerstört auch das normale Verhältnis, das ursprünglich zwischen zwei Flexionsformen eines und desselben Wortes bestand. So wird *comes* — *comitem* im Altfranz.

zu *cuens* / / *comte*, *barō* — *barōnem* → *ber* / / *baron*, *presbiter* — *presbiterum* → *prestre* / / *provoire*. Auch Endungen können auf diese Weise verschiedene Gestalt annehmen. Das Idg. z. B. charakterisiert alle Akkusative Singularis durch eine gleiche Endung *-m*[1]) (**ek₁wom*, **owim*, **podm*, **māterm* usw.). Im Lateinischen hat das keine wesentliche Änderung erfahren; im Griechischen aber hat die sehr verschiedene Behandlung des sonantischen oder konsonantischen Nasals zwei verschiedene Formenreihen hervorgebracht: *híppon*, *ó(w)in* : *póda*, *mắtera*. Der Akkusativ-Plural zeigt etwas ganz Ähnliches (vgl. *híppous*, *pódas*).

§ 2. Verwischung der Wortzusammensetzung.

Eine andere grammatische Wirkung der Lautveränderung besteht darin, daß die verschiedenen Teile eines Wortes, die dazu beitrugen, seinen Wert festzulegen, sich nicht mehr voneinander abtrennen lassen: das Wort ist ein unteilbares Ganzes geworden. Beispiele: franz. *ennemi* (vgl. *in-imīcus* — *amīcus*), im Lateinischen *perdere* (vgl. das ältere *per-dare* — *dare*), *amiciō* (für **amb-jaciō* — *jaciō*), im Deutschen *Drittel* (für *Drit-teil* — *Teil*).

Man sieht übrigens, daß dieser Fall im Grunde der gleiche ist wie der des vorherigen Paragraphen: so läßt sich z. B. *ennemi* nicht mehr auflösen, was soviel heißt, als daß man es nicht mehr wie *in-imīcus* mit dem einfachen *amīcus* in Beziehung setzen kann; die Formel

amīcus	—	*inimīcus*
ami	/ /	*ennemi*

ist vollkommen entsprechend der von

mansiō	—	*mansiōnāticus*
maison	/ /	*ménage*

Die einfachen Formen *hunc*, *hanc*, *hāc* usw. des klassischen Latein, die auf *hon-ce*, *han-ce*, *hā-ce* zurückgehen, wie inschriftliche Formen zeigen, sind das Ergebnis der Agglutination des Pronomens mit der Partikel *-ce*; ursprünglich konnte man *hon-ce* usw. mit *ecce* vergleichen, da aber *-e* später lautlich abgefallen

[1]) oder *-n*? Vgl. S. 109 Anmerkung.

ist, so war das nicht mehr möglich, d. h. also, daß man die Elemente von *hunc, hanc, hāc* usw. nicht mehr unterscheiden kann.

Die Analyse wird durch die lautliche Entwicklung zuerst nur erschwert und dann ganz unmöglich gemacht. Dafür ein Beispiel aus der indogermanischen Nominalflexion: das Idg. dekliniert Nominativ Sing. **pod-s*, Akkusativ **pod-m*, Dativ **pod-ai*, Lokativ **pod-i*, Nominativ Plur. **pod-es*, Akkusativ **pod-ns* usw.; die Flexion von *ek_1wo-s* war zuerst vollkommen parallel: *ek_1wo-s*, *ek_1wo-m*, *ek_1wo-ai*, *ek_1wo-i*, *ek_1wo-es*, *ek_1wo-ns* usw. In diesem Zeitraum konnte man den Stamm *ek_1wo-* ebenso leicht herauslösen wie den Stamm **pod-*. Später aber haben die Vokalkontraktionen diesen Zustand umgestaltet: Dativ *ek_1wōi*, Lok. *ek_1woi*, Nominativ Plur. *ek_1wōs*. Von diesem Augenblick an war die Klarheit des Stammes *ek_1wo-* aufgegeben und die Analyse mußte andere Wege einschlagen. Noch später haben neue Veränderungen wie die Differenzierung der Akkusative (vgl. S. 184) die letzten Spuren des ursprünglichen Zustandes verwischt. Die Zeitgenossen Xenophons hatten wahrscheinlich den Eindruck, daß der Stamm *hipp-* sei und daß die Endungen vokalisch seien (*hípp-os* usw.), woraus sich völlige Trennung der Typen *ek_1wo-s* und **pod-s* ergab. Auf dem Gebiete der Flexion trägt wie auch anderwärts alles, was die Zergliederung hemmt, dazu bei, die grammatischen Zusammenhänge zu lockern.

§ 3. Es gibt keine lautlichen Dubletten.

In den beiden in § 1 und 2 betrachteten Fällen werden zwei Zeichen, die ursprünglich grammatisch verbunden sind, durch die Entwicklung ganz und gar voneinander getrennt. Diese Erscheinung könnte Anlaß zu einer ganz irrigen Interpretation geben.

Wenn man bemerkt, daß einerseits vulg.-lat. *barō : barōnem* einander nahezu gleich sind, während andererseits altfranz. *ber : baron* einander sehr ungleich sind, könnte man versucht sein, zu sagen, daß eine und dieselbe ursprüngliche Einheit (*bar-*) sich in zwei auseinandergehenden Richtungen entwickelt und zwei Formen hervorgebracht habe. Das wäre jedoch nicht richtig, denn dasselbe Element kann nicht gleichzeitig und am gleichen Ort zwei verschiedenen Umgestaltungen unterworfen sein; das widerspräche schon der Definition der Lautveränderung. Die Lautentwicklung an sich hat nicht die Kraft, zwei Formen an Stelle einer einzigen hervorzubringen.

Wenn Einwände gegen diesen Satz erhoben und dabei etwa von Beispielen ausgegangen werden sollte, so könnte jemand sagen: *collocāre* hat *coucher* (niederlegen) und *colloquer* (unterbringen, Platz anweisen) ergeben. In Wahrheit aber ist nur *coucher* daraus hervorgegangen; *colloquer* ist nur eine gelehrte Entlehnung des lateinischen Wortes (vgl. *rancon* „Lösegeld" und *rédemption* „Erlösung").

Aber man könnte etwa weiter fragen: Hat nicht *cathedra* sowohl *chaire* (Kanzel) als *chaise* (Stuhl) ergeben, zwei echt französische Wörter? In Wirklichkeit ist *chaire* eine dialektische Form. Die Pariser Aussprache wandelte intervokalisches *r* in *z*; es hieß *pèse, mèse* für *père* und *mère*; das Schriftfranzösisch hat von dieser lokalen Aussprachsweise nur zwei Beispiele bewahrt: *chaise* und *bésicles* (Nebenform von *béricles* „Brille", das von *béryl* kommt). Dieser Fall ist genau vergleichbar dem pikardischen *rescapé* „entronnen" (speziell einem Bergwerksunglück), das ins Französische übergegangen und in diesem nun in einen nachträglichen Gegensatz zu *réchappé* „entkommen" (besonders auch einer Strafe; sodann „Galgenstrick") getreten ist. Wenn man nebeneinander *cavalier* „Reiter" und *chevalier* „Ritter", *cavalcade* „Ausritt, Kavalkade" und *chevauchée* „Ritt" hat, so kommt das davon, daß *cavalier* und *cavalcade* aus dem Italienischen entlehnt sind. Im Grunde ist das derselbe Fall wie bei *calidum*, das franz. *chaud* und ital. *caldo* ergeben hat. In allen diesen Beispielen handelt es sich um Entlehnungen.

Wenn man nun weiter sagt, daß das lat. Pronomen *mē* im Französischen durch zwei Formen *me* und *moi* vertreten ist (vgl. *il me voit* und *c'est moi qu'il voit*), so ist zu antworten: nur unbetontes lat. *mē* ist zu *me* geworden; betontes *mē* hat *moi* ergeben; nun aber hängt Betontheit oder Unbetontheit nicht von Lautgesetzen ab, die *mē* einmal in *me* und das andere Mal in *moi* verwandelt haben, sondern von der Rolle dieses Wortes im Satz; das ist eine grammatische Verschiedenheit. Ebenso ist **ur-* im Deutschen unter dem Akzent *ur-* geblieben und vor dem Akzent zu *er-* geworden (vgl. *Úrlaub : erlaúben*); aber dieser Akzentwechsel selbst ist geknüpft an die Typen von Komposita, in die *ur-* eingegangen ist, also an eine grammatische und synchronische Bedingung. Endlich, um auf unser Ausgangsbeispiel zurückzukommen, sind die Verschiedenheiten in der Form und dem Akzent, welche das Paar *bárō : barṓnem* darbietet, offenbar älter als der Lautwandel.

In der Tat lassen sich nirgends lautliche Doppelheiten feststellen. Die Entwicklung der Laute hebt nur die vor ihr bestehenden Verschiedenheiten noch hervor. Überall, wo diese Verschiedenheiten nicht auf äußere Ursachen zurückzuführen sind, wie das bei Entlehnungen der Fall ist, setzen sie grammatische und synchronische Zweiheiten voraus, die mit den lautlichen Vorgängen nichts zu tun haben.

§ 4. Die Alternation.

Zwei Wörter wie *maison : ménage* bieten keinen Anlaß, sie als Glieder einer Beziehung zu vergleichen und den Unterschied zwischen ihnen aufzusuchen, teils weil die unterscheidenden Bestandteile (*-ezǭ* und *-en-*) sich schlecht zur Vergleichung eignen, teils weil kein anderes Paar eine entsprechende Gegensätzlichkeit aufweist. Aber es begegnet uns häufig, daß zwei nebeneinanderstehende Glieder nur durch ein oder zwei Bestandteile, die leicht herauszulösen sind, sich unterscheiden, und daß dieselbe Verschiedenheit sich regelmäßig in einer Reihe entsprechender Paare wiederholt; es handelt sich dann um die verbreitetste und gewöhnlichste unter den grammatischen Erscheinungen, bei welchen die lautlichen Veränderungen eine Rolle spielen: den sogenannten Lautwechsel oder die Alternation.

Im Französischen ist jedes lateinische *ŏ* in offener Silbe unter dem Akzent zu *eu* und vor dem Akzent zu *ou* geworden; daher Paare wie *pouvons, peuvent, ouvrier : œuvre, nouveau : neuf* usw., bei welchen man ohne Mühe ein Element der Verschiedenheit und des regelmäßigen Wechsels bemerkt. Im Lateinischen wechselt infolge des Rhotazismus *gerō* mit *gestus, oneris* mit *onus, maeror* mit *maestus* usw. Da im Germanischen *s* je nach dem Akzent verschieden behandelt wurde, hat man im Mhd. *ferliesen : ferloren, kiesen : gekoren, friesen : gefroren* usw. Der Ausfall des idg. *e* spiegelt sich im heutigen Deutsch in dem Gegensatz *beißen : biß, leiden : litt, reiten : ritt* usw. wieder.

In allen diesen Beispielen betrifft dieser Wechsel den Stammbestandteil; aber es versteht sich von selbst, daß alle Teile des Wortes ähnliche Gegensätzlichkeiten bieten können. Es ist z. B. ganz häufig, daß ein Präfix unter verschiedenen Formen erscheint, je nach der Natur des darauffolgenden Stammanlautes (vgl. griech. *apo-dídōmi : ap-érchomai*, franz. *inconnu* und *inutile*). Die idg. Alternation *e : o*, die allerdings letzten Endes auf eine lautliche Ursache zurückgehen muß, findet sich in einer großen Zahl suffixaler Elemente (vgl. griech. *híppos : híppe, phér-o-men : phér-e-te, gén-os : gén-e-os* für **gén-es-os* usw.). Das Altfranzösische hat eine besondere Behandlung für betontes lateinisches *a* nach Palatalen; das ergab eine Alternation *e : ie* in einer Menge von Endungen (vgl. *chant-er : jug-ier, chant-é : jug-ié, chant-ez : jug-iez* usw.).

Der Lautwechsel oder die Alternation kann also folgendermaßen definiert werden: eine Entsprechung zwischen zwei bestimmten Lauten oder Lautgruppen, die in regelmäßiger Weise zwischen zwei nebeneinander bestehenden Formenreihen abwechseln.

Ebenso wie die lautliche Erscheinung für sich allein nicht die Doppelformen erklärt, ist es auch leicht einzusehen, daß sie weder die einzige noch die hauptsächliche Ursache der Alternation ist. Wenn man sagt, daß das lat. *nov-* durch lautliche Veränderung zu *neuv-* und *nouv-* (*neuve* und *nouveau*) geworden ist, dann stellt man eine imaginäre Einheit her und verkennt eine vorher bestehende synchronische Zweiheit; die verschiedene Stellung von *nov-* in *nov-us* und *nov-ellus* besteht schon vor der lautlichen Veränderung und ist zugleich im vollsten Sinne grammatikalischer Natur (vgl. *bárō : barōnem*). Eine solche Zweiheit steht am Anfang jeder Alternation und macht sie erst möglich. Der lautliche Vorgang hat nicht eine Einheit zerbrochen, er hat nur durch das Auseinandertreten der Laute die Entgegensetzung gleichzeitiger Glieder noch stärker fühlbar gemacht. Es ist ein Irrtum, den allerdings viele Sprachforscher teilen, zu glauben, daß die Alternation lautlicher Natur sei, bloß weil die Laute den Stoff dazu hergeben, und weil ihre Veränderungen bei der Entstehung der Alternationen beteiligt sind. In Wirklichkeit gehört die Alternation, ob man nun ihren Ausgangspunkt oder ihr Endergebnis ins Auge faßt, immer der Grammatik und der Synchronie an.

§ 5. Die Gesetze der Alternation.

Sind die Alternationen auf Gesetze zurückzuführen und welcher Natur sind diese Gesetze?

Gehen wir etwa von der Alternation *e : i* aus, die im heutigen Deutsch so häufig ist: nimmt man dabei alle Fälle insgesamt und durcheinander (*geben : gibt, Feld : Gefilde, Wetter : wittern, helfen : Hilfe, sehen : Sicht* usw.), dann kann man keine allgemeine Regel aufstellen. Aber wenn man aus dieser Menge das Paar *geben : gibt* herausnimmt und es neben *nehmen : nimmt, helfen : hilft, schelten : schilt* stellt, dann bemerkt man, daß diese Alternation zusammenfällt mit einer Unterscheidung des Tempus, der Personen usw. In *lang : Länge, stark : Stärke, hart : Härte* usw. ist der ganz ähnliche Wechsel *a : e* an die Bildung von Substantiven aus Adjektiven geknüpft, in *Hand : Hände, Gast : Gäste* usw. an die Bildung des Plurals, und ebenso ist es in den so häufigen Fällen, die die Germanisten unter dem Namen Ablaut zusammenfassen (vgl. noch *finden : fand* oder *finden : Fund, binden : band* oder *binden : Bund, schießen : schoß : Schuß, fließen : floß : Fluß* usw.). Der Ablaut oder die Vokalverschiedenheit des Stammes, die mit einer grammatikalischen Gegenüberstellung zusammenfällt, ist ein Musterbeispiel für die Alternation; aber er unterscheidet sich durch keinerlei Besonderheit von dem allgemeinen Phänomen.

Man sieht, daß die Alternation im allgemeinen zwischen verschiedenen Gliedern auf regelmäßige Weise verteilt ist, und daß dadurch wichtige Unterschiede der Charakterisierung von Formen, der Bezeichnung von Kategorien, des Ausdrucks von Funktionen einander gegenübergestellt werden. Man kann also von grammatikalischen Gesetzen der Alternation sprechen; aber diese Gesetze sind ein nur zufälliges Ergebnis von lautlichen

Veränderungen, die ihnen zum Ursprung gedient haben. Indem diese eine regelmäßige lautliche Verschiedenheit geschaffen haben zwischen zwei Reihen von Gliedern, die eine Verschiedenheit des Wertes darbieten, hat der Geist sich dieser materiellen Verschiedenheit bemächtigt, um sie bedeutungsvoll und zum Träger einer Verschiedenheit der Vorstellung zu machen (s. S. 101f.). Wie alle synchronischen Gesetze sind diese einfach Grundsätze der Anordnung ohne befehlende Kraft. Es ist ganz falsch, zu sagen, wie es oft geschieht, daß das *a* von *Nacht* sich im Plural *Nächte* in *ä* verwandelt; das erweckt die Vorstellung, als ob eine von einem befehlenden Prinzip geregelte Umgestaltung zwischen dem einen und dem andern Glied stattfinde. In Wirklichkeit haben wir es mit einer bloßen Gegenüberstellung von Formen zu tun, die aus der Lautentwicklung sich ergibt. Allerdings kann die Analogie, von der später die Rede sein wird, neue Paare hervorbringen, die die gleiche lautliche Verschiedenheit darbieten (*Kranz : Kränze* nach *Gast : Gäste* usw.). Das Gesetz scheint dann Anwendung zu finden wie eine Vorschrift, die auf den Gebrauch einwirkt, so daß er dadurch umgestaltet wird. Man darf aber nicht vergessen, daß in der Sprache diese Erscheinungen des Wechsels von entgegenwirkenden analogischen Einflüssen abhängen, und das genügt zur Kennzeichnung des Umstandes, daß Regeln dieser Art nicht unwiderruflich feststehend sind und durchaus der Definition des synchronischen Gesetzes entsprechen.

Es kann auch geschehen, daß die lautliche Bedingung, die die Alternation hervorgerufen hat, noch klar zutage liegt. So hatten die S. 189 genannten Paare im Ahd. die Formen *geban : gibit, Feld : gafildi* usw. Damals mußte der Wurzelvokal, wenn ein *i* auf ihn folgte, als *i* an Stelle von *e* erscheinen, während er in allen andern Fällen *e* war. Die Alternation von lat. *faciō : conficiō, amīcus : inimīcus, facilis : difficilis* usw. ist ebenso an eine lautliche Bedingung geknüpft, welche die Sprechenden folgendermaßen ausgedrückt haben würden: das *a* eines Wortes vom Typ *faciō, amīcus* usw. wechselt mit einem *i* in Worten der gleichen Familie, wo dieses *a* in einer Binnensilbe steht.

Aber diese lautlichen Entgegensetzungen führen auf genau die gleichen Beobachtungen wie alle grammatischen Gesetze: sie sind synchronisch; sobald man das vergißt, ist man in Gefahr, den schon S. 115 angegebenen Interpretationsfehler zu begehen. Angesichts eines Paares wie *faciō : conficiō* muß man sich sehr wohl hüten, das Verhältnis dieser gleichzeitigen Glieder durcheinander zu bringen mit dem Verhältnis, das zwischen den aufeinander folgenden Gliedern der diachronischen Erscheinung besteht (*confaciō* → *conficiō*). Wenn man in Versuchung ist, das zu tun, so kommt das daher, daß die Ursache der lautlichen Differenzierung in diesem Paar noch sichtbar ist; aber ihr Wirken gehört der Vergangenheit an und für die Sprechenden besteht hier lediglich eine synchronische Gegenüberstellung.

All das bestätigt das, was von dem durchaus grammatikalischen Charakter der Alternation gesagt wurde. Man hat, um sie zu bezeichnen, auch den übrigens vollkommen richtigen Ausdruck Wechsel gebraucht; aber es ist besser, ihn zu vermeiden, besonders deshalb, weil man ihn oft auf die lautlichen Veränderungen angewandt hat, und weil er die falsche Vorstellung einer Bewegung hervorruft, während es sich hier nur um einen Zustand handelt.

§ 6. Alternation und grammatische Beziehung.

Wir haben gesehen, wie die Lautentwicklung durch Veränderung der Wortformen dazu führt, daß die grammatischen Beziehungen, die unter ihnen bestehen, gelockert oder aufgehoben werden können. Das gilt aber nur für isolierte Paare wie *maison : ménage*, *Teil : Drittel* usw. Sobald es sich aber um eine Alternation handelt, ist das nicht mehr der Fall.

Es ist von vornherein klar, daß jede einigermaßen regelmäßige lautliche Entgegensetzung zweier Elemente eine Beziehung zwischen ihnen herzustellen geeignet ist. *Wetter* verknüpft man instinktiv mit *Gewitter*, weil man daran gewöhnt ist, *e* mit *i* im Wechsel zu sehen. In noch höherem Grade prägt sich diese gebräuchliche Entsprechung der Aufmerksamkeit der sprechenden Personen ein, sobald sie das Gefühl haben, daß eine lautliche Entgegensetzung durch ein allgemeines Gesetz geregelt ist, und sie dient dazu, die grammatische Beziehung noch enger zu knüpfen anstatt sie zu lockern. Auf diese Weise betont der deutsche Ablaut (s. S. 189) die Auffassung der Einheit des Stammes durch alle Vokalverschiedenheiten hindurch.

Ebenso ist es mit den Alternationen, die nicht eine Bedeutung tragen, sondern an eine bloß lautliche Bedingung geknüpft sind. Das franz. Präfix *re-* (*reprendre, regagner, retoucher* usw.) wird zu bloßem *r-* vor Vokalen (*rouvrir, racheter* usw.). Ebenso erscheint das Präfix *in-*, das sehr lebenskräftig ist, obgleich gelehrten Ursprungs, unter denselben Bedingungen in den zwei verschiedenen Formen: *ẽ-* (in *inconnu, indigne, invertébré* „wirbellos" usw.) und *in-* (in *inavouable, inutile, inesthétique* usw.). Diese Verschiedenheit zerreißt keineswegs die Einheit der Vorstellung, weil Sinn und Funktion als gleich erfaßt werden und die Fälle festgelegt sind, wo die Sprache die eine oder andere dieser Formen anzuwenden hat.

Kapitel IV.

Die Analogie.

§ 1. Definition und Beispiele.

Es ergibt sich aus dem Vorangegangenen, daß die lautlichen Erscheinungen ein Faktor der Verwirrung sind. Überall, wo sie nicht Alternationen hervorrufen, tragen sie dazu bei, die grammatischen Beziehungen, welche die Worte untereinander verknüpfen, zu lockern. Die Masse der Formen wird dadurch nutzlos vermehrt; der sprachliche Mechanismus wird verdunkelt und kompliziert in dem Maße, als die durch den Lautwandel entstehenden Unregelmäßigkeiten das Übergewicht über die Formen gewinnen, die unter allgemeine Typen fallen; mit andern Worten: in dem Maße, wie das absolut Beliebige das Übergewicht über das relativ Beliebige gewinnt (s. S. 159).

Glücklicherweise wird das Ergebnis dieser Umgestaltungen ausgeglichen durch die Analogie. Ihr gehören alle die normalen Umgestaltungen der äußeren Erscheinung der Wörter an, die nicht lautlicher Natur sind.

Die Analogie setzt ein Muster und seine regelmäßige Nachahmung voraus; *eine analogische Form ist eine Form, die nach dem Vorbild einer oder mehrerer anderer gemäß einer bestimmten Regel gebildet ist.*

So ist der lateinische Nominativ *honor* analogisch. Anfangs sagte man *honōs : honōsem*, dann infolge des Rhotazismus, der das *s* traf, *honōs : honōrem*. Der Stammbestandteil hatte von da an eine doppelte Gestalt; diese Doppelheit wurde durch die neue Form *honor* beseitigt, die nach dem Muster von *ōrātor : ōrātōrem* usw. geschaffen wurde mittels eines Verfahrens, das wir weiter unten näher betrachten werden und das wir von jetzt an als geometrische Proportion formulieren:

ōrātōrem : ōrātor = *honōrem* : x
x = *honor*.

Man sieht also, daß als Gegengewicht gegen die auf Vielförmigkeit abzielende Wirkung des Lautwandels (*honōs : honōrem*) die Analogie die Formen neuerdings vereinheitlicht und die Regelmäßigkeit wieder hergestellt hat (*honor : honōrem*).

Im Französischen hat man lange Zeit gesagt *il preuve, nous prouvons, ils preuvent*, jetzt sagt man *il prouve, ils prouvent*, Formen, die sich lautgeschichtlich nicht erklären lassen; *il aime* geht auf lat. *amat* zurück, während *nous aimons* analogisch für *amons* eingetreten ist; man müßte *amable* an Stelle von *aimable* sagen. Im Griechischen ist *s* zwischen zwei Vokalen geschwunden: *-eso-* wurde zu *-eo-* (vgl. *géneos* für **gĕnesos*). Dennoch findet man dieses intervokalische *s* im Futur und im Aorist aller Verba auf Vokal wieder: *lū́sō, élūsa* usw. Das kommt daher, daß die Analogie der Formen des Typus *túpsō* und *étupsa*, wo *s* nicht fiel, die Erinnerung an das Futur und den Aorist auf *s* bewahrt hat. Und während im Deutschen *Gast : Gäste, Balg : Bälge* usw. lautlich entstanden sind, sind *Kranz:Kränze* (älter *kranz: kranza*), *Hals : Hälse* (älter *halsa*) usw. durch Nachahmung entstanden.

Die Analogie wirkt zugunsten der Regelmäßigkeit und hat die Tendenz, die Vorgänge bei der Wortbildung und Flexion zu vereinheitlichen. Aber sie hat auch ihre Launen: neben *Kranz : Kränze* usw. hat man *Tag : Tage, Salz : Salze* usw., die aus diesem oder jenem Grund der Analogie widerstanden haben. Man kann also nicht im voraus sagen, wie weit die Nachahmung eines Vorbildes sich erstrecken wird, noch welche Typen dazu bestimmt sind, sie hervorzurufen. So sind es nicht immer die zahlreichsten Formen, welche die Analogie auslösen. Im griechischen Perfekt flektiert man neben dem Aktiv: *pépheuga, pépheugas, pephéugamen* usw. das ganze Medium ohne *a*: *péphugmai, pephúgmetha* usw., und die homerische Sprache zeigt uns, daß dieses *a* ursprünglich dem Plural und dem Dual des Aktivs fehlte (vgl. homerisch *ídmen, éikton* usw.). Die Analogie ist ausschließlich von der ersten Person Singular des Aktivs ausgegangen und hat beinahe das ganze Paradigma des Indikativ Perfekt nach sich gezogen. Dieser Fall ist bemerkenswert außer anderem auch deshalb, weil *a* ein Flexionselement ist, das zum Stamm gezogen wurde; das Umgekehrte, daß ein Stammelement zum Suffix gezogen wurde, ist, wie wir S. 203 sehen werden, viel häufiger.

Oft genügen zwei oder drei isolierte Wörter, um eine verbreitete Form zu schaffen, z. B. eine Endung; im Ahd. haben die schwachen Verba des Typs *habēn, lobēn* usw. ein *-m* in der ersten Person Singular des Präsens: *habēm, lobōm*; dieses *m* geht zurück auf einige Verba, die den Verba auf *-mi* des Griechischen entsprechen: *bim, stām, gēm, tuom*, die für sich allein diese Endung der ganzen schwachen Flexion aufgezwungen haben. Zu bemerken ist, daß hier die Analogie nicht eine lautliche Verschiedenheit verwischt, sondern eine Bildungsweise verallgemeinert hat.

§ 2. Die analogischen Erscheinungen sind keine Veränderungen.

Die ersten Sprachforscher haben die Natur und das Wesen der Analogie nicht verstanden und nannten sie „falsche Analogie". Sie glaubten, daß das Lateinische, indem es *honor* erfand, sich bezüglich des Urtyps *honos* „geirrt" habe. Für sie ist alles, was von einer gegebenen Anordnung abweicht, eine Unregelmäßigkeit, ein Verstoß gegen eine ideale Form. Das kommt daher, daß man gemäß einem für diese Zeit sehr bezeichnenden Irrtum den ursprünglichen Zustand der Sprache für etwas Wertvolleres oder Vollkommeneres hielt, ohne sich auch nur zu fragen, ob nicht auch diesem Zustand noch ein anderer vorausgegangen sei. Jede Freiheit, mit der man von diesem Urzustand abgewichen war, galt also als Anomalie. Die junggrammatische Schule hat das Verdienst, der Analogie erstmalig die rechte Stellung zuerkannt und gezeigt zu haben, daß sie neben den Veränderungen der Laute der Hauptfaktor in der Sprachentwicklung und der wichtigste Vorgang ist, vermöge dessen die Sprachen von einem Zustand ihres inneren Baus zu einem anderen übergehen.

Bezüglich der Natur der analogischen Erscheinungen aber erhebt sich die Frage, ob sie, wie man im allgemeinen glaubt, wirkliche Veränderungen sind.

Jeder analogische Vorgang ist ein Drama mit drei handelnden Personen; diese sind

1. der überlieferte Typus, der legitim und ererbt ist (z. B. *honōs*);
2. der Konkurrent (*honor*);
3. eine Kollektivperson, die dargestellt wird durch die Formen, welche den Konkurrenten hervorgebracht haben (*honōrem, ōrātor, ōrātōrem* usw.). Man betrachtet *honor* gern als eine Modifikation, als eine „Umbildung" von *honōs*. Von diesem letzteren Wort hätte es den größten Teil seiner Lautsubstanz übernommen; jedoch ist die einzige Form, die bei der Erzeugung von *honor* nichts bedeutet, gerade dieses *honos*! Man kann das Phänomen durch das folgende Schema darstellen:

Überlieferte Formen:		Neue Form:
honōs (das nicht in Betracht kommt)	*honōrem* *ōrātor, ōrātōrem* usw. (schöpferische Gruppe)	→ *honor*

Man sieht, es handelt sich um eine „Nebenbildung", um die Einführung eines Konkurrenten neben der überlieferten Form, kurz: um eine Neuschöpfung. Während der Lautwandel nichts Neues einführt, ohne das, was vorausgegangen ist, völlig zu vernichten (*honōrem* ersetzt *honōsem*), zieht die analogische Form nicht notwendigerweise das Verschwinden derjenigen nach sich, an deren Seite sie tritt. *honor* und *honōs* haben eine Zeitlang nebeneinander bestanden, und es konnte eines für das andere gebraucht werden. Da jedoch die Sprache der Aufrechterhaltung zweier Bezeichnungen für eine einzige Vorstellung widerstrebt, so kommt meistens die ursprüngliche, weniger regelmäßige Form in Abgang und verschwindet. Dieses Ergebnis erweckt den Eindruck einer Umgestaltung. Nachdem die Wirkung der Analogie einmal abgeschlossen ist, stehen der ursprüngliche Zustand (*honōs : honōrem*) und der neue (*honor : honōrem*) dem Anschein nach einander ebenso gegenüber, wie das bei Ergebnissen der Lautentwicklung der Fall ist. Jedoch ist in dem Augenblick, wo *honor* entsteht, nichts geändert, weil nichts dadurch beseitigt worden ist; das Verschwinden von *honōs* ist ebensowenig eine Umgestaltung, weil dieser Vorgang unabhängig ist von dem vorigen. Überall, wo man dem Verlauf der sprachlichen Entwicklung folgen kann, sieht man, daß die analogische Neuerung und die Ausmerzung der alten Form zwei verschiedene Dinge sind.

Es liegt durchaus nicht im Wesen der Analogie, eine Form durch eine andere zu ersetzen, vielmehr bringt sie häufig Formen hervor, die nichts ersetzen. Im Deutschen kann man ein Diminutiv auf *-chen* von jedem beliebigen Substantiv mit konkreter Bedeutung ableiten; wenn eine Form *Elefantchen* in der Sprache eingeführt würde, so würde sie nichts vorher Bestehendes ersetzen. Ebenso kann im Französischen irgend jemand nach dem Muster *pension : pensionnaire, réaction : réactionnaire* ein *interventionnaire* oder *répressionnaire* bilden, die bedeuten „wer die Intervention, die Repression befürwortet". Das Verfahren dabei ist offensichtlich dasselbe wie dasjenige, was *honor* hervorgebracht hat; beide entsprechen derselben Formel:

réaction : réactionnaire = *répression :* x
x = *répressionnaire.*

Im einen wie im andern Fall besteht nicht der leiseste Vorwand, von einer Veränderung der Sprache zu sprechen; *répressionnaire* ersetzt nichts. Ein anderes Beispiel: einerseits hört man analogischerweise *finaux* für *finals*, welch letzteres als regelmäßiger gilt; andererseits könnte irgend jemand *firmamental* bilden und ihm einen Plural *firmamentaux* geben. Man kann dann nicht sagen, daß es sich bei *finaux* um eine Veränderung und bei *firmamentaux* um eine Schöpfung handle, sondern in beiden Fällen handelt es sich um eine Schöpfung. Nach dem Muster von *mur : emmurer* „einmauern" hat man gesagt *tour : entourer* und *jour : ajourer* (in *un travail ajouré* „eine durchbrochene Arbeit"); diese relativ jungen Ableitungen erscheinen uns als Schöpfungen. Wenn ich nun bemerke, daß man in einer früheren Zeit *entorner* und *ajorner* besaß, die nach *torn* und *jorn* gebildet sind, so muß ich deshalb meine Ansicht keineswegs ändern und erklären, daß *entourer* und *ajourer* Modifikationen dieser beiden Wörter sind. So kommt die Täuschung der analogischen „Veränderung" daher, daß man eine Beziehung herstellt mit einem Ausdruck, der dem neuen unterlegen ist: das ist aber ein Irrtum, weil die Bildungen, die als Veränderungen gelten (Typus *honor*), gleicher Art sind wie diejenigen, welche wir Schöpfungen nennen (Typus *Elefantchen* und *répressionnaire*).

§ 3. Die Analogie als Prinzip sprachlicher Neuschöpfungen.

Nachdem wir nun gezeigt haben, was die Analogie nicht ist, wollen wir sie von einem positiven Gesichtspunkt aus untersuchen; dann ergibt sich sogleich, daß sie schlechthin die Grundlage der Schöpfung sprachlicher Neubildung im allgemeinen ist, und zwar folgendermaßen:

Die Analogie ist psychologischer Natur; aber das genügt nicht, um sie von den lautlichen Vorgängen zu unterscheiden, weil diese selbst ebenfalls als psychologisch betrachtet werden können (s. S. 181). Man muß weitergehen und sagen, daß die Analogie grammatischer Natur ist: sie setzt voraus, daß eine Beziehung, die irgendwelche Formen untereinander verknüpft, im Bewußtsein vergegenwärtigt wird. Während bei dem Lautvorgang das Gedankliche nichts bedeutet, ist seine Mitwirkung in Sachen der Analogie unerläßlich.

Bei dem lautlichen Übergang von intervokalischem *s* zu *r* im Lateinischen (vgl. *honōsem* → *honōrem*) ist weder der Vergleich mit andern Formen noch der Sinn des Wortes beteiligt: die leere Lautgestalt *honōsem* wird zu *honōrem*. Um dagegen das Erscheinen von *honor* neben *honōs* verständlich zu machen, muß man andere Formen mit hereinziehen, wie es die Formel der geometrischen Proportion zeigt:

ōrātōrem : *ōrātor* = *honōrem* : x
x = *honor*,

und diese Zusammenstellung hätte keinen Sinn, wenn der Geist die Formen, aus denen sie zusammengesetzt ist, nicht vermöge ihres Sinnes miteinander in Verbindung brächte.

So ist in der Analogie alles grammatisch; aber wir müssen sogleich hinzusetzen, daß die Neuschöpfung, die ihr Ergebnis ist, zunächst nur dem Sprechen angehören kann; sie ist das zufällige Werk eines einzelnen Sprechers. Auf diesem Gebiet also und nur am Rande der Sprache gilt es, diese Erscheinung zunächst zu beobachten. Jedoch muß man dabei zweierlei unterscheiden: 1. die Auffassung des Verhältnisses, das zwischen den erzeugenden Formen besteht; 2. das Ergebnis, das durch die Vergleichung nahegelegt wird, die Formen, die der Sprechende zum Ausdruck seines Gedankens improvisiert. Nur dieses Ergebnis gehört dem Sprechen an.

Die Analogie führt uns also auch hier wiederum darauf, die Sprache vom Sprechen zu trennen (s. S. 21f.); sie zeigt uns, daß das letztere von der ersteren abhängt, und zeigt uns ferner ganz unmittelbar den Ablauf des sprachlichen Mechanismus, wie er S. 155 beschrieben ist: jeder Neuschöpfung muß eine unbewußte Vergleichung der im Schatz der Sprache niedergelegten Materialien vorausgehen, wo die erzeugenden Formen gemäß ihren Beziehungen in Anreihung und Assoziation angeordnet sind.

So vollzieht sich ein wesentlicher Teil des Vorgangs, ehe man die neue Form in Erscheinung treten sieht. Die menschliche Rede, die sich ununterbrochen betätigt und die ihr gegebenen Einheiten zerlegt, enthält in sich alle Möglichkeiten nicht nur der gebräuchlichen Ausdrucksweise, sondern auch zur Bildung analogischer Formen. Es wäre also irrig, zu glauben, daß der schöpferische Vorgang nur in dem Augenblick vor sich gehe, wo die Neuschöpfung auftritt; seine Bestandteile sind schon vorher gegeben. Ein Wort, das ich improvisiere, wie *in-décor-able* „unverzierbar“, besteht in der Sprache schon als Möglichkeit; alle seine Bestandteile finden sich wieder in Syntagmen wie *décor-er, décor-ation*; *pardonn-able, mani-able*; *in-connu, in-sensé* usw., und seine Verwirklichung im Sprechen ist im Vergleich zu der Möglichkeit, es zu bilden, eine bedeutungslose Tatsache.

Die Analogie ist ihrem Wesen nach also nur eine Erscheinungsform des Vorgangs der Interpretation, eine Auswirkung der geistigen Tätigkeit, welche die Einheiten unterscheidet, um dann von ihnen Gebrauch zu machen. Das ist der Grund, warum ich sage, daß sie ganz und gar grammatisch und synchronisch ist.

Das Wesen der Analogie führt auf zwei Beobachtungen, welche unsere Anschauungen über das völlig Beliebige und über das relativ Beliebige bestätigen (s. S. 156f.):

1. Man könnte die Wörter klassifizieren nach dem Grad ihrer Eignung zur Hervorbringung anderer Wörter, je nachdem sie selbst mehr oder weniger zerlegbar sind. Die einfachen Wörter sind der Definition gemäß unproduktiv (vgl. *magasin*, *arbre*, *racine* usw.). *Magasinier* ist nicht durch *magasin* hervorgebracht; es ist gebildet nach dem Muster von *prisonnier : prison* usw. Ebenso verdankt *emmagasiner* seine Existenz der Analogie von *emmailloter* „wickeln", *encadrer* „einrahmen", *encapuchonner* usw., welche *maillot* „Windel", *cadre*, *capuchon* „Kapuze" usw. enthalten.

Es gibt also in jeder Sprache produktive und unproduktive Wörter, aber das Verhältnis beider ist verschieden. Das kommt im Grunde auf die S. 159 gemachte Unterscheidung zwischen lexikologischer und grammatikalischer Sprache hinaus. Im Chinesischen sind die meisten Wörter unzerlegbar; in einer künstlichen Sprache lassen sich fast alle zergliedern. Ein Esperantist hat volle Freiheit, mit einer gegebenen Wurzel neue Wörter zu konstruieren.

2. Wir haben S. 193 erwähnt, daß der Vorgang bei jeder analogischen Schöpfung durch eine geometrische Proportion dargestellt werden kann. Sehr häufig bedient man sich dieser Formel, um den Vorgang selbst zu erklären, während wir ihren Grund in der Zergliederung und in der Wiederzusammenfügung der von der Sprache dargebotenen Bestandteile gesucht haben.

Zwischen diesen beiden Auffassungen besteht ein Gegensatz. Wenn die geometrische Proportion eine genügende Erklärung ist, wozu dann die Annahme einer Zergliederung in Bestandteile? Um *indécorable* zu bilden, ist es gar nicht nötig, die einzelnen Elemente abzusondern (*in-décor-able*); es genügt, das Ganze zu nehmen und in die Gleichung einzusetzen:

pardonner : impardonnable = *décorer :* x
x = *indécorable.*

Auf diese Weise setzt man bei dem Individuum nicht eine komplizierte Tätigkeit voraus, die der bewußten Zergliederung des

Grammatikers allzu ähnlich ist. In Fällen wie *Kranz : Kränze*, *Gast : Gäste* scheint die Auflösung weniger wahrscheinlich zu sein als die geometrische Proportion, weil der Stammbestandteil des Musterwortes bald *Gast-*, bald *Gäst-* ist; man braucht bloß eine lautliche Besonderheit von *Gäste* auf *Kranz* zu übertragen.

Fragen wir nun, welche dieser beiden Theorien der Wirklichkeit besser entspricht, so ist zunächst zu bemerken, daß der Fall von *Kranz* die Zergliederung nicht notwendigerweise ausschließt. Wir haben Alternationen in Wurzeln und in Präfixen festgestellt (s. S. 188), und das Gefühl für eine Alternation kann sehr wohl neben einer positiven Zergliederung vorhanden sein.

Diese beiden einander entgegengesetzten Auffassungen spiegeln sich in zwei verschiedenen grammatischen Doktrinen wider. Unsere europäischen Grammatiker operieren mit der geometrischen Proportion; sie erklären z. B. die Bildung eines deutschen Praeteritums, indem sie von vollständigen Wörtern ausgehen; man sagt zum Lernenden: nach dem Muster von *sagen : sagte* ist das Praeteritum von *lachen* usw. zu bilden. Die indische Grammatik dagegen würde in einem besonderen Kapitel die Wurzeln (*sag-*, *lach-* usw.) behandeln, in einem andern die Endungen des Praeteritums (*-te* usw.); sie würde die Bestandteile geben, die aus der Zergliederung hervorgehen, und man hätte dann ganze Wörter daraus zusammenzusetzen. In jedem Sanskritwörterbuch sind die Verba in der Ordnung aufgeführt, die ihnen ihrer Wurzel nach zukommt.

Je nach der überwiegenden Tendenz einer sprachlichen Gruppe werden die Theoretiker der Grammatik geneigt sein, der einen oder der andern dieser Methoden zu folgen.

Das alte Latein scheint das Verfahren der Zergliederung zu begünstigen. Dafür ein deutlicher Beweis: trotz *făciō* und *ăgō* ist die Quantität in *făctus* und *āctus* nicht die gleiche; man muß voraussetzen, daß *āctus* auf **ăgtus* zurückgeht, und die Länge des Vokals dem darauffolgenden stimmhaften Laut zuschreiben; diese Hypothese wird durch die romanischen Sprachen im vollen Umfang bestätigt; der Gegensatz von *spĕciō : spĕctus* gegenüber *tĕgō : tēctus* spiegelt sich wider in französisch *dépit* (= *despĕctus*) einerseits und *toit* (*tēctum*) andererseits; vgl. *confĭciō : confĕctus* (franz. *confit*) gegenüber *rĕgō : rēctus* (*dīrēctus* → franz. *droit*).

Aber **agtos*, **tegtos*, **regtos* sind nicht aus dem Indogermanischen ererbt, welches sicherlich **ăktos* und **tĕktos* sagte; jene Formen sind erst im vorhistorischen Latein eingeführt, trotz der Schwierigkeit, die bei der Aussprache eines stimmhaften vor einem stimmlosen Laut vorhanden war. Das konnte nur eintreten, wenn man sich der Wurzeleinheiten *ag-*, *teg-* usw. vollständig und klar bewußt war. Das Latein hatte also in einem hohen Grade ein Gefühl für die Wortstücke (Stämme, Suffixe usw.) und für ihre funktionelle Anordnung. Unsere modernen Sprachen haben dafür scheinbar kein so scharfes Empfinden, aber das Deutsche hat es mehr als das Französische (s. S. 223).

Kapitel V.

Analogie und Entwicklung.

§ 1. Aufnahme einer analogischen Neuerung in die Sprache.

Nichts wird in die Sprache aufgenommen, ohne vorher im Sprechen ausprobiert zu sein; alle Entwicklungserscheinungen wurzeln in der individuellen Sphäre. Dieser Grundsatz, der schon S. 117 ausgesprochen wurde, findet ganz besonders auf die analogische Neuerung Anwendung. Ehe *honor* ein zur Ersetzung von *honōs* geeigneter Konkurrent wurde, mußte irgendein Individuum es improvisieren, andere es nachahmen und wiederholen, bis es für den Gebrauch maßgebend wurde.

Keineswegs alle analogischen Neuerungen haben diesen Erfolg. Jeden Augenblick stößt man auf Kombinationen, die keine Zukunft haben, und die wahrscheinlich nicht in die Sprache aufgenommen werden. Die Kindersprache ist voll von solchen, weil die Kinder den Sprachgebrauch noch zu wenig kennen und ihm noch nicht unterworfen sind. Sie sagen *viendre* für *venir, mouru* für *mort, gereitet* für *geritten* usw. Aber auch bei den Erwachsenen trifft man dergleichen; viele Leute ersetzen *trayait* „molk" durch *traisait* (was sich übrigens auch bei Rousseau findet). Alle diese Neuerungen sind an sich vollkommen regelmäßig; sie erklären sich genau so wie diejenigen, welche die Sprache aufgenommen hat; so beruht *viendre* auf der Proportion

éteindrai : *éteindre* = *viendrai* : x
x = *viendre*

und *traisait* wurde geschaffen nach dem Muster von *plaisait* usw.

Die Sprache behält nur einen ganz geringen Teil der Schöpfungen des Sprechens bei; aber diejenigen, welche Bestand haben, sind immerhin zahlreich genug, so daß man von einer Epoche zur andern bemerkt, daß die Summe der neuen Formen dem Wörterbuch und der Grammatik ein ganz anderes Gesicht geben.

Das ganze vorausgehende Kapitel zeigt klar, daß die Analogie nicht für sich allein ein Faktor der Entwicklung sein könnte; dennoch aber gilt, daß diese fortwährende Ersetzung alter Formen durch neue eine der auffallendsten Erscheinungen der Umgestaltung der Sprache ist. Jedesmal, wenn eine Schöpfung sich einbürgert und ihre Konkurrenten beseitigt, handelt es sich wirklich um etwas neu Geschaffenes und um etwas Aufgegebenes, und insofern nimmt die Analogie einen besonders wichtigen Platz in der Theorie der Entwicklung ein.

Dabei wollen wir etwas verweilen.

§ 2. Die analogischen Neuerungen als Symptome veränderter Auslegung.

Die gegebenen Einheiten werden in der Sprache immerfort zerlegt und ausgelegt. Aber wie kommt es, daß diese Auslegung beständig von einer Generation zur andern wechselt? Die Ursache dieser Änderung ist darin zu suchen, daß zahlreiche, verschiedene Umstände unaufhörlich die in einem Sprachzustand anerkannte Zergliederung bedrohen; einige derselben seien hier genannt.

Der erste und wichtigste ist die lautliche Veränderung (siehe Kapitel II). Indem sie gewisse Zergliederungen mehrdeutig und andere unmöglich macht, verändert sie die Bedingungen der Zerlegung und zugleich deren Ergebnisse, woraus sich eine Verschiebung der Grenzen der Einheiten und eine Umgestaltung ihres Bestandes ergibt; man vergleiche, was darüber S. 169 gesagt wurde in bezug auf Komposita wie ***beta-hûs*** und ***redo-lîch*** und S. 185 über die idg. Nominalflexion.

Aber es kommt hier nicht nur der Lautwandel in Betracht, sondern auch die Agglutination, von der später die Rede sein wird, und durch die eine Gruppe von Bestandteilen zu einer Einheit zusammengefaßt wird; ferner allerlei Umstände, die außerhalb des betreffenden Wortes liegen, die aber doch geeignet sind, seine Zergliederung zu beeinflussen. Da diese nämlich aus einer Mehrheit von Vergleichungen hervorgeht, so ist einleuchtend, daß sie in jedem Augenblick von der assoziativen Umgebung des Einzelgliedes abhängig ist. So enthielt der idg. Superlativ **swăd-is-to-s* „der süßeste" zwei voneinander unabhängige Suffixe: *-is-*, das den Begriff des Komparativs bezeichnete (vgl. lat. *mag-is*), und *-to-*, das die bestimmte Stellung eines Gegenstandes in einer Reihe bezeichnete (vgl. griech. *trí-to-s* „der dritte"). Diese beiden Suffixe wurden agglutiniert (vgl. griech. *hḗd-isto-s* oder vielmehr *hḗd-ist-os* „der süßeste"). Aber diese Agglutination wurde einerseits in hohem Maße begünstigt durch eine Tatsache, die mit dem Superlativ nichts zu tun hat: die Komparative auf *-is* sind außer Gebrauch gekommen und durch Bildungen auf *-jōs* ersetzt worden. Da *-is* nicht mehr als selbständiger Bestandteil erkannt wurde, wurde es in *-isto-* nicht mehr unterschieden.

Im Vorübergehen sei bemerkt, daß eine allgemeine Tendenz besteht, den Stammbestandteil zugunsten des Bildungselements zu verringern, besonders wenn der erste auf einem Vokal endigt. Auf diese Weise hat im Lateinischen das Suffix *-tāt-* (*vēri-tāt-em* für **vēro-tāt-em*, vgl. griech. *deinó-tēt-a* „Furchtbarkeit") das *i* des Stammes an sich gezogen, woraus sich die Zergliederung *vēr-itāt-em* ergab; ebenso werden *Rōmā-nus, Albā-nus* (vgl. *aēnus* „ehern" für **aes-nos*) zu *Rōm-ānus* usw.

Gleichviel übrigens, was die Ursache solcher Veränderungen der Interpretation ist, offenbaren sich diese immer durch das Auftreten analogischer Formen. Und wenn einzig die lebendigen Einheiten, die von den Sprechenden zu einer gewissen Zeit als solche empfunden werden, analogische Bildungen hervorbringen können, so gilt auch das Umgekehrte, daß jede bestimmte Verteilung der Einheiten die Möglichkeit bietet, die Anwendung derselben zu erweitern. Die Analogie ist also der unumstößliche Beweis dafür, daß ein Bildungselement zu einer gewissen Zeit als Bedeutungseinheit existiert; *Merīdiōnālis* (Laktanz) für *merīdiālis* beweist, daß man einteilte *septentri-ōnālis, regi-ōnālis*; und zum Beweis dafür, daß das Suffix *-tat-* sich um ein Element *i*, das vom Stamm übernommen war, bereichert hatte, braucht man nur *celer-itātem* anzuführen; *pāg-ānus*, gebildet aus *pāg-us*, genügt, um zu zeigen, wie die Römer *Rōm-ānus* zergliederten. Die Zergliederung von *redlich* (s. S. 169) wird bestimmt durch das Vorhandensein von *sterblich*, das von einer Verbalwurzel gebildet ist, usw.

Ein besonders merkwürdiges Beispiel kann zeigen, wie die Analogie von einer Epoche zur andern mit neuen Einheiten arbeitet. Im modernen Französisch wird *somnolent* „schläfrig" als *somnol-ent* analysiert, als ob es Particip praesentis wäre; Beweis: es gibt ein Verbum *somnoler*. Aber im Lateinischen trennt man ab *somno-lentus* wie *succu-lentus* „saftig" usw., und noch früher *somn-olentus* („der nach Schlaf riecht" von *olēre*) wie *vīn-olentus* „der nach Wein riecht".

So ist die merklichste und wichtigste Wirkung der Analogie die, daß sie an Stelle von alten Bildungen, die unregelmäßig und schon im Absterben begriffen sind, andere, regelmäßigere setzt, die aus lebendigen Elementen zusammengesetzt sind.

Allerdings geht es nicht immer so einfach vor sich; die Tätigkeit der Sprache wird durchkreuzt von zahllosen Zögerungen, Annäherungsbildungen und halben Zergliederungen. Zu keiner Zeit besitzt irgendein Idiom ein vollkommen gefestigtes System von Einheiten. Man denke etwa an das, was S. 185 über die Flexion von **ekwos* neben derjenigen von **pods* gesagt wurde. Diese unvollkommenen Zergliederungen geben manchmal Anlaß zu unklaren analogischen Schöpfungen. Die idg. Formen: **geus-etai, *gus-tos, *gus-tis* gestatten, eine Wurzel *geus-, gus-* „schmecken" herauszulösen; im Griechischen aber fällt intervokalisches *s* aus und die Zergliederung von *geúomai, geustós* ist dadurch in Verwirrung geraten; daraus ergibt sich ein Schwanken, und es wird bald *geus-*, bald *geu-* abgelöst; auch hier bezeugt die Analogie diesen fließenden Zustand, und man sieht sogar Wurzeln auf *eu-* ein solches Schluß-*s* annehmen (Beispiel: *pneu-, pneûma*, Verbaladjektiv *pneus-tós*).

Aber sogar bei diesem Tasten übt die Analogie einen Einfluß auf die Sprache aus. So spiegelt sie, obwohl sie selbst keine Entwicklungstatsache ist, von Augenblick zu Augenblick die Veränderungen wider, die in der Ökonomie der Sprache auftreten, und rechtfertigt sie durch neue Kombinationen. Sie arbeitet in wirksamer Weise zusammen mit allen den Kräften, die ohne Unterlaß die innere Architektur eines Idioms verändern, und insofern ist sie ein mächtiger Faktor der Entwicklung.

§ 3. Die Analogie als Prinzip der Erneuerung und der Erhaltung.

Man ist manchmal versucht, sich zu fragen, ob die Analogie wirklich die Wichtigkeit hat, die ihr die vorausgegangenen Darlegungen zuweisen, und ob sie eine ebenso ausgedehnte Wirksamkeit hat wie die lautlichen Veränderungen. Tatsächlich kann man in der Geschichte jeder Sprache eine Unmenge analogischer Tatsachen feststellen, die sich übereinander häufen, und als Ganzes genommen spielen diese fortwährenden Ummodelungen in der Sprache eine beträchtliche Rolle, beträchtlicher noch sogar als die Lautveränderungen.

Aber auf eines kommt es dem Sprachforscher besonders an: in der ungeheuren Menge der analogischen Erscheinungen, welche einige Jahrhunderte der Entwicklung darbieten, finden sich fast alle Elemente erhalten; sie sind nur auf andere Weise verteilt. Die Analogiebildungen sind mehr dem Anschein nach als in Wirklichkeit eigentliche Neuerungen. Die Sprache ist ein Kleid, das besetzt ist mit lauter Flicken, die aus seinem eigenen Stoff genommen sind. Vier Fünftel des Französischen sind indogermanisch, wenn man an die Substanz denkt, aus der unsere Sätze gebildet werden, während die Wörter, die als Ganze ohne analogische Veränderung aus der Grundsprache bis ins heutige Französisch überkommen sind, nicht mehr als eine Seite einnehmen würden (z. B.: *est*—**esti*, die Zahlwörter, einzelne Wörter wie *ours, nez, père, chien* usw.). Die überwiegende Mehrzahl der Wörter sind auf die eine oder andere Weise neue Kombinationen von Lautbestandteilen, die von älteren Formen losgerissen wurden. In diesem Sinne kann man sagen, daß die Analogie, eben weil sie immer für ihre Neuerungen das alte Material benutzt, in hohem Maße konservierend wirkt.

Aber ihre Wirkung als erhaltende Kraft schlechthin geht nicht weniger tief; man kann sagen, daß sie nicht nur dann im Spiele ist, wenn vorherbestehendes Material auf neue Einheiten verteilt wird, sondern auch, wenn die Formen mit sich selbst gleichbleiben. In beiden Fällen handelt es sich um den gleichen psychischen Vorgang. Um sich davon Rechenschaft zu geben, muß man sich nur daran erinnern, daß ihr Prinzip im Grunde gleich ist mit dem des Mechanismus der menschlichen Rede (s. S. 198).

Das lateinische Wort *agunt* ist fast unverändert seit einer prähistorischen Zeit (wo man **agonti* sagte) bis an die Schwelle der romanischen Epoche überliefert worden. Während dieses Zeitraums haben die aufeinander folgenden Generationen es immer wieder aufgenommen, ohne daß irgendeine Konkurrenzform es ersetzt hätte. Ist bei dieser Konservierung die Analogie etwa Nichts? Keineswegs, die Dauerhaftigkeit von *agunt* ist ebensowohl ihr Werk wie jede beliebige Neuerung. *agunt* ist in ein System eingegliedert; es steht in einem Abhängigkeitsverhältnis von Formen wie *dicunt, legunt* und von anderen wie *agimus, agitis* usw. Ohne diese Umgebung hätte es leicht durch eine aus neuen Elementen zusammengesetzte Form ersetzt werden können. Nicht *agunt* selbst erbte sich fort, sondern *ag-unt*; die Form veränderte sich nicht, weil *ag-* und *-unt* sich regelmäßig in andern Reihen wiederfanden, und diese Gefolgschaft assoziierter Formen hat *agunt* auf der ganzen Strecke des Wegs geschützt; man vergleiche *sex-tus*, das sich ebenfalls auf ganze Reihen stützt, einerseits *sex, sex-āginta* usw., andererseits *quar-tus, quin-tus* usw.

So können sich die Formen erhalten, weil sie immer wieder auf analogische Weise hergestellt werden; ein Wort wird zugleich als Einheit und als Syntagma verstanden und bleibt erhalten in dem Maße, als seine Bestandteile sich nicht ändern. Umgekehrt wird seine Existenz in Frage gestellt nur in dem Maße, als seine Bestandteile außer Gebrauch kommen. Man vergleiche etwa *dites* und *faites*, die direkt lat. *dic-itis, fac-itis* entsprechen, aber in der jetzigen Verbalflexion keine Stütze mehr haben; die Sprache sucht sie zu ersetzen und man hört *disez* und *faisez* sagen nach dem Muster von *plaisez* und *lisez*, und diese neuen Ausgänge sind in der Mehrzahl der Komposita (*contredisez* usw.) schon gebräuchlich.

Die einzigen Formen, über die die Analogie keine Gewalt hat, sind natürlicherweise die isolierten Wörter, solche wie z. B. die Eigennamen, speziell Ortsnamen (*Paris*, *München*, *Wien*), die keine Zergliederung und infolgedessen keine Interpretation ihrer Bestandteile gestatten. Neben ihnen tritt keine Konkurrenzschöpfung auf.

Die Erhaltung einer Form kann also auf zwei einander gerade entgegengesetzten Gründen beruhen: der völligen Isolierung oder der straffen Eingliederung in ein System, das, in seinen wesentlichen Teilen unverändert bleibend, ihr ständig zu Hilfe kommt. Auf dem dazwischenliegenden Gebiet der durch ihre Umgebung ungenügend gestützten Formen kann die analogische Neuerung ihre Wirkung am besten ausüben.

Sofern es sich aber um die Erhaltung einer Form handelt, die aus verschiedenen Bestandteilen zusammengesetzt ist, oder um die Neuverteilung des sprachlichen Materials auf neue Konstruktionen, so ist die Rolle der Analogie außerordentlich groß; sie ist überall im Spiel.

Kapitel VI.

Die Volksetymologie.

Es kommt vor, daß wir Wörter verstümmeln, deren Form und Sinn uns wenig vertraut sind. Manchmal bestätigt der Gebrauch solche Entstellungen. So ist das mhd. *lînwât* zu *Leinwand* umgestaltet worden, da der zweite Bestandteil des Kompositums *wât* „Kleid" in der Sprache in Abgang gekommen war und nicht mehr verstanden wurde. Statt dessen wurde der zweite Teil dem bedeutungsverwandten *Gewand* angeähnelt. Oder: das ältere franz. *coute-pointe* „Steppdecke" (von *coute*, Nebenform zu *couette* „Decke, Federbett", und *pointe*, Part. Perf. pass. von *poindre* „stechen") ist in *courte-pointe* umgeändert worden, als ob es ein Kompositum des Adjektivs *court* „kurz" und des Substantivs *pointe* „Spitze" wäre. So absonderlich diese Neuerungen manchmal sind, so entstehen sie doch nicht lediglich durch Zufall; es sind Versuche, ein störendes Wort wenigstens annähernd zu erklären, indem man es mit irgend etwas Bekanntem verknüpft.

Man hat dieser Erscheinung den Namen Volksetymologie gegeben. Auf den ersten Blick unterscheidet sie sich kaum von der Analogie. Wenn ein Sprechender, indem er nicht an das Vorhandensein von *surdité* „Taubheit" denkt, auf analogischem Wege das Wort *sourdité* schafft, so ist das Ergebnis dasselbe, als wenn er aus mangelhaftem Verständnis von *surdité* es im Gedanken an das Adjektiv *sourd* „taub" entstellt hätte; und der einzige Unterschied wäre dann nur, daß die nach der Analogie gebildeten Formen rational sind, während die Volksetymologie einigermaßen nach dem Zufall verfährt und manchmal nur zu ganz spaßigen Wörtern führt.

Jedoch ist dieser Unterschied, der nur die Ergebnisse betrifft, nicht wesentlich. Die Wesensverschiedenheit liegt tiefer; um zu zeigen, worin sie beruht, wollen wir zunächst einige Beispiele der hauptsächlichen Typen von Volksetymologie geben.

Es gibt zunächst den Fall, wo das Wort eine neue Auslegung erfährt, ohne daß seine Form geändert würde. Im Deutschen geht *durchbläuen* auf *bliuwan* „prügeln" zurück; aber man verknüpft es mit *blau* im Gedanken an die dadurch hervorgerufenen blauen Mäler. Im Mittelalter hat das Deutsche vom Französischen das Wort *aventure* entlehnt, woraus es regelmäßig *ābentüre*, dann *Abenteuer* machte; ohne das Wort umzugestalten, hat man es mit *Abend* assoziiert („was man am Abend erzählt"), so daß man es im 18. Jahrhundert *abendteuer* schrieb. Das älterfranzösische *soufraite* „Beraubung" (= *suffracta* von *subfrangere*) ergab das Adjektiv *souffreteux*, das man jetzt an *souffrir* anschließt, mit dem es nichts zu tun hat. *lais* ist das Verbalsubstantiv von *laisser* „(hinter)lassen"; aber jetzt sieht man darin das Verbalsubstantiv von *léguer* und schreibt es *legs* „Vermächtnis". Das könnte daran denken lassen, daß es sich hier schon um eine Veränderung der Form handle, die sich aus der neuen Interpretation ergab; aber es handelt sich um einen Einfluß der geschriebenen Form, durch die man, ohne die Aussprache zu verändern, die Vorstellung kenntlich machen wollte, die man sich von dem Ursprung des Wortes machte. Auf dieselbe Weise hat *homard*, das vom Altnordischen *humarr* (deutsch *Hummer*) entlehnt ist, am Schluß ein *d* angenommen nach Analogie der französischen Wörter auf *-ard*; nur daß hier der Interpretationsfehler, den die Schreibung aufzeigt, sich auf das Wortende bezieht, das mit einem gebräuchlichen Suffix in Verbindung gebracht wurde (vgl. *bavard* „Schwätzer" usw.).

Am häufigsten aber entstellt man das Wort, um es den Bestandteilen anzupassen, die man darin zu erkennen glaubt. Das ist der Fall bei *choucroute* (von *Sauerkraut*); im Deutschen *dromedārius*, das zu *Trampeltier* wurde; das Kompositum ist neu, aber es enthält Wörter, die schon vorher bestanden, *trampeln* und *Tier*. Das Ahd. hat aus dem lat. *margarīta mari-greoz* „Meereskies" (vgl. mhd. *griez* „Sandkorn", nhd. *Grieß*) gemacht, indem es zwei schon bekannte Wörter kombiniert hat.

Nun ein besonders lehrreiches Beispiel: *carbunculus* hat im Deutschen *Karfunkel* ergeben (durch Assoziation mit *funkeln*) und im Französischen *escarboucle*, das an *boucle* „Schnalle" angeknüpft ist. Ahd. *hagustalt*, ältermhd. *hagestalt* (Hagbesitzer, der nicht einen Hof, sondern nur ein kleineres eingefriedigtes Grundstück [*Hag*] besaß; gotisch *staltan* „besitzen"), wurde um der Bedeutung „caelebs" willen in *Hagestolz* umgewandelt. Das, was zunächst an den Beispielen auffällt, ist, daß jedes neben einem verständlichen Bestandteil, den es auch sonst gibt, einen Teil enthält, der nichts Ursprüngliches (*Kar-*, *escar-*) oder Verständliches (*hage*) darstellt. Aber es wäre irrig, zu glauben, daß in diesem Element etwas Geschaffenes vorläge, etwas, das bei Gelegenheit der Volksetymologie entstanden wäre; vielmehr verhält es sich umgekehrt: es handelt sich um Bruchstücke, die die Auslegung nicht ergriffen hat; es sind, wenn man so will, Volksetymologien, die auf der Mitte des Weges stehen geblieben sind. *Karfunkel* steht auf der gleichen Stufe wie *Abenteuer* (wenn man annimmt, daß *-teuer* ein Restbestandteil sei, der unerklärt geblieben ist); es ist auch vergleichbar mit *homard*, wo *hom-* zu nichts anderem paßte.

Der verschiedene Grad der Verunstaltung macht also keinen wesentlichen Unterschied zwischen den Wörtern, die durch die Volksetymologie mißhandelt worden sind; sie alle haben die Besonderheit, daß sie nichts weiter als Interpretationen von unverständlichen Formen durch bekannte Formen sind.

Man sieht nun, worin die Volksetymologie der Analogie ähnlich ist und worin sie sich von ihr unterscheidet.

Die beiden Erscheinungen haben nur eines gemein: in beiden benutzt man bedeutungsvolle Bestandteile, die durch die Sprache dargeboten werden, aber im übrigen sind sie etwas völlig Verschiedenes. Die Analogie setzt immer voraus, daß die frühere Form vergessen wird; der analogischen Form *il traisait* (s. S. 201) liegt keine Zergliederung der alten Form *il trayait* zugrunde, vielmehr mußte diese Form vergessen werden, damit ihr Nebenbuhler aufkommen konnte. Die Analogie bezieht nichts von der Substanz der Zeichen, die sie ersetzt. Die Volksetymologie dagegen ist zurückzuführen auf eine Auslegung der alten Form; die — vielleicht nur verworrene — Erinnerung an diese ist der Ausgangspunkt für die Verunstaltung, die sie erleidet. So ist im einen Fall die Erinnerung, im andern Fall das Vergessen die Grundlage der Analyse, und dieser Unterschied ist entscheidend.

Die Volksetymologie ist eine pathologische Erscheinung; sie wirkt nur unter besonderen Umständen und ergreift nur seltene, technische oder fremde Wörter, die die Sprechenden sich nur unvollkommen aneignen. Die Analogie ist dagegen eine ganz allgemeine Erscheinung, die bei der normalen Betätigung der Sprache auftritt. Diese beiden Erscheinungen, die einander einerseits so ähnlich sind, sind ihrem Wesen nach gegensätzlich; sie müssen sorgfältig voneinander unterschieden werden.

Kapitel VII.

Die Agglutination.

§ 1. Definition.

Neben der Analogie, deren Bedeutung wir soeben gekennzeichnet haben, ist noch ein anderer Faktor bei der Hervorbringung neuer Einheiten wirksam, nämlich die Agglutination. Außer ihr kommt keine weitere Art der Formbildung ernstlich in Betracht: der Fall der Onomatopoetika (s. S. 81) und derjenige von Wörtern, die von irgend jemandem ganz ohne Hilfe der Analogie völlig neu erfunden sind (z. B. *Gas*), und sogar der Fall der Volksetymologie haben nur eine ganz geringe oder gar keine Bedeutung.

Die Agglutination besteht darin, daß zwei oder mehr Ausdrücke, die ursprünglich für sich bestehen, die aber häufig im Syntagma innerhalb des Satzes zusammentreffen, zu einer geschlossenen und schwer zu zergliedernden Einheit zusammengeschweißt werden. Das ist der Vorgang der Agglutination. Ich sage Vorgang und nicht Verfahren, denn dieses letztere Wort enthält zugleich den Begriff des Willens, einer Absicht, und das Fehlen einer solchen ist gerade der wesentliche Charakter der Agglutination.

Dafür einige Beispiele: aus der Präposition *trotz* mit dem Dativ des Pronomens *dem* wurde das einheitliche Wort *trotzdem*; entsprechend aus *jeder Mann* → *jedermann*; so entstanden neue Wörter, wobei das Lautmaterial und die Bildungselemente nicht geändert sind. Ähnlich *aller hande* → *allerhand*, mhd. *maneger leie* → *mancherlei*, *ein ander(er)* → *einander*; mhd. *ze ware* → *zwar*; *ne wäre* „wenn es nicht wäre“ → *newäre* → *nur* usw. Ebenso im Französischen: da sagte man ursprünglich *ce ci*, dann *ceci*; ferner *tous jours* → *toujours*, *au jour d'hui* → *aujourd'hui*, *dès jà* → *déjà*, *vert jus* „grüner (Trauben-)Saft“ → *verjus* „Saft der unreifen Trauben“. Die Agglutination kann auch Untereinheiten eines Wortes zusammenschweißen, wie wir es S. 203 bei Gelegenheit des idg. Superlativs **swād-is-to-s* und des griech. *hēd-isto-s* gesehen haben.

Wenn man näher zusieht, kann man drei Phasen bei diesem Vorgang unterscheiden:

1. die Verbindung mehrerer Glieder zu einem Syntagma, das jedem andern ähnlich ist;

2. die eigentliche Agglutination, also die Synthese der Elemente des Syntagmas zu einer neuen Einheit. Diese Synthese geschieht von selbst vermöge einer mechanischen Tendenz: wenn eine zusammengesetzte Vorstellung durch eine sehr geläufige Folge bedeutungsvoller Einheiten ausgedrückt wird, dann nimmt der Geist sozusagen den Abkürzungsweg, verzichtet auf die Analyse und wendet die Vorstellung als Ganzes

auf die Gruppe von Zeichen an, die dann zu einer einfachen Einheit wird;

3. alle anderen Veränderungen, die geeignet sind, die alte Gruppe immer mehr einem einfachen Wort gleich werden zu lassen: Vereinheitlichung des Akzentes (*jéder Mánn* → *jédermann*), besondere lautliche Veränderungen usw.

Man hat oft behauptet, daß diese lautlichen und akzentuellen Veränderungen (3) den Veränderungen, die auf dem Gebiet der Vorstellung (2) eintreten, vorausgingen, und daß man die Bedeutungsvereinheitlichung durch die materielle Agglutination und Vereinheitlichung zu erklären habe; aber wahrscheinlich ist es nicht so: vielmehr, weil man eine einzige Vorstellung in *jeder Mann, tous jours* wahrnahm, hat man einfache Wörter daraus gemacht, und es wäre ein Irrtum, das Verhältnis umzudrehen.

§ 2. Agglutination und Analogie.

Der Gegensatz zwischen Analogie und Agglutination springt in die Augen:

1. Bei der Agglutination fließen zwei oder mehrere Einheiten durch Vereinheitlichung zusammen (z. B. *encore* aus *hanc horam*) oder auch zwei Untereinheiten werden zu einer einzigen (vgl. *hēd-isto-s* aus **swăd-is-to-s*). Die Analogie dagegen geht von untergeordneten Einheiten aus, um daraus eine übergeordnete zu machen. Um *păg-ānus* zu schaffen, hat sie einen Stammbestandteil *păg-* und ein Suffix *-ānus* vereinigt.

2. Die Agglutination betätigt sich nur in Anreihungen; ihre Wirksamkeit erstreckt sich nur auf eine gegebene Gruppe; sie berücksichtigt nichts anderes daneben. Die Analogie dagegen beruft sich auf die assoziativen Reihen ebensowohl wie auf die syntagmatischen.

3. Besonders aber gibt es in der Agglutination nichts Beabsichtigtes; sie hat nichts Aktives an sich; wir haben schon gesagt: sie ist bloß ein mechanischer Vorgang, wo die Vereinigung sich ganz von selbst vollzieht. Die Analogie dagegen ist ein Verfahren, das Zergliederungen und Verbindungen voraussetzt, eine geistige Aktivität, eine Absicht.

Man wendet oft die Ausdrücke *Konstruktion* und *Struktur* in bezug auf die Bildung von Wörtern an; aber diese Ausdrücke haben einen verschiedenen Sinn, je nachdem man sie auf die Agglutination oder auf die Analogie anwendet. Im ersten Falle denkt man dabei an eine allmähliche Verquickung der Elemente, die in einer Anreihung miteinander in Berührung standen und eine Vereinigung erlitten haben, die so weit gehen kann, daß die ursprünglichen Einheiten völlig verwischt werden. Im Falle der Analogie dagegen besagt „Konstruktion" soviel wie Anordnung, die auf einmal in einem Sprechakt erzielt wurde durch die Vereinigung einer gewissen Zahl von Elementen, die verschiedenen assoziativen Reihen entnommen wurden.

Man sieht, wieviel darauf ankommt, die beiden Bildungsweisen zu unterscheiden. So ist lat. *possum* nichts anderes als die Zusammenschweißung der beiden Worte *potis sum* „ich bin Herr"; das ist eine Agglutination; dagegen sind *signifer, agricola* usw. Ergebnisse der Analogie, von Konstruktionen, die nach den in der Sprache vorhandenen Mustern gemacht sind. Nur für analogische Schöpfungen sollte man die Ausdrücke Komposita und Ableitungen anwenden[1]).

Es ist oft schwer, zu sagen, ob eine Form, die sich zergliedern läßt, durch Agglutination entstanden oder als analogische Schöpfung aufgekommen ist. Die Sprachforscher haben die idg. Formen **es-mi, *es-ti, *ed-mi* usw. ins Blaue hinein

[1]) Das heißt soviel, daß diese beiden Erscheinungen in der Geschichte der Sprache vereint wirken; aber die Agglutination ist immer das Frühere, und sie liefert die Muster für die Analogie. So ist der Kompositionstypus, der im Griech. *hippó-dromo-s* usw. ergeben hat, aus Agglutinationen entstanden in einer Epoche des Idg., wo es noch keine Endungen gab (*ekwo dromo-* stand damals etwa auf einer Stufe mit einem engl. Kompositum wie *country house*). Aber die Analogie hat daraus eine produktive Bildung gemacht, noch ehe die Elemente völlig zusammengeschweißt waren. Ebenso ist es mit dem franz. Futur (*je ferai* usw.), das im Vulg.-Lat. aus der Agglutination des Infinitivs mit dem Präsens des Verbums *habēre* (*facere habeō* gleich „ich habe zu tun") entstanden ist. Also schafft die Agglutination nur durch die Einwirkung der Analogie syntagmatische Typen und arbeitet so für die Grammatik; sich selbst überlassen, treibt sie die Vereinigung der Bestandteile bis zur völligen Einheit und erzeugt nur unzerlegbare und unproduktive Wörter (Typus *hanc horan* → *encore*), d. h. sie arbeitet für den Wortschatz. (Die Herausgeber.)

diskutiert. Sind die Elemente *es-*, *ed-* usw. in einer sehr alten Zeit wirkliche Wörter gewesen, die später mit andern Wörtern: *mi*, *ti* usw. agglutiniert worden sind? Oder haben sich **es-mi*, **es-ti* usw. aus Kombinationen mit Elementen ergeben, die von andern komplexen Einheiten gleicher Art übernommen worden sind? Das würde bedeuten, die Agglutination in eine Epoche heraufzurücken, die der Bildung der Endungen im Idg. vorausging. Mangels historischer Zeugnisse ist diese Frage wahrscheinlich unlösbar.

Nur die Geschichte kann uns Auskunft geben. Jedesmal, wenn sie festzustellen gestattet, daß ein einfaches Element ehemals zwei oder drei Bestandteile des Satzes bildete, hat man eine Agglutination vor sich: so z. B. lat. *hunc*, das auf *hom-ce* zurückgeht (*ce* ist inschriftlich bezeugt). Aber wo uns die historische Bezeugung im Stiche läßt, ist es sehr schwer, zu entscheiden, was Agglutination und was analogisch ist.

Kapitel VIII.

Diachronische Einheiten, Gleichheiten und Realitäten.

Die statische Sprachwissenschaft operiert mit Einheiten, die gemäß ihrer synchronischen Verkettung bestehen. Dagegen beweist alles, was zuletzt gesagt wurde, daß bei einer diachronischen Aufeinanderfolge man es nicht mit ein- für allemal abgegrenzten Einheiten zu tun hat, die man etwa folgendermaßen graphisch darstellen könnte:

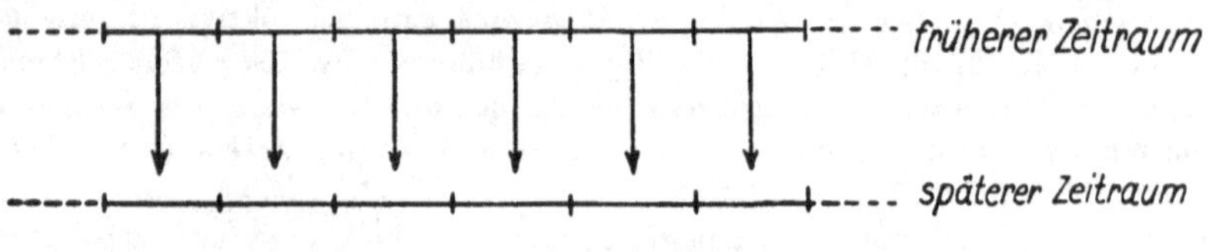

Vielmehr verteilen sie sich von einem Augenblick zum andern wieder anders infolge der Vorgänge, die sich in der Sprache ereignen, so daß sie etwa folgender Figur entsprechen:

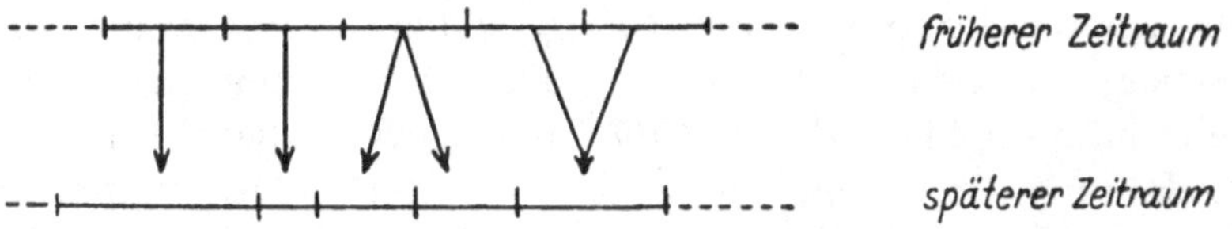

Dies ergibt sich aus allem, was über die Folgen der lautlichen Entwicklung, der Analogie, der Agglutination usw. gesagt wurde.

Fast alle bis jetzt angeführten Beispiele gehören der Wortbildung an; nun noch eines aus der Syntax. Das Indogermanische kannte keine Präpositionen; die Verhältnisse, welche durch sie angezeigt werden, waren durch die Kasus bezeichnet; diese waren zahlreich und hatten starke Bedeutungskraft. Ebensowenig gab es Verba, die mit Präverbia zusammengesetzt waren, sondern nur Partikeln, kleine Wörter, die dem Satz beigefügt wurden, um die Handlung des Verbums genau zu bestimmen. Es gab also keine Ausdrucksweise wie lat. *īre ob mortem* „dem Tod entgegengehen" oder *obīre mortem*; man hätte gesagt: *īre mortem ob.* Dieser Zustand herrscht noch im ursprünglichen Griechisch: 1. *óreos baínō káta*; *óreos baínō* bedeutet für sich allein „ich komme vom Berg", da der Genetiv den Wert des Ablativs hat; *káta* fügt dem die Nüance hinzu „im Heruntergehen". Zu einer andern Zeit hätte man gesagt 2. *katà óreos baínō,* wo *katà* die Rolle der Präposition hat. Oder endlich 3. *katabaínō óreos* mit Agglutination von Verbum und Partikel, die auf diesem Wege zum Präverbium geworden ist.

Wir haben hier zwei oder drei verschiedene Vorgänge, die jedoch alle auf der Interpretation der Einheiten beruhen: 1. die Schaffung einer neuen Wortart, der Präposition, und zwar durch bloße Versetzung der überkommenen Einheiten. Eine besondere Stellung, die zu Anfang gleichgültig und vielleicht auch durch einen zufälligen Grund veranlaßt war, gestattet eine neue Gruppierung: *kata,* das zunächst unabhängig war, trat mit dem Substantiv *óreos* zusammen, und dieser Komplex verbindet sich mit *baínō,* um ihm als Ergänzung zu dienen; 2. das Auftreten eines neuen Verbaltypus (*katabaínō*); das ist eine andere psychologische Gruppierung, die durch eine besondere Verteilung der Einheiten begünstigt war und dann durch die Agglutination befestigt wurde; 3. als natürliche Folge: die Abschwächung des Sinnes der Genetivendung (*óre-os*); die Vorstellung, die ehemals der Genetiv allein bezeichnete, wird nunmehr hauptsächlich durch *katà* ausgedrückt; die Wichtigkeit der Endung *-os* ist um ebensoviel verringert. Das zukünftige Verschwinden der Endung hat seinen Keim schon in dieser Erscheinung.

Sonach handelt es sich in diesen drei Fällen tatsächlich um eine neue Verteilung der Einheiten. Es ist dasselbe Material mit anderen Funktionen; denn — was sehr bemerkenswert ist — es war keine lautliche Veränderung an einer dieser Umlagerungen beteiligt. Aber obwohl die Materie sich nicht geändert hat, muß man andrerseits doch nicht glauben, daß alles nur auf dem Gebiet des Sinnes vor sich gegangen sei: es gibt keine syntaktische Erscheinung ohne die Verbindung irgendeiner Reihe von Vorstellungen mit einer Reihe lautlicher Einheiten (s. S. 164), und gerade dieses Verhältnis ist umgestaltet worden. Die Laute bleiben bestehen, aber die bedeutungsvollen Einheiten sind nicht mehr dieselben.

Wir haben S. 88 gesagt, daß die Veränderung des Zeichens eine Umlagerung des Verhältnisses zwischen Bezeichnung und Bezeichnetem sei. Diese Definition läßt sich nicht nur auf die Veränderung der Glieder des Systems anwenden, sondern auch auf die Entwicklung des Systems selbst; der diachronische Vorgang in seiner Gesamtheit ist nichts anderes als das.

Wenn man jedoch eine andere Lagerung der synchronischen Einheiten festgestellt hat, so kann man noch lange nicht Rechenschaft geben über das, was in der Sprache vorgegangen ist. Es gibt ein Problem der diachronischen Einheiten an sich: es besteht in der Frage, die bezüglich jedes Ereignisses zu stellen ist, nämlich was denn das Element sei, das direkt der umgestaltenden Wirkung unterworfen ist. Wir sind schon aus Anlaß der lautlichen Veränderungen auf dieses Problem gestoßen (s. S. 112); diese betreffen nur die einzelnen Laute, während das Wort als Einheit aus dem Spiele bleibt. Da es diachronische Vorgänge aller Art gibt, so sind auch eine Menge entsprechender Fragen zu lösen, und die Einheiten, die man auf diesem Gebiet abgrenzt, müssen nicht notwendig den Einheiten auf synchronischem Gebiet entsprechen. Gemäß dem im ersten Teil aufgestellten Grundsatz kann der Begriff der Einheit auf beiden Gebieten nicht derselbe sein. Jedenfalls ist er nicht völlig geklärt, solange man ihn nicht unter beiden Gesichtspunkten, dem statischen und dem evolutiven, untersucht hat. Nur die Lösung des Problems der diachronischen Einheit wird es uns ermöglichen, bei den Entwicklungserscheinungen über den bloßen Anschein hinauszugehen und ihr Wesen selbst zu erfassen. Hier wie in der Synchronie ist die Kenntnis der Einheiten unerläßlich, wenn man unterscheiden will, was Illusion und Realität ist (s. S. 130).

Aber auch die Frage, was in der Diachronie als Identität zu gelten habe, ist nicht einfach. In der Tat, um sagen zu können, daß eine Einheit als sich selbst gleich fortbestanden hat, oder daß sie ihre Form oder ihren Sinn geändert und dabei doch als besondere Einheit fortbestanden hat — denn alle diese Fälle sind möglich — muß ich wissen, worauf ich mich stützen kann, um auszusagen, daß ein Element aus einer gewissen Epoche, z. B. das franz. Wort *chaud*, dasselbe ist, wie ein Element aus einer andern Epoche, z. B. das lat. Wort *calidum*.

Auf diese Frage wird man sicherlich antworten, daß *calidum* regelmäßig durch die Wirkungen der Lautgesetze zu *chaud* werden mußte, und daß infolgedessen *chaud* = *calidum* ist. Das nennt man eine lautliche Identität. Ebenso ist es mit *sevrer* „entwöhnen" und *sēparāre*; dagegen wird man sagen, *fleurir* ist nicht dasselbe wie *flōrēre* (was **flouroir* ergeben hätte) usw.

In dieser Art der Entsprechung scheint auf den ersten Blick der Begriff der diachronischen Identität im allgemeinen enthalten zu sein. In Wirklichkeit aber ist es ausgeschlossen, daß der Laut für sich allein über die Gleichheit entscheidet. Man hat allerdings Recht zu sagen, daß lat. *mare* im Französischen in der Form *mer* erscheinen muß, weil jedes *a* unter gewissen Bedingungen zu *e* wurde, weil tonloses *e* am Schluß abfiel usw. Wollte man aber behaupten, daß diese Beziehungen, *a*→ *e*, *e*→ *Null* usw., die Gleichheit ausmachen, so würde das bedeuten, daß man das Verhältnis umkehrt, weil man doch auf Grund der Entsprechung *mare : mer* sich das Urteil gebildet hat, daß *a* zu *e* geworden, auslautendes *e* abgefallen ist usw.

Wenn von zwei Personen aus zwei verschiedenen Gegenden Frankreichs die eine *se fâcher* und die andere *se fôcher* sagt, so ist der Unterschied ganz sekundär im Vergleich zu anderen grammatischen Tatsachen, welche gestatten, in diesen beiden verschiedenen Formen eine und dieselbe Einheit der Sprache zu erblicken. Also bedeutet diachronische Gleichheit zweier so verschiedenen Wörter wie *calidum* und *chaud* lediglich, daß man von einem zum andern übergegangen ist durch eine Reihe synchronischer Gleichheiten innerhalb des Sprechens, ohne daß jemals die Verbindung zwischen ihnen durch die aufeinanderfolgenden lautlichen Umgestaltungen zerrissen wurde. Um deswillen konnten wir S. 128 sagen, daß es ebenso interessant ist, festzustellen, wie *Messieurs!*, das mehrmals im Verlauf einer Rede wiederholt wird, mit sich selbst gleich sei, als zu wissen, warum *pas* (Negation) mit *pas* (Substantiv) identisch ist, oder, was auf dasselbe hinauskommt, warum *chaud* mit *calidum* identisch ist. Das zweite Problem ist in der Tat nur eine Fortsetzung und Erweiterung des ersteren.

Anhänge zum dritten und vierten Teil.

A. Subjektive und objektive Analyse.

Die Analyse der Einheiten der Sprache, die jeden Augenblick durch die Sprechenden vorgenommen wird, kann subjektive Analyse genannt werden; man darf sie nicht mit der objektiven Analyse verwechseln, die auf die Geschichte begründet ist. In einer Form wie griech. *híppos* unterscheidet der Grammatiker drei Bestandteile: eine Wurzel, ein Suffix und eine Endung (*hípp-o-s*); das Griechische hat darin nur zwei wahrgenommen (*hípp-os*, s. S. 185). Die objektive Analyse sieht vier Untereinheiten in *amābās* (*am-ā-bā-s*). Die Römer teilten ein *amā-bā-s*; es ist sogar wahrscheinlich, daß sie *-bās* gegenüber dem Wurzelbestandteil als einen in sich zusammenhängenden Flexionsbestandteil betrachteten. Bei dem franz. *entier* „ganz“ (lat. *in-teger* „unverletzt“), *enfant* (lat. *in-fans* „der nicht spricht“), *enceinte* „schwanger“ (lat. *in-cincta* „ohne Gürtel“) wird der Historiker ein gemeinsames Präfix *in-* herauslösen, das mit dem privativen lat. *in-* gleich ist; die subjektive Analyse der Sprechenden kennt dieses aber nicht.

Der Grammatiker ist oft in Versuchung, Irrtümer in den spontanen Zergliederungen der Sprechenden zu sehen; in Wirklichkeit ist aber die subjektive Analyse ebenso wenig falsch wie die „falsche“ Analogie (s. S. 194). Die Sprache täuscht sich nicht. Ihr Gesichtspunkt ist bloß verschieden. Die Analyse der sprechenden Personen hat nichts gemein mit derjenigen der Historiker, obwohl beide dasselbe Verfahren anwenden: die Vergleichung von Reihen, die einen gleichen Bestandteil aufweisen. Beide lassen sich rechtfertigen, und jede hat ihren eigenen Wert; aber letzten Endes kommt es nur auf diejenige der Sprechenden an, denn sie beruht direkt auf den Sprachtatsachen.

Die historische Zergliederung ist nur eine davon abgeleitete Form. Sie besteht im Grunde darin, Gestaltungen der verschiedenen Epochen auf eine einheitliche Ebene zu projizieren. Wie die spontane Zerlegung geht sie darauf aus, die Untereinheiten kennen zu lernen, die in einem Wort enthalten sind, jedoch macht sie eine Synthese aller Teilungen, die im Laufe der Zeit vorgenommen wurden, um die älteste von ihnen zu erreichen. Das Wort ist wie ein Haus, dessen innere Einteilung und Bestimmung wiederholt verändert wurde. Die objektive Zergliederung nimmt alle aufeinander gefolgten Einteilungen zusammen und legt sie übereinander; aber für diejenigen, die das Haus bewohnen, gibt es immer nur eine. Die Zergliederung in *hipp-o-s*, die wir oben näher betrachtet haben, ist um deswillen nicht falsch, weil nicht das Bewußtsein der Sprechenden sie aufgestellt hat; sie ist nur anachronistisch, denn sie bezieht sich auf eine andere Epoche als diejenige, aus der das Wort genommen ist. Dieses *hipp-o-s* widerspricht nicht dem *hipp-os* des klassischen Griechisch, aber man muß es nicht ebenso beurteilen. Das kommt wieder darauf hinaus, noch einmal die tiefgehende Unterscheidung des Diachronischen und des Synchronischen aufzustellen. Ferner gestattet das noch eine weitere methodische Frage zu lösen, die in der Sprachwissenschaft bis jetzt in der Schwebe ist. Die alte Schule teilte die Wörter in Wurzeln, Stämme, Suffixe usw. und gab diesen Unterscheidungen einen absoluten Wert. Wenn man Bopp und seine Schüler liest, könnte man glauben, daß die Griechen seit unvordenklichen Zeiten eine Last von Wurzeln und Suffixen mit sich geschleppt und sich damit beschäftigt hätten, beim Sprechen ihre Wörter anzufertigen, daß *patḗr* für sie z. B. Wurzel *pa* + Suffix *ter* gewesen sei, daß *dōsō* in ihrem Munde die Summe von *dō* + *so* + eine Verbalendung dargestellt hätte usw.

Natürlich mußte gegen diese Verirrung eine Reaktion eintreten, und das sehr treffende Kampfwort dieser Reaktion war: man achte auf das, was in den heutigen Sprachen vor sich geht, in der Rede des Alltags, und schreibe alten Zeiten der Sprache keinen Vorgang, keine Erscheinung zu, die nicht auch heute festzustellen ist. Und da die lebende Sprache meistens nicht gestattet, Analysen wie sie Bopp gemacht hatte, festzustellen, so erklären die Junggrammatiker, fest überzeugt von der Richtigkeit ihrer Grundsätze, daß Wurzeln, Stämme, Suffixe usw. bloße Abstraktionen unseres Geistes seien, und wenn man sich ihrer bedient, so geschähe es nur im Dienst der Darstellung. Aber wenn es keine Rechtfertigung gibt für die Aufstellung dieser Kategorien, warum stellt man sie dann auf? Und wenn man es tut, mit welchem Recht erklärt man dann, daß eine Abtrennung von *hipp-o-s* z. B. einer anderen wie *hípp-os* vorzuziehen sei?

Nachdem die neue Schule die Fehler der alten Lehre erkannt hatte, was leicht war, hat sie sich damit begnügt, sie in der Theorie zu verwerfen, während sie in praxi gewissermaßen belastet blieb mit einem wissenschaftlichen Apparat, dessen sie trotz allem nicht entraten konnte. Sowie man eine „Abstraktion" durchdenkt, sieht man, wieviel von Realität sie darstellt, und ein sehr einfaches Korrektiv genügt, um diesen künstlichen Erzeugnissen der Grammatiker einen sehr berechtigten und sehr genauen Sinn zu geben. Das haben wir oben versucht, indem wir zeigten, daß die objektive Analyse, innerlich verbunden mit der subjektiven Analyse der Sprache, einen berechtigten und bestimmten Platz in der sprachwissenschaftlichen Methode hat.

B. Die subjektive Analyse und die Bestimmung der Untereinheiten.

Bezüglich der Zergliederung kann man also keine Methode und keine Definition aufstellen, wenn man sich nicht auf den synchronischen Standpunkt stellt. Das wollen wir zeigen durch einige Beobachtungen über die Teile des Wortes: die Präfixe, die Wurzeln, die Stämme, die Suffixe, die Endungen[1]).

Wir wollen mit den Endungen beginnen, d. h. den Kennzeichen der Flexion oder den veränderlichen Bestandteilen des Wortendes, wodurch die Formen eines nominalen oder verbalen Paradigmas unterschieden werden. Im Griech. *zeúgnū-mi, zeugnū-s, zeugnū-si, zeugnu-men* usw. „ich schirre an" usw. lassen sich die Endungen *-mi, -s, -si* usw. sehr einfach abgrenzen, weil sie unter sich und von dem vorausgehenden Wortteil (*zeugnū̆-*) verschieden sind. Wir haben gelegentlich des tschechischen Genetivs *žen* vermöge der Gegenüberstellung zum Nominativ *žena* gesehen, daß das Fehlen einer Endung dieselbe Rolle spielt wie eine richtige Endung. So sind griech. *zeúgnū!* „schirre an!" im Gegensatz zu *zeúgnu-te* „schirrt an!" usw. oder der Vokativ *rhêtor* im Gegensatz zu *rhē̆tor-os* usw., franz. *marš!* (geschrieben *marche!*) im Gegensatz zu *maršō̌* (geschrieben *marchons*) Formen, die mit Endung Null flektiert sind.

Durch Aussonderung der Endung erhält man das Flexionsthema oder den Stamm; dieser ist, allgemein gesprochen, der durch Vergleichung sich von selbst herauslösende gemeinsame Bestandteil einer Reihe unter sich verwandter, flektierter oder nichtflektierter Wörter, der zugleich Träger der ihnen gemeinsamen Vorstellung ist. So erkennt man im Französischen in einer Reihe *roulis, rouleau, rouler, roulage, roulement* ohne Mühe einen Stamm *roul-*. Aber die Zergliederung durch die Sprechenden unterscheidet oft in einer Wortfamilie Stämme verschiedener Gestalten, oder besser, verschiedenen Grades. Der Bestandteil *zeugnū̆-*, der oben aus *zeúgnū-mi, zeúgnū-s* usw. ausgelöst wurde, ist ein Stamm ersten Grades; er ist nicht unauflösbar, denn

[1]) F. d. S. hat sich nicht mit der Frage der Komposita befaßt, wenigstens nicht vom synchronischen Gesichtspunkt aus. Diese Betrachtungsweise des Problems muß also noch völlig vorbehalten bleiben. Es versteht sich von selbst, daß die oben aufgestellte diachronische Unterscheidung zwischen Komposita und Agglutinationen nicht unverändert hierher übertragen werden kann. Wo es sich darum handelt, einen Sprachzustand zu analysieren, ist es kaum nötig, zu bemerken, daß diese auf die Untereinheiten bezügliche Darlegung nicht beansprucht, die S. 125 und 132 aufgeworfene sehr schwierige Frage der Definition des Wortes, als Einheit betrachtet, zu lösen. (Hrsgb.)

wenn man ihn mit andern Reihen vergleicht (*zeúgnū-mi, zeuktós, zeûksis, zeuktḗr, zugón* usw. einerseits und *zeúgnūmi, deíknūmi, órnūmi* usw. andererseits), so bietet sich von selbst die Einteilung *zeug-nu.* So ist *zeug-* (mit den alternierenden Formen *zeug-, zeuk-, zug-*, s. S. 191) ein Stamm zweiten Grades; aber dieser ist unauflösbar, denn man kann die Zerlegung nicht durch den Vergleich verwandter Formen noch weiter treiben.

Diesen Bestandteil, der nicht auflösbar und allen Wörtern der gleichen Familie gemeinsam ist, nennt man Wurzel. Da andererseits jede subjektive und synchronische Zerlegung die materiellen Bestandteile nur voneinander trennen kann durch Berücksichtigung des Anteils am Sinn, der jedem von ihnen zukommt, so ist die Wurzel in dieser Hinsicht derjenige Bestandteil, wo der allen verwandten Wörtern gemeinsame Sinn den höchsten Grad der Abstraktheit und Allgemeinheit erreicht. Natürlich wechselt diese Unbestimmtheit von einer Wurzel zur anderen; aber sie hängt auch zum Teil vom Grade der Auflösbarkeit des Stammes ab; je mehr Zerlegungen dieser erfährt, um so mehr wird voraussichtlich sein Sinn abstrakt werden. So bedeutet *zeugmátion* „ein kleines Gespann", *zeûgma* „ein Gespann" (ohne speziellere Bestimmung), *zeug-* endlich enthält die nicht näher bestimmte Vorstellung des „Anschirrens".

Es folgt daraus, daß eine Wurzel als solche nicht ein Wort darstellen und ihr nicht eine Endung direkt angefügt werden kann. In der Tat stellt ein Wort immer eine verhältnismäßig bestimmte Vorstellung dar, wenigstens in grammatischer Hinsicht, was im Gegensatz steht zu der Allgemeinheit und Abstraktheit, die der Wurzel eigen sind. Was ist nun von dem sehr häufigen Fall zu halten, wo Wurzel und Flektionsthema zusammenzufließen scheinen wie in griech. *phlóks*, Genitiv *phlogós* „Flamme" im Vergleich zur Wurzel *phleg- : phlog-*, die sich in allen Wörtern der gleichen Familie findet (vgl. *phlég-ō* „ich entflamme")? Steht das nicht im Widerspruch zu der Unterscheidung, die wir soeben aufgestellt haben? Nein, denn man muß *phleg- : phlog* im allgemeinen und *phlog-* im speziellen Sinn unterscheiden, wenn man nicht nur die materielle Form mit Ausschluß des Sinnes berücksichtigen will. Der gleiche lautliche Bestandteil hat hier zwei verschiedene Geltungen; er bildet also zwei verschiedene sprachliche Bestandteile (s. S. 125). Ebenso wie oben *zeugnu!* „schirre an!" sich uns als ein flektiertes Wort mit Endung Null zeigte, werden wir nun sagen, daß *phlog-* „Flamme" ein Stamm mit Suffix Null ist. Nun ist keine Verwechslung mehr möglich: der Stamm bleibt von der Wurzel unterschieden, auch wenn er lautlich mit ihr gleich ist.

Die Wurzel ist also für das Bewußtsein der Sprechenden eine Realität, allerdings wird sie nicht immer mit der gleichen Genauigkeit herausgelöst; in dieser Beziehung gibt es Unterschiede, sei es innerhalb einer und derselben Sprache, sei es zwischen verschiedenen Sprachen.

Es gibt Sprachen, in denen die Wurzel durch bestimmte Merkmale als solche gekennzeichnet ist. Das ist z. B. im Deutschen der Fall, wo sie ein ziemlich einheitliches Aussehen hat; da ist die Wurzel fast immer einsilbig (vgl. *streit-*, *bind-*, *haft-* usw.), und ihr Bau ist bestimmten Regeln unterworfen, indem die Anordnung der einzelnen Laute in der Wurzel keine beliebige Reihenfolge zuläßt; gewisse Konsonantenverbindungen wie Verschlußlaut + Liquida kommen am Ende der Wurzel nicht vor: *werk-* ist möglich, nicht aber *wekr-*; es gibt *helf-*, *werd-*, aber *hefl-*, *wedr-* sind nicht möglich.

Ferner ist daran zu erinnern, daß die regelmäßigen Alternationen, besonders die vokalischen, das Gefühl für die Wurzel und überhaupt für die Untereinheiten eher verstärken als abschwächen; darin ist das Deutsche mit seinem reichen Wechsel der Ablaute (s. S. 189) ganz anders als das Französische. Entsprechende Eigenschaften, jedoch in noch stärker ausgeprägter Weise, zeigen die Wurzeln in den semitischen Sprachen. Da sind die Alternationen sehr regelmäßig und bewirken, daß oft mehrere, sich gegenseitig abgrenzende Verschiedenheiten mit einander verbunden sein können (vgl. hebräisch *qāṭal*, *qṭaltem*, *qṭōl*, *qiṭlū* usw., alles Formen eines Verbums, das „töten" bedeutet); außerdem ist der Umstand, daß sie stets drei Konsonanten enthalten (vgl. unten S. 277f.), eine Besonderheit, die an die Einsilbigkeit der Wurzeln im Deutschen erinnert, aber noch einprägsamer ist.

Das Französische verhält sich in dieser Hinsicht ganz anders. Es hat nur wenig Alternationen und außer einsilbigen Wurzeln (*roul-*, *march-*, *mang-*) besitzt es auch viele zwei- und selbst dreisilbige (*commenc-*, *hésit-*, *épouvant-*). Außerdem weisen die Wurzeln, und zwar gerade auch am Schluß, so verschiedenartige Lautverbindungen auf, daß sich keine Regeln darüber geben lassen (vgl. *tu-er*, *régn-er*, *guid-er*, *grond-er*, *souffl-er*, *tard-er*, *entr-er*, *hurl-er* usw.). Es ist also nicht zu verwundern, daß im Französischen das Gefühl für die Wurzel wenig entwickelt ist.

Die Bestimmtheit und Abgrenzung der Wurzel bewirkt von selbst, daß auch die Präfixe und Suffixe sich bestimmt abgrenzen. Denn das Präfix geht dem Wortbestandteil voraus, der als Wurzel kenntlich ist, z. B. *hupo-* in griech. *hupo-zeúgnūmi*. Und das Suffix ist der Bestandteil, der an die Wurzel antritt und mit ihr zusammen einen Wortstamm bildet (z. B. *zeug-mat-*), oder es tritt an einen schon gebildeten Wortstamm an und macht daraus einen Stamm zweiten Grades (z. B. *zeugmat-io-*). Oben wurde gezeigt, daß dieser Bestandteil, ebenso wie die Endung, durch Null vertreten sein kann. Die Herauslösung des Suffixes ist also dasselbe wie die Analyse des Wortstamms, nur unter anderem Gesichtspunkt.

Das Suffix hat manchmal einen ganz bestimmten Sinn, eine semantische Geltung, wie in griech. *zeuk-tēr-*, wo *-tēr-* den Agens, den Urheber der Handlung bezeichnet; in anderen Fällen wieder hat das Suffix eine nur grammatikalische Funktion, wie in *zeúg-nū* (*-mi*), wo *-nū-* die Vorstellung des Präsens bezeichnet. Auch Präfixe kommen in beiden Verwendungsweisen vor, jedoch findet das Präfix in unseren Sprachen nur selten grammatikalische Verwendung; z. B. das *ge-* des deutschen Partizip Perfekt (*ge-setzt* usw.), die perfektiven Präfixe des Slavischen (russisch: *na-pisát'* „schreiben" usw.).

Noch durch eine weitere Eigenschaft unterscheidet sich, zwar nicht stets, aber doch im allgemeinen, das Präfix vom Suffix: es ist besser abgegrenzt, weil es sich leichter vom Wortganzen ablöst. Das liegt in der Natur der Präfixe; denn das, was nach Beseitigung des Präfixes verbleibt, macht in den meisten Fällen ein vollständiges Wort aus (vgl. *recommencer : commencer*, *indigne : digne*, *maladroit : adroit*, *contrepoids : poids* usw.). Das ist noch auffallender im Lateinischen, Griechischen und Deutschen. Sodann dienen manche Präfixe zugleich als selbständige Wörter:

vgl. französ. *contre, mal, avant, sur,* deutsch *unter, vor* usw., griech. *katá, pró* usw. Das ist beim Suffix ganz anders: der Stamm, den man erhält, wenn man das Suffix wegläßt, ist nur ein unvollständiges Wort: z. B. französ. *organisation : organis-*, deutsch *Trennung : trenn-*, griech. *zeûgma : zeug-* usw.; und andererseits hat das Suffix selber keine selbständige Existenz.

Aus alledem folgt, daß meistens von vornherein eine bestimmte Abgrenzung besteht, aus der sich ergibt, wo der Stamm anfängt. Der Sprechende weiß, noch ehe er andere Formen vergleicht, wo die Grenze zwischen dem Präfix und dem, was darauf folgt, ist. Mit dem Wortende jedoch verhält es sich anders: da zeichnet sich keine Grenze ab, außer bei Vergleichung von Formen, die denselben Stamm oder dasselbe Suffix haben. Dabei können sich jedoch verschiedene Abgrenzungen ergeben, je nach den Ausdrücken, die man zueinander in vergleichende Beziehung setzt.

Für die subjektive Zergliederung haben Suffixe und Stämme lediglich durch die syntagmischen und assoziativen Beziehungen Geltung. Man kann verschiedene Teile eines Wortes das eine Mal als Bestandteil des Stammes, das andere Mal als Bildungselement betrachten, je nachdem man sie mit entsprechenden Bestandteilen anderer Wörter in Beziehung setzt. Es kommt dabei nur darauf an, daß diese Elemente überhaupt eine vergleichende Gegenüberstellung zulassen. Man kann z. B. in lateinisch *dictātōrem* einen Stamm *dictātōr-(em)* erkennen, wenn man *consul-em, ped-em* usw. vergleicht, aber auch einen Stamm *dictā-(tōrem)*, wenn man *lic-tōrem, scrip-tōrem* usw. in Betracht zieht; einen Stamm *dic-(tātōrem)*, wenn man an *pō-tātōrem, can-tātōrem* denkt. Ganz allgemein kann man sagen, daß der Sprechende — wenigstens wenn die Umstände dafür günstig sind — Anlaß finden kann, jeden denkbaren Einschnitt vorzunehmen (z. B. *dictāt-ōrem* nach *am-ōrem, ard-ōrem* usw.; *dict-ātōrem* nach *ōr-ātōrem, ar-ātōrem* usw.). Wie schon erwähnt (S. 203), treten die Ergebnisse dieser sich von selbst ergebenden Zergliederungen in den Analogiebildungen jedes Zeitraums zutage; und diese Zergliederungen ermöglichen es, die Untereinheiten (Wurzeln, Präfixe, Suffixe, Endungen), von denen in der Sprache ein Bewußtsein besteht, zu unterscheiden.

C. Die Etymologie.

Die Etymologie ist weder eine besondere Wissenschaft noch ein Teil der entwicklungsgeschichtlichen Sprachwissenschaft; sie ist nur eine besondere Anwendung der Grundsätze, die für die synchronischen und diachronischen Tatsachen gelten. Sie verfolgt die Vorgeschichte der Wörter, bis sie auf etwas stößt, was zu deren Erklärung dient.

Wenn man vom Ursprung eines Wortes spricht und sagt, daß es von einem anderen Wort „kommt", so kann man darunter verschiedenerlei verstehen; z. B. kommt *Ente* von ahd. *anut* oder franz. *sel* von lat. *sal* durch bloße Veränderung von Lauten; *Zeitung* kommt von älterem *Zeitung* = „Nachricht ‚Botschaft" oder französ. *labourer* „Feldarbeit machen" von älterem franz. *labourer* „arbeiten (im allgemeinen)" durch Veränderung des Sinnes; *Frau* kommt von mhd. *frouwe* „Herrin, Gebieterin"; oder französ. *couver* „brüten" von lat. *cubare* „(zu Bett) liegen, ruhen" durch Veränderung des Sinnes und der Laute; endlich, wenn man sagt, daß *Zeitung* von *Zeit* und französ. *pommier* „Apfelbaum" von *pomme* „Apfel" kommt, dann bezeichnet man dadurch das Verhältnis der grammatikalischen Ableitung. In den drei ersten Fällen handelt es sich um diachronische Gleichheit, der vierte dagegen beruht auf einem synchronischen Verhältnis zwischen mehreren verschiedenen Gliedern. Nun geht aber aus allem, was wir über die Analogie gesagt haben, hervor, daß dies der wichtigste Teil der etymologischen Forschung ist.

Die Etymologie von *bonus* ist nicht gegeben, wenn man auf *dvenos* zurückgeht; wenn man dagegen findet, daß *bis* auf *dvis* zurückgeht und dadurch eine Beziehung zu *duo* herstellen kann, so ist das eine Feststellung etymologischer Natur. Ebenso ist es mit der Verknüpfung von *oiseau* mit *avicellus*, denn sie ermöglicht die Verbindung von *avicellus* und *avis* herzustellen.

Die Etymologie ist also vor allem die Erklärung von Wörtern durch Feststellung ihrer Beziehungen zu andern Wörtern. Erklären heißt auf bekannte Tatsachen zurückführen, und in der Sprachwissenschaft bedeutet ein Wort erklären es auf andere Wörter zurückführen, weil kein notwendiger Zusammenhang zwischen dem Laut und dem Sinn besteht (Grundsatz der Beliebigkeit des Zeichens s. S. 79).

Die Etymologie begnügt sich nicht damit, einzelne Wörter zu erklären, sondern sie verfolgt die Geschichte von Wortfamilien und ebenso von Bildungselementen, Präfixen, Suffixen usw.

Ebenso wie die statische und entwicklungsgeschichtliche Sprachwissenschaft beschreibt auch die Etymologie die Tatsachen; aber diese Beschreibung ist nicht methodisch, weil sie nicht von einem bestimmten Gesichtspunkt aus unternommen wird. Für die Untersuchung irgend eines Wortes bedient sich die Etymologie nacheinander der Lautlehre, der Formenlehre, der Bedeutungslehre usw. Sie benützt, um zum Ziel zu gelangen, alle Hilfsmittel, die ihr die Sprachwissenschaft bietet, aber sie richtet ihre Aufmerksamkeit nicht darauf, welcher Art eigentlich das Verfahren ist, das sie anzuwenden gezwungen ist.

Vierter Teil.

Geographische Sprachwissenschaft.

Kapitel I.

Von der Verschiedenheit der Sprachen.

Wenn man die Frage aufwirft, welche Beziehungen zwischen der Sprache im allgemeinen und der räumlichen Ausdehnung bestehen, so verläßt man das innere Gebiet der Sprachwissenschaft und begibt sich in ihre äußeren Bezirke, deren Ausdehnung und verschiedenartige Gegenstände bereits in der Einleitung, Kapitel V, angezeigt wurden.

Beim Sprachstudium fällt zu allererst auf, daß es verschiedene Sprachen gibt, daß sie anders sind von einem Land zum andern, ja auch von Gau zu Gau. Die zeitlichen Verschiedenheiten können oft einem Beobachter verborgen bleiben, die örtlichen Unterschiede dagegen springen sofort in die Augen. Auch primitive Volksstämme müssen darauf aufmerksam werden, da sie mit anderen Stämmen, die andere Sprachen sprechen, in Berührung kommen. Nur durch solche Vergleiche wird sich überhaupt ein Volk seiner eigenen Sprache bewußt.

Wir können hier im Vorübergehen darauf hinweisen, daß dieses Bewußtsein bei primitiven Völkerschaften die Anschauung hervorruft, daß die Sprache eine Gewohnheit, ein Brauch sei, ebenso wie die Tracht oder Bewaffnung. Und wenn man die Sprache einer Gemeinschaft ein „Idiom" nennt, so bezeichnet sie das sehr treffend als Spiegelbild der Besonderheiten dieser Gruppe (das griechische *idioma* hatte schon den Sinn von „Sondergewohnheit, eigentümlicher Sprachgebrauch"). Das ist also ein richtiger Gedanke, aber es wird ein Irrtum daraus, wenn man ihn so übertreibt, als ob die Sprache eine Eigenheit nicht der Nation, sondern der Rasse wäre, so gut wie die Hautfarbe oder die Schädelform. Ferner glaubt jedes Volk an die Überlegenheit seiner Sprache. Ein Mensch, der eine andere Sprache spricht, gilt dann auch manchmal als unfähig, überhaupt zu sprechen; so scheint das griechische *bárbaros* soviel wie „stotternd" bedeutet zu haben und mit lateinisch *balbus* „stammelnd, lallend" verwandt zu sein; und auf russisch heißen die Deutschen *Nemtsi*, d. h. „die Stummen".

Die geographische Verschiedenheit ist also die erste Feststellung, die man in der Sprachkunde gemacht hat, und sie war bestimmend für die Anfänge der wissenschaftlichen Erforschung der Sprache, sogar bei den Griechen. Diese haben sich allerdings nur mit der Mannigfaltigkeit der griechischen Dialekte befaßt, aber das hängt damit zusammen, daß sie im allgemeinen ihr Augenmerk hauptsächlich auf die innergriechischen Verhältnisse richteten.

Wenn man die Verschiedenheit zweier Idiome festgestellt hat, wird man unwillkürlich dazu übergehen, ihre Ähnlichkeiten aufzudecken. Das ist ein natürliches Bestreben der Sprechenden; die Landleute vergleichen ihre Umgangssprache mit derjenigen der benachbarten Stadt; Leute, die mehrere Sprachen sprechen, werden aufmerksam auf die gemeinsamen Züge an ihnen. Merkwürdigerweise aber hat es endlos lange gedauert, bis die Wissenschaft solche Feststellungen nutzbar machte. Die Griechen z. B., die viele Ähnlichkeiten zwischen dem Wortschatz des Lateinischen und ihrem eigenen beobachtet haben, vermochten keine wissenschaftlichen Schlüsse daraus zu ziehen.

Wissenschaftliche Beobachtung solcher Ähnlichkeiten ermöglicht in gewissen Fällen den Nachweis, daß zwei oder mehrere Sprachen untereinander verwandt sind, d. h. daß sie einen gemeinsamen Ursprung haben. Eine Gruppe von Sprachen, die auf diese Weise zusammengehören, heißt eine Familie. Die moderne Sprachwissenschaft hat nach einander die Familien der indo-germanischen, semitischen, bantuischen [1]) Sprachen und andere mehr erkannt. Diese Familien können ihrerseits miteinander verglichen werden, und manchmal ergeben sich ausge-

[1]) Das Bantu ist eine Gruppe von Sprachen, die im südäquatorialen Afrika gesprochen werden. (Herausgeber.)

dehntere und ältere Zusammenhänge. So wollte man Ähnlichkeiten zwischen dem Finnisch-Ugrischen[1]) und dem Indogermanischen finden, zwischen letzterem und dem Semitischen usw. Aber Vergleichungen dieser Art stoßen bald an unübersteigliche Hindernisse, und man müßte dabei unterscheiden zwischen dem, was möglicherweise richtig und dem, was beweisbar ist. Daß sämtliche Sprachen untereinander verwandt seien, ist nicht wahrscheinlich; wenn es aber wahr wäre — wie der italienische Sprachforscher Trombetti[2]) glaubt —, so ließe es sich nicht beweisen, weil allzuviele Veränderungen vor sich gegangen sein müßten.

Neben der Verschiedenheit in der Verwandtschaft gibt es also eine absolute Verschiedenheit ohne erkennbare oder nachweisbare Verwandtschaft. Es fragt sich nun, welche Methode die Sprachwissenschaft im einen oder im anderen Fall anzuwenden hat. Beginnen wir mit dem zweiten, häufigeren Fall. Es gibt, wie gesagt, eine zahllose Menge von Sprachen und Sprachfamilien, die sich nicht aufeinander zurückführen lassen, so z. B. das Chinesische in seinem Verhältnis zu den europäischen Sprachen. Das heißt aber nicht, daß in solchen Fällen überhaupt keinerlei Vergleichung stattfinden könne. Vergleichung ist immer möglich und nützlich; sie wird sich ebenso auf den grammatikalischen Bau und auf die allgemeinen Typen des Ausdrucks von Gedanken und Vorstellungen beziehen wie auf das Lautsystem. Ebenso wird man diachronische Tatsachen vergleichen, die lautliche Entwicklung zweier Sprachen usw. Die Möglichkeiten in dieser Beziehung sind zwar der Zahl nach unbestimmt, aber doch auch begrenzt durch gewisse feststehende Tatsachen lautlicher und psychischer Art, an die eine jede Sprache sich halten muß. Und umgekehrt ist die Aufdeckung dieser ge-

[1]) Das Finnisch-Ugrische, das u. a. das eigentliche Finnische oder Suomi, das Mordwinische, Lappische usw. in sich vereinigt, ist eine Familie von Sprachen, die in Nordrußland und Sibirien gesprochen werden, und sicher auf eine gemeinsame Grundsprache zurückgeht. Man rechnet das Finnisch-Ugrische zu der sehr ausgedehnten Gruppe der sogenannten Ural-Altaischen Sprachen, deren gemeinsamer Ursprung nicht bewiesen ist, obwohl sich in allen gewisse gemeinsame Züge finden. (Herausgeber.)

[2]) Vgl. sein Werk *L'unità d'origine del linguaggio*, Bologna, 1905 (Hrsg.).

gebenen Verhältnisse und dauernd feststehenden Tatsachen die hauptsächlichste Aufgabe aller Vergleichung von Sprachen, die sich nicht aufeinander zurückführen lassen.

Die andere Art von Verschiedenheiten nun, diejenigen, welche innerhalb von Sprachfamilien bestehen, bieten ein geradezu unbegrenztes Feld für Vergleichungen. Zwei Idiome können sich in allen nur möglichen Graden unterscheiden: sich in hohem Maße gleichen, wie das Awestische und das Altindische, oder aber gänzlich unähnlich erscheinen, wie das Sanskrit und das Irische; und zwischen diesen Fällen sind auch alle Zwischenstufen möglich. So stehen Griechisch und Lateinisch einander näher als eines von ihnen dem Altindischen usw. Idiome, die sich nur in sehr geringem Grade unterscheiden, nennt man Dialekte. Aber man darf diesem Ausdruck nicht einen ganz streng bestimmten Sinn geben wollen; denn wir werden S. 242 sehen, daß zwischen Dialekten und Sprachen nur ein Unterschied des Grades, nicht ein Unterschied des Wesens besteht.

Kapitel II.

Komplikationen der geographischen Verschiedenheit.

§ 1. Nebeneinanderbestehen mehrerer Sprachen an einer Stelle.

Die geographische Verschiedenheit wurde bis jetzt in ihrer idealen Form betrachtet: soviel verschiedene Sprachen als getrennte Gebiete. Und es war berechtigt so vorzugehen, denn die geographische Trennung ist eine der allgemeinsten Ursachen der sprachlichen Verschiedenheit. Nun aber wenden wir uns zu den Tatsachen zweiter Ordnung, welche diese Übereinstimmungen stören, und deren Ergebnis das Nebeneinanderbestehen mehrerer Sprachen in einem und demselben Gebiet ist.

Es handelt sich dabei nicht um die wirkliche, organische Vermischung, die gegenseitige Durchdringung zweier Idiome, die zu einer Veränderung des Systems führt (vgl. das Englische nach der normannischen Eroberung). Auch handelt es sich nicht um den Fall, daß mehrere Sprachen landschaftlich klar geschieden, aber innerhalb der Grenzen des gleichen Staatswesens zusammengefaßt sind, wie das in der Schweiz der Fall ist. Wir wollen nur den Fall betrachten, daß zwei Idiome Seite an Seite an demselben Ort nebeneinander bestehen ohne sich zu vermischen. Das gibt es sehr häufig; aber man muß dabei zwei Möglichkeiten unterscheiden.

Zunächst kann es vorkommen, daß die Sprache einer neuen Bevölkerung sich über die einer einheimischen Bevölkerung darüber lagert. In Südafrika z. B. gibt es neben mehreren Eingeborenen-Dialekten gegenwärtig als Folge zweier aufeinanderfolgender Kolonisationen das Holländische und das Englische; auf die gleiche Weise ist das Spanische nach Mexiko verpflanzt worden. Man muß nicht glauben, daß solche sprachlichen Eingriffe und Besitzergreifungen nur in der Neuzeit stattgefunden hätten. Es ist zu allen Zeiten vorgekommen, daß sich Völker vermischt haben, ohne daß ihre Sprachen sich vermischten. Man kann sich das durch einen Blick auf die Karte des heutigen Europa vergegenwärtigen: in Irland spricht man keltisch und englisch; viele Irländer beherrschen beide Sprachen. In der Bretagne wird Bretonisch und Französisch gesprochen. Im Gebiet des Baskischen gebraucht man das Französische oder Spanische gleichzeitig mit dem Baskischen. In Finnland gibt es seit sehr langer Zeit Schwedisch und Finnisch nebeneinander; in neuerer Zeit ist das Russische dazugekommen. In Kurland und Livland spricht man Lettisch, Deutsch und Russisch; das Deutsche wurde von Siedlern, die im Mittelalter unter der Hansa einwanderten, dorthin gebracht; es wird von einer besonderen sozialen Klasse der Bevölkerung gesprochen; das Russische ist später durch Eroberung dorthin verbracht worden. In Litauen hat sich infolge der alten Verbindung mit Polen neben dem Litauischen das Polnische festgesetzt, sodann auch das Russische als Folge der Eingliederung Litauens in das Moskauische Reich. Bis zum 18. Jahrh. waren Slavisch und Deutsch in ganz Ostdeutschland jenseits der Elbe nebeneinander in Gebrauch. In manchen Ländern ist das sprachliche Durcheinander sogar noch größer: in Mazedonien trifft man alle möglichen Sprachen: Türkisch, Bulgarisch, Serbisch, Griechisch, Albanesisch, Rumänisch usw., je nach der Gegend auf mancherlei Weise durcheinander gewürfelt.

Diese Sprachen sind nicht immer völlig vermischt. Ihr Nebeneinander in einem bestimmten Gebiet schließt nicht aus, daß sie doch örtlich einigermaßen verteilt sind. Es kann etwa vorkommen, daß von zwei Sprachen die eine in den Städten, die andere auf dem Lande gesprochen wird, aber eine solche Verteilung ist nicht immer eine klare Scheidung.

Im Altertum gab es dieselben Erscheinungen. Wenn wir eine Sprachenkarte des Römischen Reiches besäßen, würden wir auf ihr ganz ähnliche Verhältnisse sehen wie in moderner Zeit. In Campanien z. B. sprach man gegen Ende der republikanischen Zeit: Oskisch, wie die Inschriften von Pompei bezeugen; Griechisch, die Sprache der Kolonisten, die Neapel begründeten; Lateinisch; vielleicht Etruskisch, das in diesem Gebiet vor Ankunft der Römer geherrscht hatte. In Karthago hatte das Punische oder Phönikische neben dem Lateinischen fortgedauert (es existierte noch z. Zt. der arabischen Eroberung), ganz zu schweigen von dem Numidischen, welches sicherlich im karthagischen Gebiet gesprochen wurde. Man kann sogar annehmen, daß im Altertum an den Küsten des Mittelmeerbeckens die einsprachigen Länder eine Ausnahme waren.

Diese Überlagerung von Sprachen ist meistens durch das Eindringen von Völkern herbeigeführt, die an Macht überlegen waren; aber daneben gibt es auch die Kolonisation, die friedliche Durchdringung; ferner gibt es nomadische Völkerstämme, deren Sprache mit ihnen wandert. Das gilt von den Zigeunern, die sich hauptsächlich in Ungarn aufhalten, wo sie geschlossene Dörfer bilden; die Untersuchung ihrer Sprache hat gezeigt, daß sie zu einer unbekannten Zeit aus Indien ausgewandert sein müssen. In der Dobrudscha, nahe der Donaumündung, findet man verstreute tatarische Niederlassungen, die auf der Sprachenkarte dieser Gegend durch kleine Flecken gekennzeichnet sind.

§ 2. Schriftsprache und örtliche Umgangsprache.

Das ist noch nicht alles: die sprachliche Einheit kann auch dadurch aufgehoben werden, daß ein natürliches Idiom den Einfluß einer Schriftsprache erfährt. Das geschieht unfehlbar jedesmal, wenn ein Volk eine gewisse Stufe der Zivilisation erreicht. Unter „Schriftsprache" verstehen wir dabei nicht nur die Sprache der Literatur, sondern allgemeiner jede Sprache, die im Dienst der ganzen Gemeinschaft steht und dabei eine gewisse Pflege erfahren hat, gleichviel ob sie ausdrücklich als Staatssprache anerkannt ist oder nicht. Wenn die Sprache sich selbst überlassen bleibt, kennt sie nur Dialekte, von denen keiner die Oberhand über die anderen gewinnt, und insofern ist sie unbegrenzter Spaltung ausgesetzt. Indem jedoch mit fortschreitender Zivilisation Verkehr und Austausch zunehmen, wird wie durch eine schweigende Übereinkunft einer der vorhandenen Dialekte zum Träger und Vermittler bestimmt für alles was die Nation als Ganzes angeht. Für die Wahl des betreffenden Dialektes können verschiedene Gründe entscheidend sein: bald wird der Dialekt der Gegend vorgezogen, wo die Zivilisation am weitesten fortgeschritten ist, bald derjenige der Provinz, die Sitz der Zentralregierung ist oder die politische Hegemonie hat; ein andermal wieder wird die Sprache des Hofes für die ganze Nation maßgebend. Der Dialekt, der einmal zum Rang der offiziellen und Gemeinsprache erhoben ist, bleibt selten unverändert. Es dringen dialektische Bestandteile der anderen Gebiete ein, er wird mehr und mehr vermischt, ohne jedoch seinen ursprünglichen Charakter ganz aufzugeben. So ist im Schriftfranzösisch der Dialekt der Ile-de-France nicht zu verkennen, und für das Gemeinitalienische ist das Toskanische maßgebend. Wie dem auch sei, die Schriftsprache setzt sich nicht von heute auf morgen durch, und ein großer Teil der Bevölkerung wird zweisprachig und gebraucht nebeneinander die Gemeinsprache und den Lokaldialekt. Man kann das in vielen Teilen Frankreichs beobachten, z. B. in Savoyen, wo das Französische eine importierte Sprache ist und den heimischen Dialekt noch nicht unterdrückt hat. In Deutschland und Italien ist es ganz allgemein so: da besteht überall der Dialekt neben der offiziellen Sprache fort.

Das gleiche hat sich zu allen Zeiten bei allen Völkern, die zu einem gewissen Grad der Zivilisation gelangt sind, zugetragen. Die Griechen hatten ihre *koinè*, die aus dem Attischen und Ionischen hervorgegangen war, und neben der die landschaftlichen Dialekte fortbestanden. Sogar im alten Babylonien glaubt man neben der offiziellen Sprache örtliche Dialekte nachweisen zu können.

Setzt eine Gemeinsprache notwendigerweise den Gebrauch der Schrift voraus? Die homerischen Gedichte scheinen das Gegenteil zu beweisen; obwohl sie zu einer Zeit entstanden sind, als man sich der Schrift gar nicht oder fast gar nicht bediente, ist ihre Sprache konventionell und zeigt alle Besonderheiten einer Schriftsprache.

Die Erscheinungen, von denen in diesem Kapitel die Rede war, sind so häufig, daß sie als regelmäßiger Faktor in der Entwicklung der Sprache erscheinen. Dennoch wollen wir hier absehen von allem, was die natürliche geographische Verschiedenheit unübersichtlich macht, und betrachten nur das ursprüngliche Phänomen ohne Rücksicht auf die Hineintragung einer fremden Sprache oder die Herausbildung einer Schriftsprache. Diese schematische Vereinfachung scheint der Wirklichkeit nicht gerecht zu werden; aber die natürliche Sachlage muß zuerst an sich selber betrachtet werden.

Gemäß dem Verfahren, das wir einschlagen, werden wir zum Beispiel sagen, daß Brüssel germanisiert ist, weil diese Stadt im flämischen Teil Belgiens liegt; zwar spricht man dort französisch, aber für uns kommt es nur auf die Grenzlinie zwischen dem flämischen und dem wallonischen Gebiet an. Andererseits ist Liége nach demselben Gesichtspunkt romanisch, weil es sich im wallonischen Sprachgebiet befindet; das Französische ist dort nur eine fremde Sprache, die sich über einen Dialekt gleichen Stammes gelagert hat. So gehört ferner Brest in sprachlicher Hinsicht zum Bretonischen; das Französische, das dort gesprochen wird, hat nichts gemein mit dem einheimischen Idiom der Bretagne; Berlin, wo man fast nur Hochdeutsch hört, rechnen wir zum Niederdeutschen usw.

Kapitel III.

Ursachen der geographischen Verschiedenheit.

§ 1. Hauptursache: die Zeit.

Die Verschiedenheit schlechthin (vgl. S. 230) ist ein rein spekulatives Problem. Die Verschiedenheit in der Verwandtschaft dagegen stellt eine Aufgabe für die Beobachtung, und diese

Verschiedenheit kann auf eine Einheit zurückgeführt werden. So gehen das Französische und das Provençalische alle beide auf das Vulgärlatein zurück, das sich im Norden und im Süden Galliens verschieden entwickelt hat. Ihr gemeinsamer Ursprung ergibt sich aus dem Tatsachenmaterial.

Um recht zu verstehen, wie der Verlauf der Dinge ist, stellen wir uns möglichst einfache theoretische Bedingungen vor, welche erlauben, die wesentliche Ursache der Differenzierung im Raum für sich zu betrachten; wir fragen uns also, was eintreten würde, wenn eine Sprache, die auf einem bestimmt abgegrenzten Gebiet, z. B. einer Insel, gesprochen wird, von Auswanderern in ein anderes Gebiet, das ebenso bestimmt abgegrenzt wäre, z. B. eine andere Insel, übertragen würde. Nach Verlauf einer gewissen Zeit würden zwischen der Sprache des einen Ortes (O) und der des anderen (O′) mancherlei Verschiedenheiten im Wortschatz, der Grammatik, der Aussprache usw. hervortreten.

Man muß nun nicht denken, daß das verpflanzte Idiom allein sich verändert, während das in der Heimat verbliebene Idiom unverändert bliebe; ebensowenig findet das Umgekehrte statt; auf der einen Seite kann eine Neuerung stattfinden oder auf der anderen Seite oder auf beiden zugleich. Wenn eine sprachliche Eigentümlichkeit a gegeben ist, die durch eine andere (b, c, d usw.) ersetzbar ist, kann die Differenzierung auf drei verschiedene Weisen vor sich gehen:

In Ort O: $a = a$, oder $a \rightarrow c$, oder $a \rightarrow b$.
In Ort O′: $a \rightarrow b$, oder $a = a$, oder $a \rightarrow c$.

Die Untersuchung kann sich demnach nicht auf die eine Seite beschränken; die Neuerungen in beiden Sprachen sind gleich wichtig.

Wenn man glaubt, lediglich die räumliche Entfernung habe diese Unterschiede hervorgebracht, so befindet man sich im Irrtum. Die Entfernung für sich allein kann keinerlei Wirkung auf die Sprache ausüben. Am Tag nach der Landung in O′ werden die Auswanderer aus O genau dieselbe Sprache sprechen wie am Tag vorher. Man vergißt den Faktor der Zeit, weil er einem nicht so klar vor Augen tritt wie die Entfernung; in Wahrheit aber ist die Differenzierung von der Zeit abhängig.

Wenn zwei verschiedene sprachliche Erscheinungen *b* und *c* vorliegen, so hat niemals ein Übergang von *b* zu *c* oder umgekehrt stattgefunden. Sondern um die Entwicklung von der Einheit zur Verschiedenheit zu erkennen, muß man auf ein ursprüngliches *a* zurückgehen, an dessen Stelle *b* und *c* getreten sind. Dieses hat den späteren Formen Platz gemacht. So ergibt sich das auf alle entsprechende Fälle anwendbare Schema der geographischen Differenzierung:

O O'
a ←→ *a*
↓ ↓
b *c*

Die Scheidung zweier Idiome ist die greifbare Form des Phänomens, aber sie erklärt es nicht. Die betreffende Sprachtatsache hätte sich zwar nicht ohne irgendeine vielleicht nur geringe räumliche Verschiedenheit in verschiedenen Richtungen entwickelt, aber die Entfernung allein schafft nicht die Verschiedenheiten. Ebenso wie man ein Volumen nicht nach einer Oberfläche beurteilen kann, sondern nur mit Hilfe der dritten Dimension, der Tiefe, so ist das Schema der geographischen Verschiedenheit erst vollständig, wenn man es auf die Zeit projiziert.

Man wird einwenden, daß Verschiedenheiten der Umgebung, des Klimas, der Bodengestaltung, der besonderen Lebensgewohnheiten (die z. B. bei Bergbewohnern und einer Küstenbevölkerung verschieden sind) einen Einfluß auf die Sprache ausüben können und daß in diesem Falle die hier behandelten Verschiedenheiten geographisch bedingt seien. Aber erstens sind diese Einflüsse nicht unbestritten; jedoch auch wenn sie bewiesen wären, so wäre immer noch eine Unterscheidung vonnöten. Die *Richtung der Bewegung* kann dem Milieu zugeschrieben werden; sie ist von unwägbaren Faktoren bestimmt, die in jedem Fall wirken, ohne daß man sie beweisen und beschreiben kann. Ein *u* wird zu einer gewissen Zeit in einem bestimmten Milieu zu *ü*; man kann nicht sagen, warum es sich zu dieser Zeit, an diesem Ort verändert hat und warum es zu *ü* und nicht zu *o* geworden ist. Aber die Veränderung selbst, abgesehen von ihrer besonderen Richtung und ihren bestimmten

Erscheinungsformen, mit einem Wort der Mangel an Beständigkeit der Sprache, hängt lediglich von der Zeit ab. Die geographische Verschiedenheit ist also eine sekundäre Erscheinungsform des allgemeinen Phänomens. Die Einheit verwandter Sprachen läßt sich nur in der Zeit auffinden. Das ist ein Grundsatz, den der Sprachvergleicher ganz in sich aufnehmen muß, wenn er nicht bedauerlichen Irrtümern zum Opfer fallen will.

§ 2. Wirkung der Zeit auf ein zusammenhängendes Gebiet.

Stellen wir uns ein einsprachiges Land vor, d. h. eines, wo die gleiche Sprache in einheitlicher Weise gesprochen wird und die Bevölkerung dieselbe bleibt, z. B. Gallien gegen 450 n. Chr., wo das Lateinische überall gleichmäßig und unbestritten herrscht. Was wird dann eintreten?

1. Da es in sprachlichen Dingen keine unveränderte Dauer gibt (s. S. 88ff.), wird die Sprache nach Verlauf einer gewissen Zeit nicht mehr sich selber gleich sein.

2. Die Entwicklung wird nicht in dem ganzen Gebiet einheitlich sein, sondern von Ort zu Ort verschieden; man hat noch nirgends gesehen, daß eine Sprache sich auf ihrem ganzen Verbreitungsgebiet in gleicher Weise verändert hat. Also nicht das Schema:

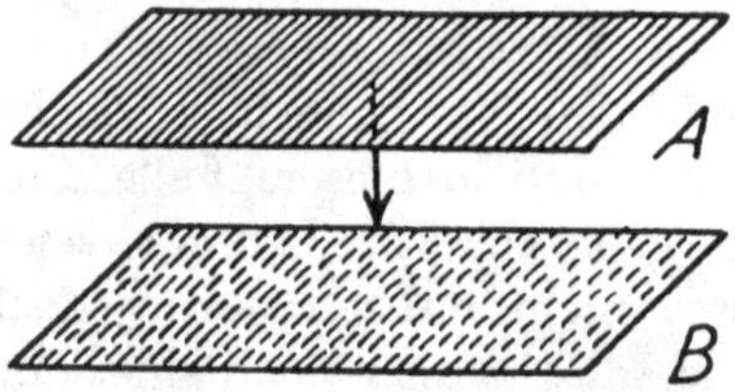

stellt die Wirklichkeit dar, sondern das Schema:

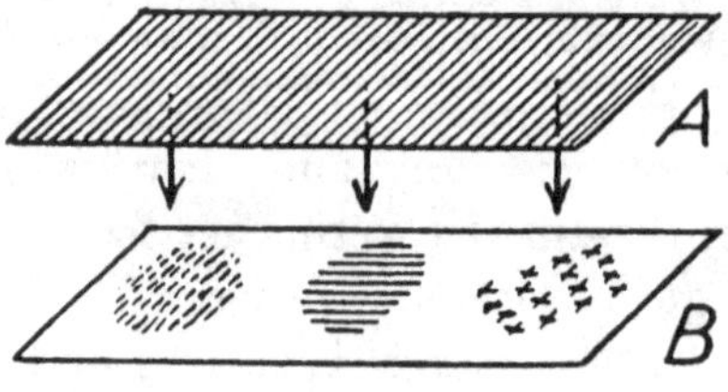

Fragen wir nun, wie die Verschiedenheit, welche schließlich allerlei Dialektgestalten hervorbringt, ihren Anfang nimmt und allmählich hervortritt, so ist die Sache weniger einfach, als es zunächst scheint. An dem Vorgang ist zweierlei als wesentlich hervorzuheben:

1. Die Entwicklung geht in Form bestimmter aufeinanderfolgender Neuerungen vor sich, welche gesonderte Einzelvorgänge sind, die sich ihrer Natur nach (als lautliche, lexikalische, morphologische, syntaktische usw. Tatsachen) aufzählen, beschreiben und klassifizieren lassen.

2. Jede dieser Neuerungen vollzieht sich in einem begrenzten Bezirk, einem bestimmten Flächenraum. Zweierlei ist möglich: entweder der Geltungsbereich der Neuerung füllt das ganze Gebiet aus und schafft keine dialektische Verschiedenheit (das ist der seltenere Fall); oder — was gewöhnlich der Fall ist — die Umgestaltung wirkt nur auf einen Teil des Gebiets, und jede dialektische Erscheinung nimmt einen besonderen Geltungsbereich ein. Was im Folgenden von den Lautveränderungen gesagt wird, ist zugleich von jeder Art von Neuerung zu verstehen. Wenn z. B. ein Teil des Gebiets Wandel von *a* zu *e* erfährt:

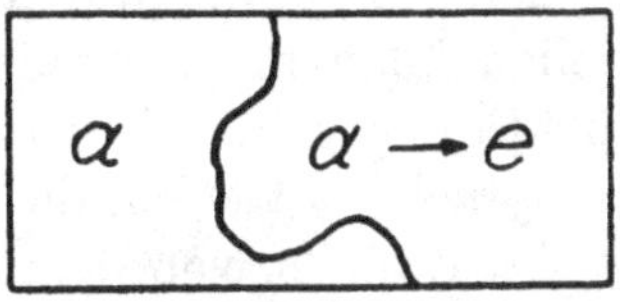

so kann es geschehen, daß der Übergang von *s* zu *z* im gleichen Bezirk, jedoch innerhalb anderer Grenzen vor sich geht;

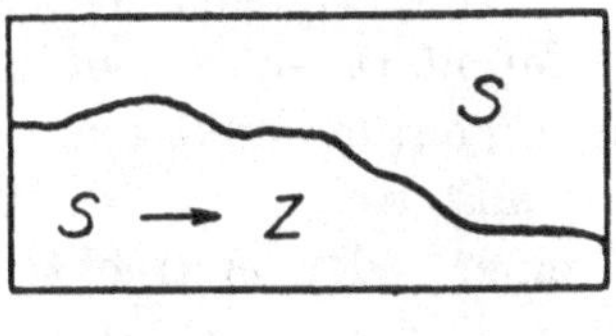

Das Bestehen dieser verschiedenen Geltungsbereiche erklärt die Verschiedenheit der Mundarten an allen Punkten eines Sprachgebiets, wenn die natürliche Entwicklung der Sprache nicht gestört ist. Die Ausdehnung der Sonderbezirke der einzelnen Spracherscheinungen läßt sich nicht voraussehen; es gibt nichts, was ihre Ausdehnung von vornherein bestimmt, man muß sich darauf beschränken, sie einfach festzustellen. Wenn sie sich auf der Karte übereinander lagern, wo ihre Grenzen sich vielfach kreuzen, ergeben sie äußerst komplizierte Bilder. Der Verlauf der Abgrenzungen ist manchmal ganz überraschend; so sind lat. *c* und *g* vor *a* zu *tš*, *dž*, dann zu *š*, *ž* übergegangen (vgl. *cantum* → *chant*, *virga* → *verge*) in ganz Nordfrankreich außer der Picardie und einem Teil der Normandie, wo *c* und *g* unverändert geblieben sind (vgl. picardisch *cat* für *chat*, *rescapé* für *réchappé*, das neuerdings ins Französische übernommen wurde, *vergue* aus dem oben genannten *virga* usw.).

Was muß sich nun aus der Gesamtheit dieser Vorgänge ergeben? Wenn zu einer gewissen Zeit eine und dieselbe Sprache über die ganze Ausdehnung eines Landes hin herrscht, so werden nach Verlauf von 5 oder 10 Jahrhunderten die Bewohner zweier weit entfernter Gebietsteile einander wahrscheinlich nicht mehr verstehen; dagegen werden die Bewohner irgendeines Ortes immer noch die Mundart der benachbarten Bezirke verstehen. Ein Reisender, der von einem Ende des Landes zum andern reisen würde, würde von Ort zu Ort nur minimale dialektische Abweichungen feststellen können. Aber da diese Verschiedenheiten sich bei Zurücklegung seines Weges häufen würden, so würde er zuletzt eine Sprache antreffen, die unverständlich wäre für die Bewohner des Landesteils, von dem er ausgegangen war. Oder wenn man von einem Punkt des Gebiets nach allen Richtungen Vorstöße machen würde, so würde man finden, daß die Gesamtheit der Abweichungen in jeder Richtung zunehmen würde, aber überall in verschiedener Weise.

Wenn man die Mundart eines Dorfes aufgenommen hat, so wird man deren Eigentümlichkeiten in den Nachbarorten wiederfinden, aber es läßt sich nicht voraussehen, wieweit sich der Geltungsbereich einer jeden erstreckt. In Douvaine z. B., einem Marktflecken im Département Hoch-Savoyen, sagt man, für den Namen von Genf: *ðenva*. Diese Aussprache erstreckt sich sehr weit nach Osten und Süden; auf der andern Seite des Genfer Sees spricht man es jedoch *dzenva* aus; gleichwohl handelt es sich nicht um zwei deutlich verschiedene Dialekte, denn in bezug auf irgendeine andere Erscheinung würden die Grenzen anders verlaufen. Z. B. sagt man in Douvaine *daue* für *deux*, aber diese Aussprache hat einen viel engeren Geltungsbereich als *ðenva*; am Fuße des Berges Salève, wenige Kilometer von dort, sagt man *due*.

§ 3. Die Dialekte haben keine natürlichen Grenzen.

Die Vorstellung, die man sich gewöhnlich von den Dialekten macht, ist ganz anders. Man stellt sie sich als vollkommen bestimmte sprachliche Typen vor, die in jeder Hinsicht abgegrenzt sind und auf der Karte bestimmte und fest umschriebene Gebiete ausmachen (*a*, *b*, *c*, *d* usw.). Aber die natürlichen dialektischen Umgestaltungen führen zu einem ganz anderen Ergebnis. Sobald man begonnen hat, jede Erscheinung für sich selbst zu untersuchen und ihren Geltungsbereich zu bestimmen,

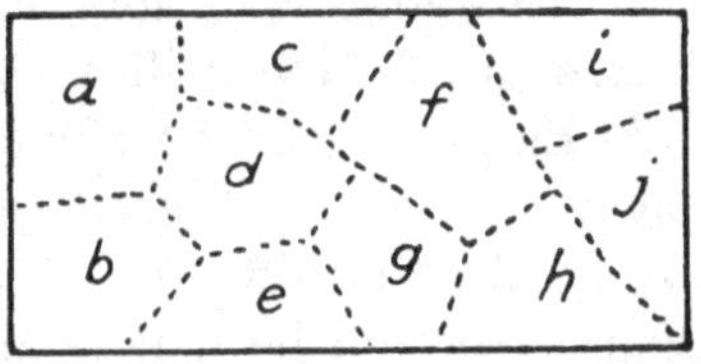

mußte man die alte Vorstellung durch eine andere ersetzen, die sich folgendermaßen beschreiben läßt: es gibt unter natürlichen Verhältnissen nur Dialekteigentümlichkeiten, aber es gibt keine natürlichen Dialekte; oder was auf dasselbe hinausläuft, es gibt so viele Dialekte wie Orte.

Der Begriff des natürlichen Dialekts ist im Grunde unvereinbar mit dem Gedanken an einen mehr oder weniger ausgedehnten Bezirk. Es gibt nur zweierlei Möglichkeiten: entweder definiert man einen Dialekt nach der Gesamtheit seiner Eigentümlichkeiten; dann muß man an einem bestimmten Punkt der Karte verweilen und sich an die Mundart einer einzigen Ortschaft halten; sowie man sich von dort entfernt, findet man nicht mehr genau dieselben Besonderheiten. Oder man bestimmt den Dialekt nach einer einzigen Eigentümlichkeit. Dann wird man allerdings einen Flächenraum erhalten, über den sich die Geltung und Ausbreitung der in Rede stehenden Sprachtatsache erstreckt; aber es ist kaum nötig zu bemerken, daß das ein künstliches Verfahren ist, und daß die so gezogenen Grenzen keinen wirklichen Dialekt darstellen.

Die Erforschung der Dialekteigentümlichkeiten war der Ausgangspunkt der linguistischen Kartographie, deren Vorbild der Atlas linguistique de la France von Gilliéron ist; ferner ist zu nennen der Deutsche Sprachatlas von Wenker[1]). Die Form des Atlas ist durchaus die gegebene, denn man ist gezwungen, ein Teilgebiet des Landes nach dem andern zu untersuchen, und für jedes derselben kann die Karte nur eine kleine Zahl der Dialekteigentümlichkeiten aufnehmen. Dasselbe Teilgebiet muß so und so oft wieder vorgenommen werden, um ein Bild von den lautlichen, lexikalischen, morphologischen Besonderheiten zu geben, die dort übereinander gelagert sind. Derartige Forschungen setzen eine ganze Organisation voraus, systematische Rundfragen mit Fragebogen, mit der Beihilfe örtlicher Korrespondenten usw. Ich will nicht unterlassen, bei dieser Gelegenheit die Enquete über die Mundarten der welschen Schweiz zu erwähnen. Einer der Vorteile der Sprachatlanten besteht darin, daß sie Material für Arbeiten auf dem Gebiet der Dialektologie liefern; zahlreiche neuere Monographien fußen auf dem Atlas von Gilliéron.

Die Grenzen der Dialekteigentümlichkeiten hat man „isoglossische Linien" oder „Isoglossen" genannt; dieser Terminus ist gebildet nach dem Muster von *Isotherme*. Er ist jedoch dunkel und ungeeignet, denn er bedeutet „der die gleiche Sprache hat"; wenn man Glossem als Ausdruck für idiomatische Eigentümlichkeit gelten lassen will, könnte man treffender von isoglossematischen Linien sprechen; da ein solcher Ausdruck aber kaum in Anwendung zu bringen wäre, wollen wir lieber „Wellen von Neuerungen" sagen und damit ein Bild aufnehmen, das von J. Schmidt stammt und das im folgenden Kapitel gerechtfertigt werden soll.

---

[1]) Vgl. noch Weigand: Linguistischer Atlas des dakorumänischen Gebiets (1909) und Millardet: Petit atlas linguistique d'une région des Landes (1910).

Ein Blick auf eine Sprachkarte zeigt manchmal zwei oder drei solche Wellen, die beinahe zusammenfallen oder sogar eine Strecke weit sich völlig decken:

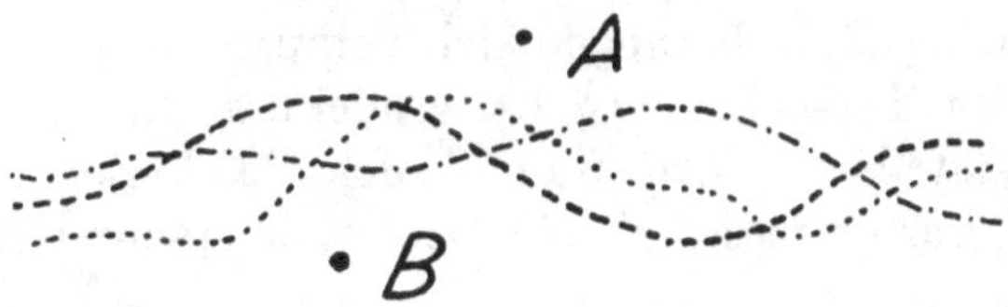

Es ist klar, daß zwei Punkte (*A* und *B*), die durch einen solchen Streifen getrennt sind, eine gewisse Anzahl von Abweichungen aufweisen und zwei ziemlich deutlich verschiedene Mundarten darstellen. Es kann auch vorkommen, daß solches Zusammentreffen von Wellen nicht nur ein Stück weit, sondern um einen ganzen Umkreis von zwei oder mehr Geltungsbereichen sich erstreckt:

Wenn diese Übereinstimmungen zahlreich genug sind, kann man annäherungsweise von Dialekten sprechen. Sie erklären sich aus sozialen, politischen, religiösen Verhältnissen u. dgl., von denen wir hier ganz absehen; die Grundtatsache und natürliche Erscheinung der Differenzierung nach unabhängigen Bereichen wird durch sie verschleiert, aber nicht völlig verwischt.

§ 4. Die Sprachen haben keine natürlichen Grenzen.

Es ist schwer zu sagen, worin der Unterschied zwischen einer Sprache und einem Dialekt besteht. Oft nennt man einen Dialekt eine Sprache, weil er eine Literatur hervorgebracht hat. Das ist der Fall beim Portugiesischen und Holländischen. Die

Frage der Verständlichkeit spielt gleichfalls eine Rolle; man pflegt ja auch von zwei Personen, die einander nicht verstehen, zu sagen, daß sie verschiedene Sprachen sprechen. Gleichviel, bei Sprachen, welche auf einem zusammenhängenden Gebiet inmitten seßhafter Bevölkerungen sich herausgebildet haben, kann man dieselben Tatsachen wie bei Dialekten, nur in größerem Maßstab feststellen. Man findet auch da Linien von Neuerungswellen, nur umfassen sie ein Gebiet, das mehreren Sprachen gemein ist.

Unter den idealen Bedingungen, die wir vorausgesetzt haben, kann man zwischen Sprachen ebensowenig Grenzen festlegen wie zwischen Dialekten; die Ausdehnung des Gebiets ist dabei ohne Bedeutung. Ebensowenig als man sagen kann, wo das Hochdeutsche aufhört und das Plattdeutsche anfängt, ist es möglich, die Grenzlinie zwischen Deutsch und Holländisch, zwischen Französisch und Italienisch zu ziehen. An weit auseinander liegenden Punkten kann man mit Bestimmtheit sagen: „hier herrscht das Französische, hier das Italienische“; jedoch wenn man die Zwischengebiete betritt, dann verliert sich dieser Unterschied. Wollte man sich aber ein geschlossenes Gebiet von geringerer Ausdehnung als Übergangsgürtel zwischen zwei Sprachen vorstellen, z. B. das Provençalische zwischen Französisch und Italienisch, so gibt es das auch nicht. Wie sollte man sich auch, auf die eine oder andere Weise, eine bestimmte sprachliche Grenze vorstellen durch ein Gebiet, das von einem Ende zum andern von schrittweise verschiedenen Dialekten bedeckt ist? Die Abgrenzungen der Sprachen sind, ebenso wie die der Dialekte, unscharf, da sie von den Übergangserscheinungen, die sich in verschiedenartigen Neuerungswellen ausgebreitet haben, bald von dieser, bald von jener Seite her, gewissermaßen überspült sind. Ebenso wie die Dialekte nur beliebige Untereinteilungen der Gesamtoberfläche der Sprache sind, so kann auch die Grenze, die angeblich zwei Sprachen voneinander trennt, nur konventionell sein.

Gleichwohl gibt es auch sehr oft ganz feststehende Schranken zwischen einer Sprache und der andern; woher kommen diese? Daher, daß ungünstige Umstände das Fortbestehen der unmerklichen Übergänge verhindert haben. Besonders stören Verlagerungen der Bevölkerung die ursprünglichen Verhältnisse. Es hat immer Hin- und Herbewegungen von Völkern gegeben. Diese Wanderungen haben sich im Lauf der Jahrhunderte summiert und dadurch alles in Verwirrung gebracht und an vielen Stellen jede Spur von sprachlichen Übergängen ausgelöscht. Die indogermanische Sprachfamilie ist ein anschauliches Beispiel dafür. Diese Sprachen müssen ursprünglich in sehr nahen Beziehungen gestanden und eine ununterbrochene Kette von sprachlichen Abarten gebildet haben, deren hauptsächlichste wir in großen Linien wieder herstellen können. Das Slavische berührt sich in seinen Eigentümlichkeiten mit dem Germanischen und dem Iranischen, was auch der geographischen Verteilung dieser Sprachen entspricht. Ebenso kann das Germanische betrachtet werden als ein verbindendes Glied zwischen Slavisch und Keltisch, welches seinerseits enge Beziehungen zum Italischen hat. Dieses wiederum ist das Zwischenglied zwischen Keltisch und Griechisch. Das alles ist deutlich genug, so daß ein Sprachforscher, ohne die geographische Lagerung all dieser Idiome zu kennen, jedem von ihnen ohne Zögern den ihm zukommenden Platz anweisen könnte. Sowie wir jedoch eine Grenze zwischen zwei Gruppen von Idiomen betrachten, z. B. die Grenze von Germanisch und Slavisch, so sehen wir da einen plötzlichen Sprung und keinen allmählichen Übergang; die beiden Sprachen stoßen zusammen und fließen nicht in einander über. Das kommt daher, daß die Übergangsdialekte verschwunden sind. Weder die Slaven noch die Germanen sind unbeweglich an ihren ursprünglichen Wohnsitzen geblieben; sie sind ausgewandert und haben, die einen auf Kosten der andern, Gebiete erobert; die slavischen und germanischen Volksteile, die heute benachbart sind, sind nicht diejenigen, welche einstmals einander berührten. Angenommen, die Italiener von Calabrien würden sich an den Grenzen von Frankreich niederlassen, so würde diese Verschiebung natürlich die unmerklichen Übergänge, die wir zwischen Italienisch und Französisch festgestellt haben, zerstören. Das Indogermanische bietet uns überall eine Menge solcher Fälle.

Aber noch andere Ursachen tragen dazu bei, die allmählichen Übergänge zu beseitigen, z. B. die Ausbreitung der Gemeinsprache auf Kosten der Dialekte (s. S. 233ff.). Heute stößt das Schriftfranzösische (die ehemalige Sprache der Ile-de-France) an der Grenze mit dem offiziellen Italienisch (dem verallgemeinerten Dialekt von Toscana) zusammen, und es ist ein glücklicher Zufall, daß man in den Westalpen noch die Übergangsdialekte findet, während an so vielen anderen Sprachgrenzen jede Erinnerung an Zwischenmundarten erloschen ist.

Kapitel IV.

Ausbreitung sprachlicher Wellen.

§ 1. Wirkung von Verkehr und Absonderung.

Die Ausbreitung sprachlicher Erscheinungen untersteht denselben Gesetzen wie jede beliebige sonstige Gewohnheit, z. B. die Mode. In jeder größeren Gemeinschaft wirken immerfort zwei Kräfte gleichzeitig und in entgegengesetztem Sinn: einerseits der Geist des Partikularismus, der „Kantönligeist", und andererseits die Macht des Verkehrs und Umgangs, welche Mitteilung und Austausch unter den Menschen zur Folge hat.

Vermöge des Heimatsinnes bleibt eine beschränkte Sprachgemeinschaft dem Herkommen treu, das sich in ihrer Mitte herausgebildet hat. Jeder Einzelne übernimmt in seiner Kindheit zuerst diese Bräuche; daher ihre Kraft und ihr Bestand. Wenn diese Sinnesart allein wirksam wäre, würde sie sprachliche Besonderheiten schaffen, die bis ins Unendliche gingen.

Aber die Absonderung wird durch die entgegengesetzte Kraft korrigiert. Wenn die Eigenbrötelei die Menschen in der Enge ihrer heimischen Verhältnisse festhält, zwingt Handel und Wandel sie zu gegenseitigem Austausch und bewirkt, daß in einem Ort Leute von anderswoher durchkommen, daß ein Teil der Bevölkerung bei Gelegenheit von Festen und Märkten sich von Ort zu Ort begibt, daß im Heeresdienst Leute aus verschiedenen Landesteilen zusammenkommen usw. Mit einem Wort, der Verkehr ist etwas Einigendes, während der „Kantönligeist" zerteilende Wirkung hat.

Ausdehnung und Zusammenhang der Sprache sind bedingt durch Verkehr und Umgang. Und zwar geht die Wirkung des

Verkehrs auf zweierlei Weise vor sich: teils negativ: er wirkt der Zersplitterung in Dialekte entgegen, indem er eine Neuerung erstickt in dem Augenblick, wo sie entsteht; und teils positiv: er fördert die Einheit, indem er eine Neuerung aufnimmt und verbreitet. Diese zweite Wirkungsweise des Verkehrs rechtfertigt den Ausdruck Welle als Bezeichnung der geographischen Reichweite einer dialektischen Erscheinung (s. S. 242). Die isoglossematische Linie ist wie der äußerste Rand einer Überschwemmung, die sich ausbreitet, aber auch zurückfluten kann.

Manchmal kann man die erstaunliche Feststellung machen, daß zwei Mundarten derselben Sprache in sehr weit voneinander entfernten Gebieten eine sprachliche Besonderheit miteinander gemein haben. Das kommt daher, daß eine Veränderung, die zuerst an einem bestimmten Punkt des Gebiets aufgetreten ist, auf kein Hindernis gestoßen ist und sich Schritt für Schritt sehr weit von seinem Ausgangspunkt ausgebreitet hat. Nichts tritt der Wirkung von Handel und Wandel in einer Sprachgemeinschaft, wo nur unmerkliche Übergänge bestehen, hindernd entgegen.

Diese Verallgemeinerung einer Sondererscheinung bedarf, je nach ihrer Ausdehnung, einer gewissen Zeit, und manchmal kann man diese Zeit messen. So ist der Wandel von *þ* zu *d*, der sich durch die Beziehungen des Verkehrs und Umgangs in ganz Deutschland ausgebreitet hat, zuerst zwischen 800 und 850 im Süden aufgetreten, außer im Fränkischen, wo *þ* zunächst in der stimmhaften Gestalt *ð* bestehen blieb und erst später dem *d* Platz gemacht hat. Der Wandel von *t* zu *z* (sprich *ts*) ging innerhalb noch engerer Grenzen vor sich und begann zu einer Zeit, die den ältesten schriftlichen Dokumenten vorausliegt. Sie muß um 600 von den Alpen ausgegangen sein und sich gleichzeitig nach Norden und Süden, in der Lombardei, ausgebreitet haben. Auf einem Thüringer Dokument des 8. Jahrhunderts ist noch *t* bezeugt. In einem späteren Zeitraum sind deutsch *ī* und *ū* zu Diphthongen geworden (vgl. *mein* für *mīn*, *braun* für *brūn*); um 1400 von Böhmen ausgegangen, brauchte die Erscheinung 300 Jahre, um bis zum Rhein vorzudringen und ihr jetziges Ausbreitungsgebiet einzunehmen.

Diese Spracherscheinungen haben sich wie durch Ansteckung ausgebreitet, und wahrscheinlich ist es ebenso bei allen Wellen; sie gehen von einem Punkt wie durch Ausstrahlung aus. Das führt uns zu einer andern wichtigen Feststellung.

Wir haben gesehen, daß die Einwirkung der Zeit genügt, um die geographische Verschiedenheit zu erklären. Aber das Prinzip bewahrheitet sich vollständig nur dann, wenn man den Ort betrachtet, wo die Neuerung aufgekommen ist.

Als Beispiel soll wiederum der Wandel der Konsonanten im Deutschen dienen. Wenn der Laut *t* an einer Stelle des germanischen Sprachgebiets zu *ts* wird, dann hat der neue Laut die Tendenz, sich rings um seinen Ausgangspunkt strahlenförmig zu verbreiten, und bei dieser räumlichen Ausbreitung ergibt sich ein Kampf mit dem ursprünglichen *t* oder den andern Lauten, die daraus an andern Orten entstanden sein mögen. Eine Neuerung dieser Art ist also nur an ihrem Ursprungsort ein rein lautlicher Vorgang; anderswo aber greift sie nur auf geographischem Weg und durch ansteckende Berührung Platz. Das Schema

$$\begin{array}{c} t \\ \downarrow \\ ts \end{array}$$

hat in seiner vollen Einfachheit also nur Geltung am Herd der Neuerung selbst; auf den Vorgang der Ausbreitung angewandt, würde es ein ungenaues Bild ergeben.

In der historischen Lautlehre muß man also sorgfältig die Neuerungsherde, wo ein Laut lediglich auf der Achse der Zeit eine Wandlung durchmacht, unterscheiden von den Ansteckungsgebieten, die zugleich von der Zeit und von dem Raum abhängig sind und in die Lehre von den rein lautlichen Vorgängen nicht hereinspielen dürfen. Im Augenblick wo ein *ts*, das von außen kommt, sich an Stelle des *t* setzt, handelt es sich nicht um die Umgestaltung einer überkommenen Grundform, sondern um die Nachahmung einer Nachbarmundart ohne Rücksicht auf diese Grundform; wenn eine Form *herza*, die von den Alpen kommt, in Thüringen ein älteres *herta* ablöst, muß man nicht von einer Lautveränderung sprechen, sondern von Entlehnung dieses Lautes.

§ 2. Zurückführung dieser beiden Kräfte auf ein einheitliches Prinzip.

Wenn wir unter einem bestimmten Punkt des Sprachgebiets einen ganz geringen Flächenraum verstehen, den man ohne merkliche Ungenauigkeit als einen Punkt betrachten kann (s. S. 241), z. B. ein Dorf, dann kann man an so einem Punkt sehr leicht unterscheiden, was von der einen oder von der andern der beiden in Rede stehenden Kräfte abhängt, von Geist der Absonderung oder des Umgangs; keine Tatsache kann diesen beiden Kräften zugleich unterstehen. Jede Gemeinsamkeit mit einer Nachbarmundart beruht auf dem Verkehr; jede Besonderheit des betreffenden Ortes auf dem Geist der Absonderung.

Sowie es sich aber nicht um einen solchen Punkt, sondern um ein Gebiet von einer gewissen Ausdehnung handelt, ergibt sich eine neue Schwierigkeit. Denn es läßt sich da nicht mehr sagen, welchem dieser beiden Faktoren eine bestimmte Tatsache untersteht. Alle beide sind, obwohl entgegengesetzt, an jeder Eigenheit des Idioms beteiligt. Dasjenige, wodurch ein Bezirk *A* sich von allen andern unterscheidet, ist allen seinen Teilen gemeinsam. Von der einen Seite gesehen, ist dabei der Geist der Absonderung wirksam, denn er bewirkt, daß der Bezirk *A* nicht etwas vom Bezirk *B* nachahmt, und daß umgekehrt der Bezirk *B* sich nicht nach *A* richtet. Aber zugleich ist die einigende Kraft, Umgang und Verkehr, ebenfalls im Spiel, denn sie macht sich geltend unter den verschiedenen Teilen des Bezirks *A* (A^1, A^2, A^3 usw.). Wenn es sich um einen Flächenraum handelt, wirken also beide Kräfte gleichzeitig, aber in verschiedenem Verhältnis zueinander. Je mehr eine Neuerung von Handel und Wandel begünstigt wird, um so mehr dehnt sich ihr Geltungsbereich aus; dagegen besteht die Wirkung der eigenbrötlerischen Absonderung darin, eine sprachliche Erscheinung in der Ausdehnung, die sie einmal angenommen hat, zu erhalten, indem sie sie gegen Beeinflussung von außen verteidigt. Und zwar läßt sich nicht voraussehen, zu welchem Ergebnis die Wirksamkeit dieser beiden Kräfte führen wird. Wir haben S. 247 gesehen, daß auf dem Gebiet des Germanischen, das sich von den Alpen bis zur Nordsee erstreckt, der Übergang von *þ* zu *d* allgemein war, während der Wandel von *t* zu *z* (*ts*) nur den Süden erfaßt hat; der Geist der Absonderung hat eine Verschiedenheit zwischen Süd und Nord hervorgerufen. Innerhalb dieser Grenzen jedoch besteht vermöge des Verkehrs sprachlicher Zusammenhang. Im Prinzip gibt es also keinen grundsätzlichen Unterschied zwischen beiden Phänomenen. Beide Kräfte sind in Tätigkeit und nur die Stärke ihrer Wirkung ist verschieden.

Das bedeutet, daß man praktisch bei Untersuchung sprachlicher Entwicklungen die in einer gewissen Ausdehnung vor sich gehen, absehen kann von den partikularistischen Kräften oder — was auf dasselbe herauskommt — sie als die negative Seite der einigenden Kräfte betrachten kann. Wenn diese stark genug sind, so einigen sie das ganze Gebiet; wenn nicht, dann macht die Spracherscheinung auf dem Wege halt und erstreckt sich nur über einen Teil des Gebiets. Aber dieser beschränkte Geltungsbereich stellt gleichwohl durch die Beziehungen seiner eigenen Teile ein zusammenhängendes Ganze dar. Deshalb kann man alles auf die eine vereinigende Kraft zurückführen, ohne die absondernden Kräfte mit in Rechnung zu ziehen, da diese nichts anderes sind als die Kraft des Austausches im Rahmen jedes einzelnen Sondergebietes.

§ 3. Sprachliche Differenzierung in getrennten Gebieten.

Erst wenn man sich klar gemacht hat, daß bei einem Volk von einerlei Sprache die Einheitlichkeit nicht bei allen Spracherscheinungen gleich ist, daß nicht alle Neuerungen Allgemeingut werden, daß trotz des geographischen Zusammenhangs ständig Differenzierungen stattfinden, erst dann kann man sich dem Problem zuwenden von einer Sprache, die in verschiedenen getrennten Gebieten eine Parallelentwicklung durchmacht.

Das ist eine sehr häufige Erscheinung: so hat das Germanische von dem Augenblick an, wo es von dem Festland auf die Britischen Inseln hinüberdrang, eine Doppelentwicklung gehabt; einerseits die deutschen Dialekte, andererseits das Angelsächsische, aus dem das Englische hervorgegangen ist. Auch kann man das Französische, das nach Kanada verpflanzt worden ist, nennen. Nicht immer sind Kolonisation oder Eroberung Ursache des mangelnden Zusammenhangs; es kann auch Folge von Abschnürung sein. Das Rumänische z. B. hat seine Fühlung mit der großen Masse der lateinisch sprechenden Völker verloren, indem slavische Völker sich dazwischen schoben. Es liegt übrigens wenig daran, welches die Ursache ist; vielmehr ist die Frage vor allem die, ob die Trennung in der Geschichte der Sprache eine Rolle spielt, und ob sie andere Folgen hat als die aus dem Zusammenhang sich ergebenden Verhältnisse.

Um deutlich hervorzuheben, daß die Zeit der entscheidende Faktor in der Sprachentwicklung ist, haben wir oben die Entwicklung einer Sprache betrachtet unter der Annahme, daß sie gesondert an zwei Orten vor sich gehe, die als Punkte ohne nennenswerte Raumausdehnung angesehen werden können, also etwa auf zwei Inseln, wo man davon absehen könnte, daß sich eine sprachliche Erscheinung von Ort zu Ort ausbreitete. Sobald man aber mit zwei Gebieten von einer gewissen Ausdehnung zu tun hat, so tritt ebenfalls Sonderentwicklung ein und bringt Dialektspaltungen mit sich; das Problem der Differenzierung ist also um nichts einfacher, wenn sie bei getrennten Wohnsitzen vor sich geht. Man darf nicht der Absonderung etwas zuschreiben, was auch ohne sie seine Erklärung findet.

Das war der Irrtum der ersten Indogermanisten (s. S. 2). Angesichts einer großen Sprachfamilie, deren einzelne Glieder voneinander sehr verschieden geworden waren, konnten sie sich nicht denken, daß das anders als durch geographische Zerreißung geschehen sei. Die Phantasie kann sich besser verschiedene Sprachen in getrennten Ländern vorstellen, und ein oberflächlicher Beobachter braucht nichts weiter zur Erklärung der Verschiedenheit. Ferner verband man mit dem Begriff Sprache den der Nationalität, als ob aus der Verschiedenheit der Nationalitäten sich die Sprachverschiedenheit erkläre. Man stellte sich also die Slaven, Germanen, Kelten vor wie Bienenschwärme, die aus demselben Stock gekommen sind. Diese Völker, durch Wanderung vom Grundstock abgelöst, hätten das Gemein-Indogermanische in verschiedene Gebiete verpflanzt.

Es dauerte ziemlich lang bis man diesen Irrtum aufgab; erst 1877 öffnete die Schrift von Johannes Schmidt „Die Verwandtschaftsverhältnisse der Indogermanen“ den Sprachforschern die Augen, indem sie die „Wellentheorie“ über die Entwicklung im räumlichen Zusammenhang aufstellte. Man sah ein, daß die Zersplitterung auf gleichem Raum hinreicht, um die gegenseitigen Verhältnisse der indogermanischen Sprachen zu erklären und es nicht nötig ist, anzunehmen, daß verschiedene Völker ihre Sitze verlassen hatten (s. S. 245). Dialektische Spaltungen konnten und mußten eintreten, ehe die Völker sich in verschiedenen Richtungen ausgebreitet hatten. Die Wellentheorie gibt uns also nicht nur eine richtigere Vorstellung von der Vorgeschichte der Indogermanen, sie klärt uns auch über die ursprünglichen Gesetze aller Spaltungserscheinungen und über die Bedingungen auf, welche die Sprachverwandtschaft beherrschen.

Aber die Wellentheorie, die im Gegensatz zur Annahme von Wanderungen steht, schließt diese doch nicht notwendig aus. Die Geschichte der indogermanischen Sprache bietet uns manches Beispiel von Völkern, die durch Ortsveränderung sich von der großen Familie ablösten, und dieser Umstand mußte seine besonderen Folgen haben. Nur kommen diese Folgen hinzu zu denen der Differenzierung im räumlichen Zusammenhang, und es ist sehr schwer festzustellen, worin sie eigentlich bestehen, und das führt uns zu dem Problem der Entwicklung einer Sprache in getrennten Gebieten.

Nehmen wir das alte Englisch. Es hat sich infolge einer Wanderung vom Grundstock des Germanischen abgelöst. Wahrscheinlich hätte es jetzt nicht seine gegenwärtige Gestalt, wenn im 5. Jahrhundert die Sachsen auf dem Festland geblieben wären. Was aber waren die spezifischen Folgen der Trennung? Um das beurteilen zu können, müßte man sich zuerst fragen, ob diese oder jene Veränderung nicht ebensogut hätte eintreten können, wenn der geographische Zusammenhang erhalten geblieben wäre. Stellen wir uns vor, die Angeln hätten Jütland besetzt, nicht die britischen Inseln; kann man behaupten, daß irgendeine Tatsache, die man der völligen Abtrennung zuschreibt, nicht eingetreten wäre, wenn man annimmt, daß sie in einem angrenzenden Gebiet geblieben wären? Wenn man sagt, daß die Unterbrechung des Zusammenhangs es ermöglicht habe, daß das Englische das alte *þ* bewahrt habe, während dieser Laut auf dem ganzen Festland zu *d* geworden ist (Beispiel: engl. *thing* und deutsch *Ding*), so ist das, als ob man behauptete, daß auf dem Festland dieser Wandel sich im Germanischen infolge geographischen Zusammenhangs ausgebreitet hätte, während diese Ausbreitung sehr wohl trotz des Zusammenhangs hätte scheitern können. Der Irrtum kommt, wie immer, daher, daß man den isolierten Dialekt in Gegensatz stellt zu den zusammenhängenden Dialekten. In Wirklichkeit aber gibt es keinen Beweis dafür, daß eine englische Kolonie, wenn wir annehmen, daß sie sich in Jütland niedergelassen hätte, notwendigerweise von dem Wandel des *þ* zu *d* ergriffen worden wäre. Wir haben z. B. gesehen, daß im französischen Sprachgebiet *k* (+ *a*) in einem von der Picardie und Normandie gebildeten Winkel bestehen geblieben ist, während es sich sonst überall in den Zischlaut *š* (*ch*) verwandelt hat. Die Erklärung durch die Isolierung bleibt also ungenügend und oberflächlich; es ist niemals nötig, sie zur Erklärung einer Differenzierung zu Hilfe zu nehmen.

Das, was die Isolierung bewirken kann, wird ebensogut bei geographischem Zusammenhang hervorgebracht. Wenn zwischen beiden Fällen ein Unterschied besteht, so können wir ihn doch nicht fassen.

Anders als unter dem negativen Gesichtspunkt der Differenzierung stellt sich die Sache dar, wenn wir zwei verwandte Sprachen unter dem positiven Gesichtspunkt ihrer Zusammengehörigkeit und ihrer Übereinstimmungen betrachten. Wenn sich eine derselben von der anderen absondert, dann sind vom Augenblick der Trennung an die Beziehungen ihrer möglichen Fortwirkung nach unterbrochen, während bei geographischem Zusammenhang eine gewisse Verkettung fortbesteht und zwar sogar unter deutlich verschiedenen Idiomen, wenn sie nur durch Zwischendialekte untereinander verbunden sind.

So muß man denn, um die verschiedenen Grade von Verwandtschaft zwischen Sprachen beurteilen zu können, streng scheiden zwischen Verbindung und Absonderung. Im letzteren Fall bewahren die beiden Sprachen von ihrer gemeinsamen Vergangenheit her eine gewisse Zahl von Zügen, die ihre Verwandtschaft bezeugen. Da aber jede von ihnen sich unabhängig weiter entwickelt hat, können sich die neuen Besonderheiten, die sich auf der einen Seite herausgebildet haben, nicht auf der andern

Seite finden (abgesehen von dem Fall, wo bestimmte Eigenheiten, die nach der Trennung entstanden sind, durch Zufall in beiden Sprachen gleich sind). Ausgeschlossen jedenfalls ist aber Gemeinsamkeit dieser Eigenschaften durch Übertragung. Allgemein gilt, daß eine Sprache, die sich in geographischer Absonderung entwickelt hat, gegenüber verwandten Sprachen Züge aufweist, die nur ihr angehören; ferner bezeugen, wenn diese Sprache sich ihrerseits spaltet, die daraus entstandenen verschiedenen Dialekte durch gemeinsame Züge die engere Verwandtschaft, die sie im Gegensatz zu den Dialekten des andern Gebiets untereinander verbindet. Sie bilden tatsächlich einen besonderen Zweig am gemeinsamen Stamm.

Ganz anders sind die Beziehungen unter Sprachen im zusammenhängenden Gebiet: die gemeinsamen Züge, die sie aufweisen, sind nicht notwendig älter als diejenigen, durch welche sie sich unterscheiden; es könnte sich ja jeden Augenblick eine von irgendeinem Punkt ausgegangene Neuerung ausbreiten und sogar das ganze Gebiet umspannen. Da außerdem die Geltungsbereiche der Neuerungen ihrer Ausdehnung nach in jedem Fall wieder anders sind, so können zwei Nachbardialekte eine Besonderheit miteinander gemein haben, ohne eine besondere Gruppe im ganzen zu bilden, und jeder von ihnen kann mit den angrenzenden Dialekten durch andere Eigentümlichkeiten verknüpft sein, wie das bei den indogermanischen der Fall ist.

Fünfter Teil.

Fragen der retrospektiven Sprachwissenschaft.

Schluß.

Kapitel I.

Die zwei Blickrichtungen der diachronischen Sprachwissenschaft.

Die synchronische Sprachwissenschaft kennt nur eine Betrachtungsweise, nämlich die aus dem Gesichtspunkt der Sprechenden selber, und hat deshalb auch nur eine Methode. Die diachronische Sprachwissenschaft dagegen blickt sowohl nach vorn in gleicher Richtung wie der Ablauf der Zeit, als auch rückwärts, dem Zeitverlauf entgegen in die Vergangenheit. Dem „Fluß" der Zeit folgend kann die eine auch als „absteigend" angesehen werden, während die andere in „höheres" Alter „hinaufsteigt".

Die erste Blickrichtung entspricht dem wirklichen Verlauf des Geschehens. Man folgt ihr ganz notwendiger- und natürlicherweise, wenn man aus der Geschichte einer Sprache einen Abschnitt historisch schildern oder irgend einen Punkt entwicklungsgeschichtlich darstellen will. Die Methode, die man dabei anzuwenden hat, besteht lediglich darin, die verfügbaren Zeugnisse und Urkunden auszuwerten. In sehr vielen Fällen aber läßt sich diese Art, diachronische Sprachwissenschaft zu treiben, gar nicht anwenden, oder sie wäre ungenügend.

Nämlich: um die Geschichte einer Sprache in ihrem zeitlichen Verlauf mit allen Einzelheiten festzustellen, müßte man eine Unzahl von Sprachaufnahmen zur Verfügung haben, die wie Momentphotographien in gewissen Zeitabständen aufgenommen wären. Aber diese Bedingung ist niemals erfüllt. Die Romanisten z. B., die insofern günstig gestellt sind, als sie das Lateinische, den Ausgangspunkt ihrer Forschungen, kennen und eine stattliche Menge von Dokumenten besitzen, die sich über eine lange Reihe von Jahrhunderten erstrecken, stoßen doch alle Augenblicke auf ungeheure Lücken in ihrem Quellenmaterial. Dann muß man auf direkte Bezeugung verzichten, das vorwärts blickende Verfahren aufgeben und in umgekehrter Richtung rückschauend in die Vergangenheit hinaufsteigen. Bei dieser zweiten Betrachtungsweise stellt man sich auf den Standpunkt eines gegebenen Zeitraums und fragt nicht, was sich aus einer Form ergibt, sondern welches die ältere Form ist, aus der sie hervorgegangen.

Die Darstellung, die dem Fluß der Zeit nach abwärts folgt, ist eine einfache Erzählung und beruht ganz auf Quellenkritik. Die Rückschau oder Retrospektive dagegen erfordert ein rekonstruierendes Verfahren, das sich auf Vergleichung stützt. Von einem einzelnen und für sich stehenden Zeichen kann man keine ursprüngliche Grundform aufstellen; hat man dagegen zwei verschiedene Zeichen gleichen Ursprungs, wie lat. *pater*, sanskrit *pitar-* „Vater", oder den wurzelhaften Bestandteil von lat. *ger-ō* „trage" und *ges-tus* „getragen", so kann man durch deren Vergleichung schon erkennen, daß es sich um eine diachronische Einheit handelt, die beide Wörter mit einer Grundform verknüpft, welche durch Schlußfolgerung wieder hergestellt werden kann. Je zahlreicher die Punkte sind, die in Vergleich gezogen werden, desto sicherer werden auch die Schlußfolgerungen, und sie ergeben — wenn die gegebenen Tatsachen genügen — wirkliche Rekonstruktion.

Ebenso ist es, wenn man eine Sprache als Ganzes entweder einzeln oder im Zusammenhang mit andern Sprachen betrachtet. Aus dem Baskischen läßt sich nichts schließen, weil es isoliert ist und mit nichts verglichen werden kann. Bei einer Gruppe verwandter Sprachen, wie Griechisch, Lateinisch, Slavisch usw., war es dagegen möglich, durch Vergleichung die ursprünglichen Bestandteile, die sie miteinander gemein haben, zu erfassen und die indogermanische Sprache, so wie sie bestand, ehe sie sich zugleich mit räumlicher Ausbreitung differenzierte, im wesentlichen zu rekonstruieren. Und was man im Großen mit der ganzen Familie machte, hat man in kleinerem Umfang für jeden ihrer Teile, überall wo es nötig und möglich war, wiederholt und dabei immer das gleiche Verfahren angewandt. Während z. B. zahlreiche germanische Sprachen unmittelbar durch Denkmäler bezeugt sind, kennen wir das Urgermanische, aus dem diese verschiedenen Sprachen hervorgegangen sind, nur indirekt durch das retrospektive Verfahren. Auf dieselbe Weise haben die Sprachforscher auch, mit verschiedenem Erfolg, die ursprüngliche Einheit anderer Familien erforscht.

Durch das Verfahren der Rückschau können wir also in die Vergangenheit einer Sprache noch über ihre ältesten Denkmäler hinaus vordringen. Für das Lateinische z. B. liegt der Zeitpunkt, von wo aus eine absteigende Betrachtung möglich ist, erst im 3. oder 4. Jahrhundert vor Chr. Die Rekonstruktion des Indogermanischen gestattet jedoch, sich ein Bild davon zu machen, was in der Zeit zwischen der Ureinheit und den ersten bekannten lateinischen Denkmälern vor sich gegangen sein muß. Erst nachdem man so zum Ausgangspunkt hinaufgestiegen ist, kann man von da ausgehend im absteigenden Sinne eine Darstellung des Verlaufs geben.

In dieser Beziehung kann man die entwicklungsgeschichtliche Sprachwissenschaft mit der Geologie vergleichen, die ja auch eine historische Wissenschaft ist. Es kommt freilich auch vor, daß sie bestehende Zustände beschreibt (etwa das Becken des Genfer Sees im gegenwärtigen Stadium) und dabei nicht berücksichtigt, was etwa in früheren Zeiten vor sich gegangen ist, aber vorwiegend beschäftigt sie sich mit Vorgängen und Umbildungen, deren Aufeinanderfolge eine Diachronie bildet. Nun könnte man sich theoretisch eine mit dem Zeitverlauf vorwärts und abwärts gerichtete Geologie denken; in Wirklichkeit ist aber ihre Betrachtungsweise meistens retrospektiv: ehe man berichten kann, was an irgendeinem Punkt der Erde sich abgespielt hat, muß man die Kette der Ereignisse rekonstruieren und erforschen, wodurch der betreffende Teil der Erdoberfläche in seinen gegenwärtigen Zustand versetzt worden ist.

Beide Blickrichtungen unterscheiden sich völlig, nicht nur als Methoden der Forschung; auch für Lehrzwecke ist es besser, sie nicht gleichzeitig in derselben Darstellung anzuwenden. So hat die Behandlung von Lautveränderungen ein ganz verschiedenes Aussehen, je nachdem man den einen oder den andern Weg einschlägt. Bei absteigendem Verfahren hat man z. B. sich zu fragen, was im Französischen aus dem *e* des klassischen Latein geworden ist. Man kann dann mitansehen, wie ein einheitlicher Laut bei seiner Entwicklung in der Zeit verschiedene Gestalten annimmt, so daß mehrere Laute aus ihm hervorgehen, vgl. *pĕdem* → *pyẹ (pied), vĕntum* → *vã (vent), lĕctum* → *li (lit), nĕcāre* → *nwayẹ (noyer)* usw. Wenn man dagegen zurückschauend untersucht, was im Lateinischen einem französischen offenen *e* entspricht, ergibt sich, daß ein einheitlicher Laut das Ergebnis von mehreren verschiedenen ursprünglichen Lauten ist: vgl. *tẹr (terre)* = *tĕrram, vẹrž (verge)* = *vĭrgam, fẹ (fait)* = *factum* usw. Ebenso kann man die Entwicklung von Formelementen auf beiderlei Art darstellen, wobei sich jedesmal ein ganz anderes Bild ergibt; aus dem was wir S. 202 über die Analogiebildungen gesagt haben, geht das a priori hervor. Wenn man z. B. retrospektiv untersucht, woher das Suffix des französischen Partizips auf *-é* kommt, dann geht man zurück auf lateinisch *-ātum*; dieses gehört seinem Ursprung nach zu den lateinischen denominativen Verben auf *-āre*, die ihrerseits großenteils auf feminine Substantive auf *-a* zurückgehen (vgl. *plantāre : planta,* gr. *tīmáō : tīmā́* usw.); andererseits gäbe es kein *-atum,* wenn das indogermanische Suffix *-to-* nicht selber lebendig und produktiv gewesen wäre (vgl. gr. *klŭ-tó-s,* lat. *in-clŭ-tŭ-s,* sanskrit *śrŭ-ta-s* usw.); *-atum* enthält außerdem noch das Bildungselement *-m* des Akkusativ Singular (s. S. 184). Wenn man umgekehrt vom ursprünglichen Suffix *-to-* ausgehend herabsteigt zu den französischen Formen, in denen es enthalten ist, dann sind nicht nur die verschiedenen Suffixe des Partizip passé zu nennen, die teils produktiv sind, teils auch nicht (*aimé* = lat. *amātum, fini* = lat. *fīnītum, clos* = lat. *clausum* für **claudtum* usw.), sondern auch noch viele andere, wie *-u* = lat. *-ūtum* (vgl. *cornu* = *cornūtum* „gehörnt"), *-tif* (Suffix savant) = lat. *-tivum* (vgl. *fugitif* = lat. *fugitīvum, sensitif, négatif* usw.) und eine Anzahl Wörter, die man nicht mehr analysiert, wie *point* = lat. *punctum, dé* „Würfel" = lat. *datum, chétif* „erbärmlich" = lat. *captivum* usw.

Kapitel II.

Alter der Bezeugung und Altertümlichkeit von Sprachen; Grundsprache.

Die indogermanische Sprachwissenschaft hat anfangs weder das wahre Ziel der Vergleichung noch die Wichtigkeit des Rekonstruktionsverfahrens verstanden (s. S. 4). Daraus erklärt sich einer ihrer merkwürdigsten Irrtümer: die übertriebene und fast ausschließliche Rolle, die sie dem Sanskrit bei der Vergleichung einräumte; da es das älteste Zeugnis des Indogermanischen ist, hat man es als Grundsprache gelten lassen. Es ist aber ganz etwas anderes, ob man annimmt, daß aus dem Indogermanischen Altindisch, Griechisch, Slavisch, Keltisch, Italisch usw. hervorgegangen sind, oder ob man eine dieser Sprachen an Stelle des Indogermanischen setzt. Dieser grobe Irrtum hat verschiedene und tiefgehende Folgen gehabt. Allerdings ist diese Hypothese niemals so bestimmt ausgesprochen worden wie soeben hier, aber in der Praxis hat man sie stillschweigend gelten lassen. Bopp schrieb, „er glaube nicht, daß das Sanskrit die gemeinsame Quelle sein könne", als ob man eine solche Annahme auch nur in der Form des Zweifels aussprechen könnte.

Das führt zu der Frage, was man eigentlich damit meint, wenn man von einer Sprache sagt, sie sei älter als eine andere. Theoretisch sind drei Auffassungen möglich:

1. Man kann zunächst an den eigentlichen allerersten Ursprung, an den Ausgangspunkt einer Sprache denken. Aber die einfachste Überlegung zeigt, daß man von einer Sprache überhaupt nicht sagen kann, sie sei so und so alt, weil jede Sprache immer die Fortsetzung von dem ist, was man vorher gesprochen hat. Es ist mit der Sprache anders als mit der Menschheit: weil ihre Entwicklung ununterbrochen fortdauert, kann man in ihr keine Generationen unterscheiden, und Gaston Paris hat mit Recht Einspruch erhoben gegen den Begriff der „Tochtersprache", als ob diese aus einer andern wie aus einer Mutter hervorgegangen wäre; denn mit dieser Vorstellung wären Unterbrechungen vorausgesetzt. Das kann also nicht der Sinn sein, wenn man sagt, daß eine Sprache älter sei als eine andere.

2. Man kann damit auch zu verstehen geben, daß ein Sprachzustand in älterer Zeit bezeugt und aufgezeichnet ist als ein andrer. So ist das Persische der Achaemenideninschriften älter als das Persische des Firdousi. Wenn es sich, wie in diesem besonderen Fall, um zwei Idiome handelt, von denen eines deutlichermaßen aus dem andern hervorgegangen ist und die beide gleich gut bekannt sind, so versteht es sich von selbst, daß bei der Vergleichung und für die Rekonstruktion nur das ältere in Betracht kommt. Aber wenn diese beiden Bedingungen nicht erfüllt sind, dann ist diese Art von Älter-sein ohne Wert. Das Litauische z. B., das erst seit 1540 bezeugt ist, hat in dieser Hinsicht nicht weniger Wert als das im 10. Jahrhundert aufgezeichnete Altkirchenslavische (Altbulgarische) oder sogar das Altindische des Ṛgveda.

3. Das Wort „alt“ gebraucht man etwa auch um zu sagen, daß eine Spracherscheinung oder ein Sprachzustand altertümlicher ist, d. h. daß die Formen ganz unabhängig vom Zeitverhältnis dem ursprünglichen Muster noch näher stehen. In diesem Sinne kann man sagen, daß im Litauischen des 16. Jahrhunderts etwas älter, d. h. altertümlicher, ist als die entsprechende Erscheinung im Lateinischen des 3. Jahrhunderts v. Chr.

Wenn man also dem Sanskrit ein höheres Alter zuerkennt als anderen Sprachen, so kann das nur im zweiten oder dritten Sinn gelten; denn in beiderlei Sinn verhält es sich tatsächlich so. Einerseits ist zugegeben, daß die vedischen Hymnen älter sind als die ältesten griechischen Texte; anderseits — und das ist besonders wichtig — hat das Sanskrit im Vergleich zu andern Sprachen eine beträchtliche Zahl von altertümlichen Erscheinungen bewahrt (s. S. 2).

Weil die Begriffe von Alter und Altertümlichkeit nicht klar waren, konnte das Sanskrit für etwas der ganzen Sprachfamilie zeitlich Vorausliegendes angesehen werden; und auch noch später, als die Sprachforscher von dem Irrtum geheilt waren, als ob die andern Sprachen vom Sanskrit abstammten, legten sie doch zu großes Gewicht auf das Zeugnis des Altindischen, das ja nur eine Seitenlinie ist. So hat Ad. Pictet in seinen *Origines indo-européennes* (s. S. 269) zwar ausdrücklich die Existenz eines Urvolks anerkannt, das eine besondere Sprache sprach, aber dennoch bleibt er dabei, daß man vor allem aus dem Sanskrit Aufklärung gewinnen müsse, und das Zeugnis des Sanskrit mehr Geltung und Gewicht habe als das von mehreren andern indogermanischen Sprachen zusammen. Diese Täuschung hat viele Jahre lang Fragen von größter Wichtigkeit verdunkelt, z. B. die nach dem ursprünglichen Vokalismus.

Derselbe Irrtum wiederholte sich im Kleinen und im Einzelnen. Bei der Erforschung der einzelnen Zweige des Indogermanischen ließ man sich verführen, das zufrühest bezeugte Idiom als geeigneten und genügenden Vertreter der ganzen Gruppe anzusehen, ohne zu versuchen, den gemeinsamen Urzustand kennen zu lernen. Man trug z. B. gar kein Bedenken, anstatt vom Germanischen zu sprechen, ganz einfach das Gotische zu nennen, weil es um einige Jahrhunderte „älter" ist als die andern germanischen Dialekte. Es wurde ungerechtfertigterweise wie die Grundsprache, die Quelle der andern Dialekte behandelt. Beim Slavischen stützte man sich ausschließlich auf das Altkirchenslavische (Altbulgarische), weil die andern slavischen Sprachen erst aus späterer Zeit bekannt sind.

In Wirklichkeit ist es ganz selten, daß zwei zu verschiedenen Zeiten aufgezeichnete Sprachformen nun auch genau demselben Idiome in zwei aufeinanderfolgenden Perioden angehören. Meist hat man es mit zwei Dialekten zu tun, und der eine ist nicht die sprachliche Fortsetzung des andern. Die Ausnahmen bestätigen die Regel; die berühmteste ist das Verhältnis zwischen den romanischen Sprachen und dem Lateinischen. Wenn man vom Französischen aufs Lateinische zurückgeht, befindet man sich wirklich in der Vertikale; auch das Gebiet dieser Sprachen ist zufällig dasselbe wie das Ausbreitungsgebiet des Lateinischen, und jede der romanischen Sprachen ist fortentwickeltes Latein. Ebenso ist, wie wir gesehen haben, das Persische der Inschriften des Darius derselbe Dialekt wie das Persische des Mittelalters. Das Umgekehrte ist jedoch viel häufiger, daß aus verschiedenen Zeiträumen verschiedene Dialekte der gleichen Familie bezeugt sind. Das Germanische z. B. stellt sich nacheinander dar im Gotischen des Ulfilas, von dem keine weitere Entwicklung bekannt ist, dann in den althochdeutschen Texten, später in den angelsächsischen, norwegischen usw. Aber keiner dieser Dialekte oder Dialektgruppen ist die Fortsetzung des früher bezeugten. Dieser Sachverhalt kann durch folgendes Schema dargestellt werden, wo die Buchstaben die Dialekte und die punktierten Linien der aufeinanderfolgenden Zeiträume darstellen:

			A		Epoche 1
	B		|		Epoche 2
C	|	D	|		Epoche 3
↓	↓	↓	↓	E	Epoche 4

Als Sprachforscher kann man nur sehr froh darüber sein, daß es sich so verhält; andernfalls nämlich enthielte der aus frühester Zeit bekannte Dialekt (A) von vornherein alles, was man aus den aufeinanderfolgenden Zuständen erschließen könnte; wenn man dagegen den Punkt aufsucht, an dem alle Dialekte (A, B, C, D usw.) zusammentreffen, gelangt man zu einer Gestalt die älter ist als A, nämlich eine Grundsprache X, und es ist dann gar nicht mehr möglich, A und X durcheinanderzubringen.

Kapitel III.

Das Rekonstruieren.

§ 1. Verfahren und Zweck des Rekonstruierens.

Wie Vergleichung das einzige Mittel des Rekonstruierens ist, so ist auch umgekehrt das Rekonstruieren der einzige Zweck des Vergleichens. Wenn die Feststellung von Übereinstimmungen zwischen mehreren Formen nicht ergebnislos und unfruchtbar bleiben soll, muß man sie in die Perspektive der Zeit einordnen und eine einheitliche Form daraus rekonstruieren können; schon mehrmals (S. 4, 237) haben wir nachdrücklich auf diesen Punkt hingewiesen. So muß man, um das lateinische *medius* in seinem Verhältnis zu griechisch *mésos* erklären zu können, zwar nicht bis aufs Indogermanische zurückgehen, aber ein älteres **methyos* ansetzen, das sich historisch mit *medius* und *mésos* verknüpfen läßt. Wenn man, statt zwei Wörter verschiedener Sprachen zu vergleichen, zwei Formen aus einer einzigen zusammenstellt, so gilt dasselbe; so muß man von Lateinisch *gerō* und *gestus* auf einen Wurzelbestandteil **ges-* zurückgehen, den beide Formen ehemals gemein hatten.

Nebenbei ist zu bemerken, daß Vergleichung in bezug auf Lautveränderungen ständig auch Überlegungen aus der Formenlehre zu Hilfe nehmen muß. Um das Verhältnis von *patior* und *passus* aufzuklären, muß man *factus, dictus* usw. mit heranziehen, weil *passus* eine Bildung gleicher Art ist; indem ich mich auf das morphologische Verhältnis zwischen *faciō* und *factus, dīcō* und *dictus* stütze, kann ich dasselbe Verhältnis für eine ältere Zeit zwischen *patior* und **pat-tus* aufstellen. Umgekehrt, wenn die Vergleichung sich auf die Formenlehre bezieht, bedarf sie der Aufklärung seitens der Lautlehre: das Lateinische *meliōrem* kann mit Griechisch *hēdíō* verglichen werden, weil das eine lautlich auf **meliosem*, **meliosm* und das andere auf **hādioa*, **hādiosa*, **hādiosm* zurückgeht.

Die sprachwissenschaftliche Vergleichung ist also kein mechanisches Verfahren, sondern sie bedeutet soviel wie eine Zusammenstellung aller Tatsachen, die zur Erklärung beitragen können. Und sie muß immer zur Aufstellung einer Vermutung führen, die sich in irgendeine Formel fassen läßt, und mit deren Hilfe irgend etwas Vergangenes wiederhergestellt wird; die Vergleichung kommt immer auf die Rekonstruktion einer Form hinaus.

Nun aber besteht die Frage, ob der Rückblick in die Vergangenheit auf die Rekonstruktion vollständiger und wirklicher Formen des früheren Zustands abzielt, oder ob er sich vielmehr beschränkt auf abstrakte Aussagen, die sich nur auf Teile von Wörtern beziehen, wie z. B. die Feststellung, daß das *f* des Lateinischen in *fūmus* einem uritalischen *þ* entspricht, oder daß der erste Laut von griechisch *állo*, lateinisch *aliud* schon im Indogermanischen ein *a* war. Allerdings kann man sich auf Untersuchungen dieser zweiten Art beschränken; ja man kann sagen, daß das analytische Verfahren kein andres Ziel als solche Teilfeststellungen hat. Jedoch kann man aus der Gesamtheit solcher Einzeltatsachen allgemeinere Schlüsse ziehen: z. B. gestattet eine Reihe von Tatsachen der Art, wie die Natur des *f* in *fūmus*, mit Sicherheit festzustellen, daß *þ* im uritalischen Lautsystem vorhanden war; ebenso, wenn man behaupten kann, daß das Indogermanische in der sogenannten pronominalen Deklination im Singular des Neutrums, im Unterschied von dem *-m* der Adjektiva, eine Endung *-d* hatte, so ist das eine allgemeine Tatsache der Formenlehre, die abgeleitet ist aus einer Anzahl von Einzelfeststellungen (vgl. lateinisch *istud, aliud* mit *bonum*, griechisch *tó* = **tod, állo* = *allod* mit *kalón*, englisch *that* usw.). Man kann noch weiter gehen: nachdem solche Einzeltatsachen rekonstruiert sind, schreitet man zur Synthese aller der Einzelrekonstruktionen, die eine ganze Form betreffen, um vollständige Wörter (z. B. indogerm. **alyod*), Flexionsparadigmata usw. zu rekonstruieren. Zu diesem Zweck fügt man Behauptungen, deren jede für sich allein bestehen kann, zu einem Bündel zusammen; wenn man z. B. die verschiedenen Teile einer rekonstruierten Form wie **alyod* vergleicht, bemerkt man einen großen Unterschied zwischen dem *-d*, an das eine grammatikalische Frage geknüpft ist, und dem *a-*, das keinerlei derartige Bedeutung hat. Eine rekonstruierte Form ist nicht ein zusammenhängendes Ganzes, sondern eine Summe von lautgeschichtlichen Überlegungen, deren jede einzeln aufs neue angestellt, überprüft und richtiggestellt werden kann. So waren denn die rekonstruierten Formen auch jederzeit das getreue Abbild der auf sie anzuwendenden allgemeinen Schlußfolgerungen. Als indogermanische Benennung des Pferdes ist z. B. nacheinander angenommen worden: **akvas*, **ak$_1$vas*, **ek$_1$vos*, endlich **ek$_1$wos*; einzig das *-s* ist niemals bestritten worden, sowie die Anzahl der Laute.

Das Ziel der Rekonstruktionen ist also nicht, eine Form für sich allein wieder herzustellen, was übrigens ein ziemlich lächerliches Unternehmen wäre, sondern ein zusammenhängendes Ganzes von Schlußfolgerungen, die für richtig gelten, gemäß den jeweils erzielten Ergebnissen in eine klare Form zusammenzudrängen und zu verdichten; mit einem Wort: die Fortschritte unserer Wissenschaft zu buchen und festzulegen. Man braucht also die Sprachforscher nicht gegen die einigermaßen absonderliche Vorstellung in Schutz zu nehmen, daß man ihnen zutraut, sie wollten das Indogermanische von A bis Z wieder herstellen, als sollte es wieder zur Anwendung kommen. An so etwas denkt man nicht einmal bei historisch bekannten Sprachen (man studiert nicht Lateinisch, jedenfalls nicht auf sprachwissenschaftliche Art, um es sprechen zu können), geschweige bei den einzelnen Wörtern prähistorischer Sprachen.

Übrigens, auch wenn die Rekonstruktion in umgestaltender Weise verbessert werden müßte, so könnte man sie doch nicht entbehren, wenn man einen Gesamtblick über die untersuchte Sprache und über den sprachlichen Typus, dem sie angehört, haben wollte. Sie ist ein unentbehrliches Hilfsmittel, um eine Menge allgemeiner, synchronischer und diachronischer Tatsachen verhältnismäßig einfach und faßlich darzustellen. Die Hauptzüge des Indogermanischen werden durch die Gesamtheit der Rekonstruktion unmittelbar klar: z. B. daß nur gewisse Elemente (*t*, *s*, *r* usw.), nicht aber zugleich andere, zur Bildung von Suffixen dienten, daß hinter dem verwickelten Vokalwechsel der deutschen Verba (vgl. *werden, wirst, ward, wurde, worden*) in der Regel dieselbe ursprüngliche Alternation *e* — *o* — *null* steht. Die Rückwirkung davon ist, daß die Geschichte späterer Zeiträume dadurch wesentlich erleichtert wird; ohne vorausgegangene Rekonstruktion wäre es viel schwieriger, die Veränderungen zu erklären, die seit der vorhistorischen Zeit im Lauf der Geschichte eingetreten sind.

§ 2. Zuverlässigkeitsgrad der Rekonstruktionen.

Es gibt rekonstruierte Formen, die vollkommen sicher sind, gegen andere kann man Bedenken haben, und wieder andere sind schlechthin zweifelhaft. Der Grad der Sicherheit vollständiger Formen hängt nun, wie soeben gezeigt, von der größeren oder geringeren Sicherheit der partiellen Rekonstruktionen ab, die in jener Synthese enthalten sind. Zwei Formen stehen in dieser Hinsicht fast niemals auf gleicher Stufe; auch zwischen so durchsichtigen Formen wie indogermanisch **esti* „er ist“ und **didōti* „er gibt“ besteht ein Unterschied; denn in der letzteren ist bezüglich des Reduplikationsvokals nicht jeder Zweifel ausgeschlossen (vgl. sanskrit *dadāti* und griechisch *dídōsi*).

Im allgemeinen ist man geneigt, die Rekonstruktionen für weniger zuverlässig zu halten als sie wirklich sind. Dreierlei kann unsere Zuversicht bestärken:

1. Auf den Hauptpunkt ist schon S. 47 hingewiesen worden: an irgend einem Wort, das gegeben ist, kann man deutlich die Laute, ihre Zahl und ihre Begrenzung, unterscheiden; S. 63 haben wir gesehen, was von den Einwänden gewisser Sprachforscher zu halten ist, die als Phonetiker die Laute nur durch das phonetische Mikroskop betrachten. Bei einer Lautgruppe wie *-sn-* gibt es allerdings flüchtige Übergangslaute; aber es verträgt sich nicht mit sprachwissenschaftlicher Denk- und Betrachtungsweise, darauf Rücksicht zu nehmen. Das gewöhnliche Ohr unterscheidet sie nicht, und besonders gibt es unter den sprechenden Personen niemals eine Meinungsverschiedenheit über die Anzahl der Elemente. So können wir z. B. sagen, daß die indogermanische Form *ek_1wos nur fünf besondere, verschiedene Elemente enthielt, auf die die Sprechenden zu achten hatten.

2. kommt in Betracht, daß in jeder Sprache ein Lautsystem besteht, und überall eine bestimmte Skala gilt, wobei die Zahl und Art aller Elemente genau festgelegt ist (s. S. 59). Im Indogermanischen nun erscheinen alle Bestandteile des Systems mindestens in einem Dutzend durch Rekonstruktion bezeugter Wörter oder Formen, manchmal auch in Tausenden. Man kann also ganz bestimmt sagen, daß alle Laute bekannt sind.

3. Um die lautlichen Einheiten einer Sprache zu kennen, ist es endlich nicht unbedingt nötig, sie ihrer lautlichen Besonderheit nach positiv zu bestimmen; sie sind vielmehr zu betrachten als etwas, dessen Wesen in der Verschiedenheit von andern besteht, so daß niemals zwei miteinander verwechselt werden können (vgl. S. 142). Das gilt so entschieden, daß man die lautlichen Elemente einer Sprache, die man rekonstruieren will, durch Ziffern oder irgendwelche sonstige Zeichen darstellen könnte. In *$\breve{e}k_1w\breve{o}s$ hat es keinen Wert, die absolute Qualität des *ĕ* zu bestimmen und sich zu fragen, ob es offen oder geschlossen, mehr oder weniger vorn artikuliert war usw. Solange man nicht mehrere Arten von *ĕ* festgestellt hat, ist das ganz bedeutungslos, wenn es einem nur nicht mit andern, davon verschiedenen Lautelementen der Sprache (*ă, ŏ, ē* usw.) durcheinandergerät. Das bedeutet soviel, als daß der erste Laut von *$\breve{e}k_1w\breve{o}s$ sich nicht unterscheidet vom zweiten Laut von **mĕdhyŏs*, vom dritten Laut von **ăgĕ* usw., und daß man, ohne seine lautliche

Natur zu bestimmen, ihn ins Verzeichnis der indogermanischen Laute einreihen und durch seine Nummer in der Tabelle des Lautsystems darstellen könnte. Die Rekonstruktion von *ĕk$_1$wŏs besagt also, daß das indogermanische Äquivalent von lat. *equos*, sanskrit *aśva-s* usw. aus fünf unterschiedlichen Lauten bestand, die ihren bestimmten Platz auf der Lautskala der Grundsprache hatten.

In den angegebenen Grenzen haben unsere Rekonstruktionen also volle Geltung.

Kapitel IV.

Die Sprache als Quelle für Anthropologie und Prähistorie.

§ 1. Sprache und Rasse.

Der Sprachforscher kann also vermöge des Verfahrens der Rückschau in eine um Jahrhunderte vorausliegende Vorzeit zurückgehen und manche Sprachen rekonstruieren, die die betreffenden Völker lange vor ihrem Eintritt in die Geschichte gesprochen haben. Könnte uns nun diese Rekonstruktion nicht zugleich auch Aufschluß geben über diese Völker selber, ihre Rasse, Abstammung, ihre sozialen Verhältnisse, Sitten und Gebräuche usw.? Kurz, kann die Sprache etwas für die Anthropologie, Ethnographie und Prähistorie lehren? Das wird allgemein angenommen; ich glaube, daß man sich in der Beziehung sehr täuscht. Wir wollen also in Kürze einige Seiten dieses allgemeinen Problems betrachten.

Zunächst die Rasse: es wäre irrig zu glauben, daß man aus Sprachgemeinschaft auf Blutsverwandtschaft schließen könne, daß Sprachfamilie und Familie im anthropologischen Sinn sich decken. In Wirklichkeit ist es nicht so einfach. Es gibt z. B. eine germanische Rasse, deren anthropologische Eigenheiten sehr klar sind: blondes Haar, langer Schädel, hoher Wuchs usw.; der skandinavische Typus zeigt sie am deutlichsten. Jedoch trifft diese Beschreibung keineswegs auf alle Bevölkerungsgruppen zu, welche germanische Sprachen sprechen. So haben die Alemannen am Fuß der Alpen einen anthropologischen Typus, der von dem der Skandinavier sehr verschieden ist. Könnte man nun annehmen, daß eine Sprache einer Rasse wenigstens von Haus aus eigen ist und daß, wenn sie von fremdstämmigen Völkerschaften gesprochen wird, sie diesen durch Eroberung aufgezwungen ist? Es kommt oft vor, daß Völker die Sprache der Sieger annehmen oder sich ihr unterwerfen, wie die Gallier nach dem Sieg der Römer. Aber das erklärt nicht alles. Wenn wir z. B. im Fall der Germanen auch annehmen wollten, daß sie so viele verschiedenartige Völkerschaften sich unterworfen hätten, so können sie dieselben nicht alle absorbiert haben; dazu müßte man eine lange prähistorische Herrschaft und noch andere Umstände annehmen, die durch nichts gewährleistet sind.

Also scheinen Blutsverwandtschaft und Sprachgemeinschaft nicht in notwendigem Zusammenhang zu stehen, und man kann nicht von der einen auf die andere schließen. In den sehr häufigen Fällen, wo die Ergebnisse von Anthropologie und Sprachwissenschaft nicht zusammenstimmen, müssen sie nicht notwendig mit einander in Widerspruch stehen, und man braucht nicht zwischen ihnen zu entscheiden. Sie können beide auf ihrem Gebiet Geltung haben.

§ 2. Volkheit.

Was lehrt uns also das Zeugnis der Sprache? Die Rasseneinheit an sich kommt bei der Entstehung einer Sprachgemeinschaft nicht notwendig und nur in zweiter Linie in Betracht. Aber es gibt eine andere Einheit, die viel wichtiger und allein wesentlich ist, diejenige, welche durch die soziale Verbundenheit gebildet wird: wir können sie *Volkheit* nennen. Wir wollen darunter eine Einheit verstehen, die auf den vielfältigen Beziehungen der Religion, der Kultur, der gemeinsamen Verteidigung usw. beruht, die sich sogar unter Völkern verschiedener Rasse und ohne politische Einigung herausbilden können.

Zwischen Volkheit und Sprache stellt sich die Beziehung der Gegenseitigkeit her, die wir schon S. 24 festgestellt haben: die soziale Verbundenheit wirkt auf die Schaffung einer Sprachgemeinschaft hin und bildet vielleicht bestimmte Eigentümlichkeiten des gemeinsamen Idioms heraus. Umgekehrt bildet gerade die Sprachgemeinschaft in einem gewissen Grade die Volkseinheit. Im allgemeinen genügt diese immer zur Erklärung der Sprachgemeinschaft. Zum Beispiel gab es zu Beginn des Mittelalters eine romanische Volkheit, die ohne politische Verbindung Völker sehr verschiedenen Ursprungs umfaßte. Umgekehrt muß man bezüglich der ethnischen Zusammengehörigkeit zuerst das Zeugnis der Sprache einholen; denn dieses ist wichtiger als alles andre. Dafür ein Beispiel: im alten Italien findet man neben den Latinern die Etrusker. Wenn man in der Absicht, beide Völker auf einen gemeinsamen Ursprung zurückzuführen, nachforscht, was sie miteinander gemein haben, so kann man sich auf alles berufen, was sie hinterlassen haben: Denkmäler, religiöse Riten, politische Institutionen usw. Aber man kann niemals zu der Sicherheit gelangen, welche unmittelbar die Sprache gibt. Vier Zeilen Etruskisch sind genug, um uns zu zeigen, daß das Volk, das es sprach, vollkommen verschieden war von der ethnischen Gruppe, die lateinisch sprach.

In dieser Beziehung und in den angegebenen Grenzen ist also die Sprache eine Geschichtsquelle. Die Tatsache zum Beispiel, daß die indogermanischen Sprachen eine Familie bilden, läßt uns auf eine ursprüngliche Volkheit schließen, deren mehr oder weniger direkte Erben durch soziale Abstammung alle die Völker sind, welche heutzutage diese Sprachen sprechen.

§ 3. Linguistische Palaeontologie.

Wenn aber die Sprachgemeinschaft uns in den Stand setzt, eine soziale Gemeinschaft behaupten zu können, so ist weiter zu fragen, ob die Sprache uns auch Näheres über die Art der gemeinsamen Volkheit kennen lehrt.

Lange Zeit hat man geglaubt, daß die Sprachen eine unerschöpfliche Quelle von Zeugnissen seien über die Völker, die sie sprechen, und über deren Vorgeschichte. Adolphe Pictet, einer der Pioniere der Keltenbegeisterung, ist besonders durch sein Buch *Les origines indo-européennes* (1859—63) bekannt. Dieses Werk diente vielen andern als Vorbild; es ist das anziehendste von allen geblieben. Pictet will in den durch die indogermanischen Sprachen dargebotenen Zeugnissen die Grundzüge der „arischen" Kultur erkennen und glaubt, die verschiedensten Erscheinungen derselben fassen zu können: materielle Dinge (Geräte, Waffen, Haustiere), soziales Leben (ob es ein nomadisches oder ackerbauendes Volk war), Familienleben, Staatsform; er sucht die Urheimat der Arier zu bestimmen, die er nach Baktrien verlegt; er untersucht Flora und Fauna des von ihnen bewohnten Landes. Es ist der bedeutsamste Versuch in dieser Richtung; das damit eröffnete Wissensgebiet wurde linguistische Palaeontologie genannt.

Seither wurden andere Versuche in derselben Richtung unternommen; einer der neuesten ist der von Hermann Hirt (Die Indogermanen 1905—1907)[1]). Er stützte sich auf die Theorie von J. Schmidt (s. S. 251), um das von den Indogermanen bewohnte Gebiet zu bestimmen; aber er verschmäht auch Aufklärungen seitens der sprachwissenschaftlichen Palaeontologie nicht. Erscheinungen des Wortschatzes beweisen ihm, daß die Indogermanen Ackerbauer waren, und er lehnt es deshalb ab, sie in Nordrußland zu lokalisieren, da dieses mehr für Nomadenleben geeignet sei; die Häufigkeit von Baumnamen und besonders bestimmte Baumarten (Fichte, Birke, Buche, Eiche) führen ihn zu der Annahme, daß ihr Land waldreich war und zwischen Harz und Weichsel lag, genauer in der Gegend von Brandenburg und Berlin. Schließlich sei noch daran erinnert, daß sogar noch vor Pictet Adalbert Kuhn und andere die Sprachwissenschaft zur Rekonstruktion der Mythologie und Religion der Indogermanen verwendet hatten.

Es scheint nun nicht, daß man von einer Sprache derartige Aufschlüsse erwarten kann; und daß sie solche nicht geben kann, liegt meiner Meinung nach an folgenden Gründen:

Zunächst die Unsicherheit der Etymologie; man hat allmählich eingesehen, wie selten die Wörter sind, deren Ursprung wirklich feststeht und ist vorsichtiger geworden. Ich will ein Beispiel dafür geben, daß man früher kühner war: es sind *servus* und *servare* gegeben, man stellt sie zusammen, aber hat vielleicht

---

[1]) Vgl. noch: d'Arbois de Jubainville: *Les premiers habitants de l'Europe* (1877), O. Schrader: *Sprachvergleichung und Urgeschichte*, derselbe: *Reallexikon der indogermanischen Altertumskunde* (Arbeiten, die etwas früher sind als die von Hirt), S. Feist: *Europa im Lichte der Vorgeschichte* (1910).

gar nicht das Recht dazu; dann gibt man dem ersteren die Bedeutung „Wächter“, um daraus weiter zu schließen, daß der Sklave ursprünglich Wächter des Hauses war. Nun läßt sich aber nicht einmal behaupten, daß *servare* von Anfang an die Bedeutung „hüten, bewachen“ hatte. Das ist nicht alles; die Wortbedeutungen wandeln sich, und zwar manchmal zur gleichen Zeit, wo ein Volk seine Wohnsitze wechselt. Man hat auch geglaubt, Fehlen eines Wortes sei der Beweis dafür, daß die Kultur des Urvolks die damit bezeichnete Sache nicht gekannt habe; das ist ein Irrtum. So fehlt den asiatischen Sprachen das Wort für „pflügen“, aber das beweist nicht, daß diese Tätigkeit in der Urzeit unbekannt war; ebensowohl könnte das Pflügen außer Gebrauch gekommen oder durch andere Verfahren, die mit andern Wörtern bezeichnet waren, ersetzt worden sein.

Die Möglichkeit von Entlehnungen ist ein dritter Umstand, der die Sicherheit beeinträchtigt. Ein Wort kann nachträglich in eine Sprache übergehen, gleichzeitig mit der Einführung der Sache bei dem betreffenden Volk; so ist der Hanf erst sehr spät im Mittelmeerbecken bekannt geworden, noch später in den nordischen Ländern; jedesmal ist das Wort für Hanf mit der Sache gewandert. In vielen Fällen gestattet das Fehlen von nichtsprachlichen Tatsachen bei mehreren Völkern nicht zu entscheiden, ob das Vorkommen eines und desselben Worts in deren Sprachen die Folge von Entlehnung ist oder eine Überlieferung vom gemeinsamen Ursprung her beweist.

Damit soll nicht gesagt sein, daß nicht allgemeine Züge und sogar gewisse, ganz bestimmte Tatsachen abgeleitet werden könnten, die keinerlei Bedenken verursachen. Die gemeinsamen Ausdrücke zur Bezeichnung der Verwandtschaftsverhältnisse sind z. B. zahlreich und haben sich in sehr klar erhaltener Gestalt fortgeerbt. In Rücksicht darauf läßt sich behaupten, daß die Familie bei den Indogermanen eine hoch entwickelte Einrichtung war; denn ihre Sprache kennt dafür Ausdrucksnuancen, die wir nicht wiedergeben können. Bei Homer z. B. bedeutet *eináteres* „Schwägerinnen“ in dem Sinn von „Frauen mehrerer Brüder“ und *galóōi* „Schwägerinnen“ in dem Sinn von „Frau und Schwestern des Gatten in ihrem Verhältnis untereinander“; das lateinische *janitrīcēs* entspricht nun dem *eináteres* nach Form und Bedeutung. Ebenso heißt der „Schwager, Gatte der Schwester" anders als die „Schwäger, die Gatten mehrerer Schwestern". Hier kann man also die feinsten Einzelheiten ganz klar fassen; gewöhnlich aber muß man sich mit allgemeinen Feststellungen begnügen. Ebenso ist es in bezug auf Tiere: bei wichtigen Tiergattungen, wie z. B. dem Rind, kann man nicht nur auf die Übereinstimmung von griechisch *boûs*, deutsch *Kuh*, altind. *gau-s* usw. bauen, um indogerm. *g_2ōu-s* zu rekonstruieren, sondern es hat da auch die Flexion in allen Sprachen dieselben Eigentümlichkeiten, was unmöglich wäre, wenn es sich um ein nachträglich von einer andern Sprache entlehntes Wort handelte.

Es sei gestattet, hier mit etwas näherem Eingehen auf Einzelheiten eine andere Tatsache der Formenlehre zu erwähnen, die sowohl auf ein bestimmtes Gebiet beschränkt ist als auch einen Punkt der sozialen Ordnung berührt.

Trotz allem, was über das Verhältnis von *dominus* und *domus* gesagt worden ist, können sich die Sprachforscher nicht recht zufrieden geben, weil es im höchsten Grad absonderlich wäre, daß ein Suffix *-no-* eine sekundäre Ableitung bildet. Kein Mensch kennt eine Bildung wie etwa gr. **oiko-no-s* oder **oike-no-s* von *oîkos* oder im Altindischen **áśva-na-* von *áśva-*. Aber gerade aus dieser Seltenheit ergibt sich die besondere Geltung und der Ausdrucksgehalt des Suffixes von *dominus*. Mehrere germanische Wörter dienen meiner Meinung nach zur Aufklärung:

1. **þeuđa-na-z* „Oberhaupt der **þeuđō*, König", got. *þiudans*, altsächs. *thiodan* (**þeuđo*, got. *þiuda* = osk. *touto* „Volk").

2. **druχti-na-z* (teilweise umgebildet zu **druχtī-na-z*) „Oberhaupt der **druχ-ti-z*, des Gefolges"; diese Bezeichnung des „Gefolgsherrn" wurde im christlichen Sprachgebrauch ein Wort für „Herr, d. h. Gott": altnorw. *Dróttinn*, angelsächs. *Dryhten*, alle beide mit dem Ausgang *-ĭna-z*.

3. **kindi-na-z* „Oberhaupt des **kindi-z*" = lat. *gens*. Da der Anführer einer *gens* in seinem Verhältnis zum Herrn einer **þeuđō* soviel wie Statthalter des Königs war, so wurde dieser germanische Terminus (der im sonstigen Gebrauch vollkommen verloren ist) von Ulfilas als Bezeichnung des römischen Statthalters einer Provinz gebraucht, weil nach seinen germanischen Vor-

stellungen der Legat des Kaisers zu diesem in ähnlichem Verhältnis stand, wie der Häuptling eines Stammes zu einem *þiŭdans*; so bemerkenswert diese Gleichsetzung in historischer Hinsicht ist, so besteht kein Zweifel, daß das Wort *kindins*, das zu römischen Verhältnissen nicht paßt, für eine Gliederung germanischer Völkerschaften in *kindi-z* zeugt.

Ein Sekundärsuffix *-no-* kann also im Germanischen an einen beliebigen Stamm antreten und ergibt die Bedeutung „Oberhaupt der und der Gemeinschaft". Es erübrigt sich noch, darauf hinzuweisen, daß lateinisch *tribūnus* ebenso buchstäblich bedeutet „Anführer einer *tribus*", wie *þiŭdans* „Anführer einer *þiuda*" und ebenso endlich *dominus* „Herr einer *domus*", der untersten Abteilung der *touta* = *þiuda*. *Dominus* mit seinem besonderen Suffix halte ich daher für einen wohl unwiderleglichen Beweis dafür, daß nicht nur in sprachlicher, sondern auch in Hinsicht auf soziale und rechtliche Verhältnisse eine Gemeinschaft der italischen und germanischen Volkheit bestanden hat.

Aber es ist noch einmal daran zu erinnern, daß Vergleichungen zwischen zwei Sprachen nur selten so charakteristische Hinweise ergeben.

§ 4. Der Sprachtypus als Ausdruck geistiger Eigenart.

Wenn die Sprache also nur wenig genaue und zuverlässige Aufklärungen über Sitten und Einrichtungen eines Volkes gibt, so ist weiter zu fragen, ob sie wenigstens die Denkweise der Sprachgenossenschaft kennzeichnet. Man ist im allgemeinen der Ansicht, daß es sich so verhält, und daß die Sprache die geistige Eigenart eines Volkes widerspiegelt; jedoch steht dieser Meinung ein sehr ernster Einwand entgegen: das besondere Verfahren bei einer Ausdrucksweise ist nicht stets und unbedingt durch psychische Ursachen bestimmt.

Die semitischen Sprachen drücken das Verhältnis zwischen zwei Substantiven, deren eines durch das andere näher bestimmt wird (wie in: „das Wort Gottes" oder „Gottes Wort") durch einfache Nebeneinanderstellung beider aus. Dabei geht das Wort, das durch das andere bestimmt wird (in unserm Fall „Wort") voraus; allerdings steht es dabei in einer besonderen Form, dem sogenannten „status constructus", und das als Bestimmung dienende Wort folgt dem andern nach. Also z. B. hebräisch *dābār* „Wort" und *'elōhīm*[1]) „Gott": *dbar 'elōhīm* „Wort Gottes". Kann man nun sagen, daß dieser syntaktische Typus etwas von semitischer Mentalität erkennen läßt? Das wäre eine kühne Behauptung; denn das Altfranzösische wandte regelmäßig eine entsprechende Konstruktion an: vgl. *le cor Roland, les quatre fils Aymon* usw. Diese Ausdrucksweise ist aber im Romanischen durch einen reinen Zufall im Bereich der Laut- und Formenlehre entstanden, nämlich durch einen sehr weitgehenden Verfall der Kasus, wodurch der Sprache diese neue Konstruktion aufgezwungen wurde. Warum sollte nicht in einer Vorstufe des Semitischen ein ähnlicher Zufall eingetreten sein können, der zur Herausbildung dieser Ausdrucksweise im Semitischen geführt haben mag? Eine syntaktische Tatsache, die ein unzerstörbarer Zug des Semitischen zu sein scheint, enthält also keinen sicheren Hinweis auf semitische Denkweise.

Ein anderes Beispiel: die indogermanische Grundsprache kannte keine Komposita mit verbalem Vorderglied. Das Deutsche aber hat solche (vgl. *Bethaus, Springbrunnen* usw.); muß man deshalb annehmen, daß die Germanen zu einer gewissen Zeit eine von ihren Vorfahren überkommene Denkweise geändert haben? Wir haben gesehen, daß diese Neuerung durch eine zufällige und zwar negative Veränderung in der Materie der Sprache hervorgerufen ist, nämlich den Ausfall des *a* in *betahūs* (s. S. 169). Der Vorgang ist ganz ungeistiger Natur, beruht lediglich auf der Veränderung der Laute, und dieses äußere Geschehen hat sich das Denken unterjocht und es gezwungen, den besonderen Weg einzuschlagen, den die materielle Gestalt der Zeichen offen gelassen hat. Eine Menge derartiger Beobachtungen unterstützt diese Ansicht; die psychische Eigenart einer Sprachgemeinschaft bedeutet wenig gegenüber solchen Tatsachen wie Ausfall eines Vokals oder Akzentwechsel und vielen anderen entsprechenden Erscheinungen, die jeden Augenblick die Beziehung zwischen Bezeichnung und Vorstellung in jeder beliebigen Sprachform umzugestalten vermögen.

---

[1]) Das Zeichen ' bezeichnet aleph, d. i. ein Kehlkopfverschluß, der dem spiritus lenis des Griechischen entspricht.

Es ist niemals bedeutungslos, den grammatikalischen Typus der Sprachen zu bestimmen — und zwar ebensowohl von nur rekonstruierten als von historisch bekannten Sprachen — und sie danach zu klassifizieren, auf welche Weise sie dem gedanklichen Inhalt Ausdruck verleihen. Aber aus diesen Feststellungen und Klassifizierungen läßt sich nichts mit Sicherheit entnehmen, was nicht ausschließlich dem Gebiet der Sprache angehört.

Kapitel V.

Sprachfamilien und Sprachtypen[1].

Wir haben soeben gesehen, daß die Sprache dem Geist der sprechenden Personen nicht unmittelbar unterworfen ist. Zum Schluß wollen wir noch etwas verweilen bei einer Folgerung, die sich ergibt aus dem Grundsatz, daß keine Sprachfamilie von Rechts wegen und ein für allemal einen bestimmten Sprachtyp angehört.

Die Frage nach dem Typus, dem eine Sprachgruppe angehört, läßt außer acht, daß die Sprachen sich entwickeln und verändern, oder setzt voraus, daß es etwas gäbe, was trotz dieser Entwicklung sich gleich bliebe. Mit welchem Recht nimmt man an, daß ein Vorgang, der keinerlei Grenzen kennt, sich durch irgend etwas begrenzen ließe?

Oft denkt man freilich, wenn man vom Grundcharakter einer Sprachfamilie spricht, eigentlich nur an den Typus, dem die Grundsprache dieser Familie angehört hat, und dieses Problem ist allerdings nicht unlösbar, denn es handelt sich dabei ja um eine ganz bestimmte Sprache in einem bestimmten Entwicklungsstadium. Sowie man aber beständige Züge voraussetzt, an denen Zeit und Entfernung nichts ändern könnten, gerät man in Widerspruch mit den Grundlehren der entwicklungsgeschichtlichen Sprachwissenschaft. Kein einziger Charakterzug

[1]) Obwohl dieses Kapitel nicht von retrospektiver Sprachwissenschaft handelt, stellen wir es hierher, weil es als Abschluß des ganzen Werkes dienen kann (Herausgeber).

muß von Rechts wegen bestehen bleiben; nur durch Zufall kann er Dauer haben.

Nehmen wir z. B. die indogermanische Sprachfamilie; die besonderen Wesensmerkmale der Grundsprache sind bekannt: das Lautsystem ist sehr klar und übersichtlich: keine komplizierten Konsonantengruppen, keine Doppelkonsonanten, ein Vokalismus von schlichter Einheitlichkeit, innerhalb dessen sich aber außerordentlich regelmäßige und vollkommen grammatikalische Alternationen abspielen (s. S. 188, 265); der Akzent, in Tonhöhenunterschieden bestehend, kann grundsätzlich jede beliebige Silbe des Wortes treffen und unterstützt infolgedessen das Getriebe der grammatikalischen Gegenüberstellungen; ein quantitierender Rhythmus, der einzig auf dem Wechsel langer und kurzer Silben beruht; große Kompositions- und Ableitungsfähigkeit; reiche Nominal- und Verbalflektionen; das flektierte Wort trägt seine Bestimmungen in sich selbst und ist deshalb ein selbständiges Glied des Satzes; infolgedessen große Freiheit im Satzbau und Seltenheit von grammatikalischen Beziehungs- und Verhältniswörtern (Präverbien, Präpositionen usw.).

Es ist nun leicht zu sehen, daß keine dieser Eigenschaften in den verschiedenen indogermanischen Sprachen unverändert erhalten ist, daß mehrere von ihnen (z. B. die Rolle des quantitierenden Rhythmus und der Tonhöhenakzent) in keiner derselben sich wiederfinden. Einige von ihnen sind gegenüber dem ursprünglichen Aussehen des Indogermanischen so verändert, daß man einen ganz anderen Sprachtypus vor sich zu haben glaubt, z. B. das Englische, das Armenische, das Irische.

Mehr Berechtigung hätte es, von Übereinstimmungen in den Umgestaltungen zu sprechen, die in den verschiedenen Sprachen einer Familie vor sich gegangen sind. So ist die zunehmende Abschwächung des Flexionssystems allgemein in den indogermanischen Sprachen, obwohl sie auch in dieser Hinsicht beträchtliche Unterschiede aufweisen; das Slavische hat am meisten Widerstand geleistet, während das Englische die Flexion beinahe vollständig aufgegeben hat. Die Rückwirkung davon ist, daß man, ebenfalls ziemlich allgemein, eine mehr oder weniger feste Wortfolge in der Satzkonstruktion aufkommen sieht, und daß eine Neigung besteht, analytische Ausdrucksweisen an Stelle von synthetischen treten zu lassen (Kasusverhältnisse durch Präpositionen ausgedrückt [s. S. 215], Verbalformen mit Hilfsverben zusammengesetzt usw.).

Es kann also sein, daß ein Zug der Grundsprache in der einen oder andern der von ihr abstammenden Sprachen sich nicht wiederfindet; doch kommt auch das Umgekehrte vor. Es ist nicht einmal so selten, daß Eigenschaften, die alle Vertreter einer Sprachfamilie miteinander gemein haben, der Grundsprache fremd sind. Das ist der Fall bei der Vokalharmonie (d. i. eine gewisse Assimilation der Vokalfärbung aller Suffixsilben eines Wortes an den letzten Vokal des Stammeselements). Diese Erscheinung findet sich im Ural-altaischen, einer sehr ausgedehnten Sprachgruppe, gesprochen in Europa und Asien von Finnland bis in die Mandschurei; aber diese bemerkenswerte Eigenheit ist aller Wahrscheinlichkeit nach durch sekundäre Entwicklungen hervorgerufen. Das wäre also zwar ein gemeinsamer, aber kein ursprünglicher Zug; und man könnte sich auf ihn ebensowenig wie auf den agglutinierenden Charakter dieser Sprachen berufen, um deren (sehr bestrittenen) gemeinsamen Ursprung zu beweisen. Ebenso hat man erkannt, daß das Chinesische nicht von jeher monosyllabisch gewesen ist.

Wenn man die semitischen Sprachen mit dem rekonstruierten Ursemitischen vergleicht, ist man beim ersten Anblick überrascht, daß gewisse Eigenheiten sich als so dauerhaft erwiesen haben; mehr als bei allen andern Sprachfamilien hat man hier den Eindruck von einem unveränderlichen, dauernden Typus, der den Vertretern der Familie anhaftet. Er ist gekennzeichnet durch folgende Züge, von denen einige in auffallendem Gegensatz zu gewissen Wesenseigenheiten des Indogermanischen stehen: fast völliges Fehlen von Komposita; Ableitung nur in beschränktem Umfang; wenig entwickelte Flexion (im Ursemitischen jedoch mehr als in den Tochtersprachen), infolgedessen eine von strengen Regeln beherrschte Wortfolge. Der auffallendste Zug betrifft den Bau der Wurzeln (s. S. 223); sie enthalten regelmäßig drei Konsonanten (z. B. *q-ṭ-l* „töten"), die in allen aus derselben Wurzel gebildeten Formen bestehen bleiben, und zwar nicht nur innerhalb der gleichen Sprache (vgl. hebräisch *qāṭal, qāṭlā, qṭōl, qiṭlī*), sondern auch im Verhältnis von einer Sprache zur andern (vgl. arabisch *qatala, qutila* usw.). Mit andern Worten, die Konsonanten drücken den „konkreten Sinn" der Worte, ihre lexikalische Geltung aus, während die Vokale, allerdings unter Mitwirkung gewisser Präfixe und Suffixe, durch ihre Alternationen lediglich grammatikalische Verhältnisse bezeichnen (z. B. hebräisch *qāṭal* „er hat getötet", *qṭōl* „töten", mit Suffix *qāṭl-ū* „sie haben getötet", mit Präfix *ji-qṭōl* „er wird töten", mit Prä- und Suffix *ji-qṭl-ū* „sie werden töten" usw.).

Angesichts dieser Tatsachen müssen wir trotz der Behauptungen, zu denen sie Anlaß gegeben haben, an unserm Grundsatz festhalten, daß es keine unveränderlichen Eigenheiten gibt, daß das Fortbestehen eine Folge des Zufalls ist; und daß ein Charakterzug ebensogut durch die Zeit fortdauern als auch mit der Zeit verschwinden kann. Um beim Semitischen zu bleiben, so ist das „Gesetz" der drei Konsonanten nicht so charakteristisch für diese Sprachfamilie, weil sich anderswo ganz ähnliche Erscheinungen finden lassen. Auch im Indogermanischen ist der Konsonantismus der Wurzeln bestimmten Gesetzen unterworfen; z. B. enthalten sie nie zwei Sonanten der Reihe *i, u, r, l, m, n,* nach ihrem *e*: eine Wurzel wie **serl* ist unmöglich usw. Das Gleiche gilt in noch höherem Grade von der Funktion der Vokale im Semitischen. Das Indogermanische besitzt ein ebenso genau bestimmtes, wenn auch weniger reiches Vokalsystem: Verhältnisse wie hebräisch *dāƀār* „Wort", *dbār-īm* „Wörter", *dibrē-kem* „ihre Worte" erinnern an deutsche wie *Gast, Gäste, fließen, floß* usw. In diesen beiden Fällen hat das grammatikalische Ausdrucksmittel die gleiche Entstehungsgeschichte. Es handelt sich um rein lautliche Umgestaltungen, die ein blinder Verlauf mit sich gebracht hat. Aber der Geist hat sich der daraus hervorgegangenen Alternationen bemächtigt, hat sie mit grammatikalischen Werten ausgestattet und hat sie nach Analogie der durch den Zufall der Lautentwicklung hervorgebrachten Muster vermehrt und ausgebreitet. Was die Unveränderlichkeit der drei Konsonanten im Semitischen betrifft, so gilt sie nicht unbedingt, sondern nur annähernd. Das ließe sich a priori behaupten; aber die Tatsachen bestätigen es: im Hebräischen z. B. enthält zwar die Wurzel von *'anāš-īm* „Menschen" die zu erwartenden drei Konsonanten, der Singular *'iš* enthält aber nur zwei. Eine ältere Form, welche drei Konsonanten enthielt, hat einen derselben auf lautlichem Weg eingebüßt. Übrigens, auch wenn man diese annähernde und anscheinende Unveränderlichkeit gelten lassen wollte, so müßte man darin keineswegs eine den Wurzeln anhaftende Wesenseigenschaft sehen. Vielmehr ist es ein Umstand von mehr zufälligem Charakter, daß die semitischen Sprachen weniger lautliche Veränderungen durchgemacht haben als viele andere Sprachen, und daß die Konsonanten sich hier besser erhalten haben als anderswo. Es handelt sich also um eine entwicklungsgeschichtliche Tatsache lautlicher Natur, nicht um eine bleibende Eigenschaft grammatikalischer Art. Die Unveränderlichkeit der Wurzeln behaupten heißt nicht mehr und nicht weniger als anzunehmen, daß sie keine lautlichen Veränderungen erlitten hätten; und man kann keinen Eid darauf schwören, daß niemals solche Veränderungen eintreten werden. Allgemein gilt: was die Zeit hervorgebracht hat, kann sie auch wieder zerstören oder umgestalten.

Man gibt zwar zu, daß Schleicher den wirklichen Verhältnissen Gewalt angetan hat, indem er in der Sprache etwas Organisches sah, das das Gesetz seiner Entwicklung in sich selber trüge; — aber ohne es selber recht zu merken, fährt man fort, die Sprache als etwas in einem andern Sinn Organisches hinzustellen, indem man annimmt, daß der „Geist" einer Rasse oder eines Volks ständig bestrebt sei, die Sprache in gewisse festgelegte Bahnen zu lenken.

So haben wir denn einige Streifzüge in die Grenzgebiete unserer Wissenschaft unternommen, und es hat sich dabei eine Lehre ergeben, die zwar negativ ist, aber insofern besonders bedeutsam, als sie in vollem Einklang steht mit dem Grundgedanken, der diese Darlegungen überhaupt beherrscht: die Sprache an und für sich selbst betrachtet ist der einzige wirkliche Gegenstand der Sprachwissenschaft.

Register.

FSC
www.fsc.org
MIX
Papier | Fördert
gute Waldnutzung
FSC® C083411

Kolibri 360 GmbH
Ferdinand-Jühlke-Straße 7
99095 Erfurt, Deutschland
produktsicherheit@kolibri360.de